ニホンカワウソ

絶滅に学ぶ保全生物学

安藤元一――[著]

東京大学出版会

The Japanese Otter :
Lessons from Its Extinction
Motokazu ANDO
University of Tokyo Press, 2008
ISBN 978-4-13-060189-4

はじめに

　ニホンカワウソはもう絶滅したのですか——何度も尋ねられた質問である．わが国の野生動物はつぎつぎに絶滅しているような印象がある．確かに分布域の減少や地域個体群の消滅は各地で起こっているが，地上性哺乳類に限れば明治以降に種レベルで日本から絶滅したのはニホンオオカミとエゾオオカミだけである．環境省の2001年版レッドデータブックでは，ニホンカワウソはツシマヤマネコ，ニホンアシカそして数種の島嶼性コウモリ類や小哺乳類と並んで絶滅危惧IA類（絶滅の危機に瀕している種）というもっとも危機的状態にあるランクに位置づけられており，公式には絶滅していない．しかし実際には死体さえ四半世紀以上も発見されていない状況であり，しばしば「実質的に絶滅状態」との表現が使われている．ニホンカワウソが3番目の陸生絶滅哺乳類にはいるのは手続きだけの問題といえる．
　ニホンカワウソは，アマミノクロウサギ・ニホンカモシカ・イリオモテヤマネコと並んで特別天然記念物に指定されている哺乳類4種のひとつでもある．コウノトリの野生復帰が2005年に開始され，トキの試験放鳥も2008年に実施されるなど，わが国でも希少種の野生復帰努力が実を結び始め，社会の関心も高まっている．ニホンカワウソは最後の生息地であった愛媛県や高知県でこそ注目を集め，両県ではカワウソに関する一般向け書籍も1960年代から何冊も刊行されてきた．しかしカワウソは国民的な注目を集めることはなかった．これは研究論文数を見ても明らかである．和文標題に動物名を含む1980-2007年の文献をデータベース（JSTPlus）で検索してみると，ツシマヤマネコは43編，イリオモテヤマネコは86編，ニホンカモシカは211編そして日本産コウノトリについては78編が検索されるのに対し，ニホンカワウソは7編しか見つからない．実効ある保全努力も早い段階で途絶えてしまった．今は人々の関心からも静かに消え去ろうとしている．
　しかし海外では事情が異なっている．ヨーロッパでは，1980年代までは分布域が減少を続けていたが，1990年代からは回復傾向が明瞭になってい

る．それだけでなく，市民のカワウソへの関心もきわめて高い．わが国と社会や自然の状況に共通性の多い韓国においても，近年は回復傾向が見られるという．それではなぜ日本だけで絶滅が起こったのだろうか．なぜこのような状況にいたったのか，その過程を解明し，本種がわれわれの歴史や文化にどれほどかかわっていたかを再確認し，ニホンカワウソのいなくなった日本でなにをすべきかを考えることは，ほかの絶滅危惧種の保全に大きな教訓となろう．本書の主要なねらいはこの点にある．このため本書はタイトルを「ニホンカワウソ」としてあるが，海外のカワウソ類に関する保全努力についても多く記述した．ニホンカワウソを四国の動物という視点でなく，日本全体あるいは世界との比較において検討してみたい．

　ニホンカワウソは長くユーラシアカワウソの1亜種 *Lutra lutra whiteleyi* とされてきたが，国立科学博物館の今泉吉典氏と吉行瑞子氏は本州以南のものを独立種 *Lutra nippon* とすべきであると1989年に発表した．国際自然保護連合・種の保存委員会カワウソ専門家グループ（IUCN/SSC/OSG）は2003年に世界のカワウソを13種類に分類すると発表したが，ニホンカワウソを独立種にすることについては情報不足として見送られた．同グループ議長であったドイツ・カワウソセンター所長のクラウス・ロイター氏はそのための訪日調査を計画し，筑紫女学園大学の佐々木浩氏ら私たちのグループと日程をメールで調整していたのであるが，最後のメールを受け取った翌日の2004年12月29日に突然の訃報が届いた．後述するように，同氏の精力的な活動ぶりは，ひとりの努力が世界のカワウソ保全をどれだけ前進させることができるか身をもって示されたものであり，54歳の若さで急逝された同氏に本書を捧げるものである．

This book is dedicated to the late Claus Reuther, former Chair of the IUCN/SSC/Otter Specialist Group.

註：本書にはニホンカワウソとそれ以外のカワウソ類が登場するが，文脈からニホンカワウソを指すことが明らかな場合にはカワウソと略記した．

目　　次

はじめに……………………………………………………………………………… i

第 1 章　ニホンカワウソと人間の関係史——古くからのつきあい ……… 1
1.1　湿地の国——日本……………………………………………………………… 1
1.2　食文化とニホンカワウソ……………………………………………………… 4
　　（1）ニホンカワウソが食用とされた縄文時代　4
　　（2）飛鳥時代の肉食禁止　5　　（3）室町-江戸時代の肉食　6
1.3　狩猟とカワウソ………………………………………………………………… 8
　　（1）平安時代における毛皮へのあこがれ　8
　　（2）マタギとニホンカワウソ　9
　　（3）江戸時代の北方交易とカワウソ猟　11　　（4）獣害　13
　　（5）スポーツハンティング　14
1.4　民俗文化とカワウソ…………………………………………………………… 15
　　（1）古墳時代のニホンカワウソ埴輪　15
　　（2）川の神とニホンカワウソ　16
　　（3）江戸時代にできあがったカッパのイメージ　17
　　（4）カッパのモデルとなった動物　20　　（5）各地のカッパ伝承　23
　　（6）明治以降のカッパ　25　　（7）ニホンカワウソ民話　27
　　（8）アイヌ文化とカワウソ　29
　　（9）詩歌・絵画に登場するニホンカワウソ　29
　　（10）漁労パートナーとしてのカワウソ　33
1.5　医療・教育とニホンカワウソ………………………………………………… 34
　　（1）漢方薬を求めての狩猟　34
　　（2）江戸時代に解剖されたニホンカワウソ　36
　　（3）シーボルトが出会ったニホンカワウソ　38
　　（4）博物学教育とニホンカワウソ　38

第2章　カワウソという生きもの――形態・分類・生態 ……………… 40

2.1　カワウソの形態 …………………………………………………… 40
（1）体の大きさ　40　（2）体型　41　（3）短い四肢　42
（4）水かき　43　（5）平たい頭　43　（6）扁平な頭骨　44
（7）感覚器官　44　（8）密な体毛　45　（9）潜水能力　47

2.2　カワウソの分類 …………………………………………………… 47
（1）ニホンカワウソの分類　49　（2）カワウソの希少性　53

2.3　カワウソの生態 …………………………………………………… 54
（1）カワウソは海を渡れるか　54
（2）ほかの動物も海を渡れるか　55　（3）対馬における絶滅　56
（4）カワウソの行動圏・生息数・生息密度　58
（5）サインポストと泊まり場　61
（6）カワウソはなぜ広い行動圏を持つのか　64
（7）カワウソの食べ物　65　（8）子育てと成長　66
（9）活動パターン　69

2.4　ラッコはどうなっているのか …………………………………… 70
（1）ラッコの生態　72　（2）米国とロシアにおける現状　73
（3）北海道におけるラッコの現状　75

第3章　日本のカワウソ――絶滅の過程をさぐる ……………………… 77

3.1　明治・大正期 ……………………………………………………… 77
（1）明治期前半の乱獲　77　（2）毛皮の軍需　79
（3）富山県と北海道における激減例　80
（4）エゾオオカミの絶滅　83　（5）大正期以降のカワウソ　84

3.2　昭和30年代以降の絶滅 …………………………………………… 85
（1）本州・北海道からの同時絶滅　85
（2）四国では河川よりも海岸に残る　86
（3）大河川より中小河川に残る　89
（4）砂浜海岸により磯海岸に残る　90
（5）離島には最後まで残る　91

3.3　愛媛県における保護努力 ………………………………………… 92
（1）1950-60年代における清水栄盛氏のカワウソキャンペーン　92
（2）行政の努力　94　（3）保護方針の対立　95
（4）カワウソ村　96

3.4 高知県における保護努力 …………………………………………… 96
　（1）高知県における衰退（1970-80 年代） *96*
　（2）高知県における調査努力 *100*
　（3）調査が滅ぼした？カワウソ *100*
　（4）メディア各社による共同モニタリング *101*
　（5）メディアが関心を持ってからでは手遅れ *102*
　（6）1990 年代に絶滅 *104*

3.5 四国におけるカワウソ減少の諸要因 ………………………………… *106*
　（1）道路建設・護岸工事 *106*
　（2）岩石・砂利の搬出による磯タイプ生息地への影響 *106*
　（3）埋め立てによる潟タイプ生息地の消滅 *110*
　（4）農薬の大量使用 *111*　（5）工場排水 *112*
　（6）魚介類の激減 *113*　（7）魚網による溺死 *114*
　（8）意図的な捕獲・密猟 *114*　（9）観光開発 *115*
　（10）海洋汚染 *115*

3.6 徳島におけるカワウソ発見例 ………………………………………… *116*

3.7 カゴ抜けしたカワウソ ………………………………………………… *117*

3.8 誤認されやすいカワウソ ……………………………………………… *118*

第 4 章　韓国のカワウソ——自然保護の象徴種へ …………………… *121*

4.1 カワウソの生息状況 …………………………………………………… *121*
　　（1）海岸の生息状況 *122*　（2）河川の生息状況 *125*

4.2 カワウソの保護努力 …………………………………………………… *126*
　（1）日韓の交流 *126*　（2）カワウソ保護とメディア *127*
　（3）地方自治体によるカワウソ保護努力 *129*
　（4）NGO のカワウソ保護活動 *132*　（5）出版活動 *133*
　（6）カワウソ研究の発展 *134*　（7）カワウソ保護区と人工巣穴 *136*
　（8）ダム湖がつくるカワウソ生息環境 *137*
　（9）ダム湖をカワウソ保護に生かせないか *139*
　（10）野生動物保全と水資源保全の連携 *140*
　（11）島はカワウソの生存に重要な要素である *142*
　（12）北朝鮮におけるカワウソ *142*

4.3 なぜ韓国のカワウソは生き残り，日本で滅亡したのか …………… *143*

第 5 章　世界のカワウソ保全活動——教育と啓発……………………146
　5.1　法的な保護………………………………………………………146
　5.2　啓発・教育に関する研究が不足している……………………148
　5.3　啓発活動によって人びとの態度は変わる……………………150
　5.4　専門家への研修が必要である…………………………………151
　5.5　地域振興と結びついた野生動物保護…………………………153
　5.6　ドイツ・カワウソセンターの成功……………………………154
　　　（1）環境教育施設としてのセンター　157
　　　（2）地域観光のコアとして機能するカワウソセンター　160
　5.7　チェコの養魚池におけるカワウソ基金の啓発活動…………161
　　　（1）情報提供　163　　（2）展示　163　　（3）教育　164
　　　（4）メディア　164　　（5）協力　164
　5.8　魚網規制によるデンマークのカワウソ保護…………………165
　5.9　ラトビアにおけるハンター参加型の個体数モニタリング…166
　5.10　アマゾンのオオカワウソとエコ・ツーリズム………………169
　5.11　バングラデシュにおけるカワウソ漁法の危機………………173
　5.12　国際協力…………………………………………………………176
　　　（1）研究協力　176　　（2）資金協力　177　　（3）地域内協力　178
　　　（4）南北協力　178

第 6 章　再導入を考える——教訓に学ぶ……………………………180
　6.1　ヨーロッパにおけるカワウソの分布回復……………………181
　6.2　自然環境改善によるドイツのカワウソ回復…………………182
　6.3　英国における再導入……………………………………………185
　　　（1）オッタートラストの成功と終焉　185
　　　（2）再導入の技術的側面　186
　6.4　オランダの再導入における諸問題……………………………189
　　　（1）個体の入手　190　　（2）動物福祉　191　　（3）放獣　192
　　　（4）コミュニケーション　193　　（5）再導入の見直し　193
　6.5　米国における再導入……………………………………………194

- 6.6 国内希少種の保護……………………………………………………*197*
  - （1）コウノトリ　*198*　（2）トキ　*199*　（3）ニホンカモシカ　*200*
- 6.7 ニホンカワウソの絶滅に学ぶ希少種保護の5W1H………………*201*
  - （1）教訓――カワウソを保護する価値について論議がなかった　*202*
  - （2）教訓――対策は早期に必要である　*202*
  - （3）教訓――カワウソは四国の動物と誤解されていた　*203*
  - （4）教訓――行政区画をまたいだ連携・情報共有が不足していた　*204*
  - （5）教訓――関係者間の協力体制が組めなかった　*204*
  - （6）教訓――保護対策にかかわった人が自然保護関係者に限られていた　*205*
  - （7）教訓――ひとりの人間が状況を大きく変えることができる　*205*
  - （8）教訓――コアになる施設・組織が必要である　*206*
  - （9）教訓――カワウソ保護では啓発とメディアの役割が重要である　*206*
  - （10）教訓――カワウソの生態が誤解されていた　*206*
  - （11）教訓――調査を保全と間違えてはならない　*207*
  - （12）教訓――継続的なモニタリングが必要である　*207*
  - （13）教訓――歴史的に見たカワウソ減少主因は環境問題ではなく乱獲であった　*208*
- 6.8 現在の日本にカワウソ再導入は可能か………………………………*208*

参考文献……………………………………………………………………………*211*

おわりに……………………………………………………………………………*223*

索引…………………………………………………………………………………*225*

第1章　ニホンカワウソと人間の関係史
　　　──古くからのつきあい

1.1　湿地の国──日本

　ニホンカワウソは最後の生息地が愛媛県や高知県であったために四国の動物と思われがちである．しかしカワウソが北海道，本州，九州から絶滅したのは 1950 年代であり，明治時代までは日本全国の水辺に広く分布する普通種であった．明治元（1868）年には東京の荒川でも記録があるし，埼玉県や神奈川県など首都近郊の郷土史にもカワウソがしばしば記録されている．カワウソは湿地生態系の最上位に位置づけられる動物であるが，かつての日本は湿地の国であり，河川沿いだけでなく平地にはカワウソの生息適地が広範に広がっていた．

　『古事記』や『日本書紀』には，天皇家の始祖であるニニギノミコトが豊葦原の瑞穂国に天降ったとある．豊葦原は名前のとおりアシが一面に繁った湿地，瑞穂の国とはみずみずしいイネの穂が実る国の意である．『日本書紀』では本州のことを大日本豊秋津洲，『古事記』では大倭豊秋津島と記しており，秋津島（洲）は日本の異名のひとつとなっている．秋津とはトンボのことである．日本神話においては，神武天皇が国土を一望してトンボのようだといったことが由来とされている．稲は湿地に育つ植物であるし，トンボは幼生時代をヤゴとして水中で過ごす湿地性昆虫である．ここでも湿地とのかかわりが出てくる．

　農耕が始まる前のわが国の平野には，広大な湿地帯の広がる沼地のような環境がいたるところに存在した．縄文時代の晩期（紀元前 2500 年ごろ）から弥生時代に水田稲作が広まったが，水はけが悪くて腰までつかる湿田も多く，深田の田植え，稲刈り，泥湿地の芦刈りなどの作業には泥中に足が沈み

込まないように田ゲタが用いられた．収穫物の運搬も車ではなく田舟で行われた．乾田化が進むのは，江戸時代の新田開発や，昭和におけるコメ増産のための耕地整理や干拓事業など比較的近年のことである．

　日本は過去にそうであっただけでなく今でも湿地の国である．湿地条約であるラムサール条約では，沼地だけでなく湖沼，河川，そして水田をも広く湿地として定義している．日本の水田地帯は今でも生態学的機能を有する湿地なのである．水田がカワウソの生息場所となっている状況は東南アジアでも見られる．マレーシア国立公園局のブハヌディン氏は，同国におけるカワウソの主要な生息環境は水田であると述べている．こうした湿地環境は，かつて農業国であった日本では人間が暮らす場所でもあった．おそらく日本人とカワウソが出会う機会は，現在では想像できないほど多かったことだろう．こうしたなかでカワウソは物語などにもしばしば登場し，日本人の精神生活を豊かにする役割も果たしてきた．

　かつて湿地が広がっていた例として琵琶湖・淀川水系がある．琵琶湖には内湖と呼ばれる小入江やヨシ帯が発達して魚も多く，カワウソにとって好適な生息環境であったと思われる．年輩の方の話からは少なくとも戦前までは確実にカワウソが滋賀県内に生息していたようである．彦根藩士の藤井重啓が1815年にとりまとめた『湖中産物図證』という琵琶湖の生物を扱った江戸時代の書物には，酒樽の底に多数の釘を逆向きに打ち込んで，それを水中に設置する落とし穴方式のカワウソ捕獲法が紹介されている．彦根地方には老カワウソが湖の妖怪となったという伝説も伝わっている．大正期の滋賀県内各地の郷土史にも本種の記載がある．戦後まで生きていたという古老の話もあるが，記録としては残されていない．

　こうした場所にはヨシ帯を開拓した島状の水田が多く散在し，人びとは田舟をもって漁をし，田へと行き交っていた．近江八幡市の八丁堀では田舟だけでなく，大阪や京都からの荷を積んだ舟が往来し，近隣の農家からは野菜などを舟に乗って売りにくるなどのにぎわいがあったという．こうした水路は水源としても用いられ，人びとの生活にとって欠くことのできないものであったが，内湖の多くは干拓され，人びとの生活の足は田舟から車へと姿を変えてしまった．

　下流の淀川水系にもカワウソにとって好適な湿地環境が広く存在した．淀

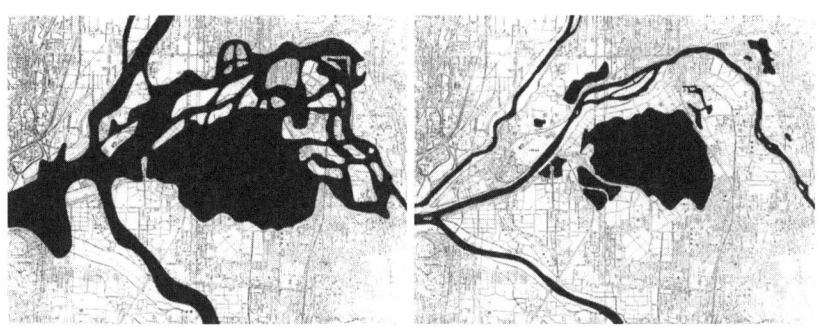

図 1-1 京都近郊の大湿地，小椋池の縮小（左：16世紀以前，右：干拓直前の昭和初期）（京都府，1984）

川が木津川や桂川と合流するあたりには小椋池という巨大な遊水地が第二次世界大戦前まで残っていた（図1-1）．大阪府の河内地域もかつては大湿地帯であり，長雨が降ると長く冠水の続く地域であった．大都市大阪の近くであるにもかかわらず，大東市などには水郷の面影を現在でも垣間見ることができる．淀川水系のカワウソは狂言「鱸包丁」にも登場する．伯父に鯉を買ってくるように頼まれたのに，さぼって用意していなかった甥が，「大きな鯉を買ったので，生きたまま持ってこようと思って，淀川の橋杭に結びつけておいたのだが，カワウソに食べられてしまった」とウソをつく場面がある．

　カワウソは古くはヲソと呼ばれた．平安時代の辞典である『和名類聚抄』には乎曽として掲載されている．カワウソを漢字で書くと「獺」であるが，この字を含む地名は獺野，獺沢，獺庭，獺渕，獺越，獺河内など本州，四国，九州の各地に残っている．私の勤務する東京農業大学からほんの7 kmの場所にも藤沢市獺郷の地名が残っている．昔ところどころに沼地があり，カワウソが多く生息していたことから獺郷村が地名になったといわれている．現在の現地は湿地とはまったく縁のなさそうな，関東平野にごく普通に見られる平地の集落である（グーグルマップのストリートビューで見ることができる）．水と関係ありそうな地形は，集落から2-3 m低い位置にある小河川と，それに沿って約100 m幅で続いている水田だけである．この水田沿いに民家が見られないことからすると，以前はここが沼地であったのだろう．この程度の湿地ならば，淀川水系などの大河川が存在しなくても，全

国いたるところにカワウソの生息適地が存在していたことだろう．

1.2 食文化とニホンカワウソ

（1）ニホンカワウソが食用とされた縄文時代

　日本列島には60-70万年前の旧石器時代から人が住み始めた．氷河期であった旧石器時代の食生活は肉食中心であり，マンモスやオオツノジカなど大型肉食獣が主要な食物となっていた．縄文時代に入って木の実などの植物食の比重が高くなって生活が安定に向かったが，狩猟は採取とともに生活の基幹であった．狩猟採集の縄文人はおもに肉を食べていたと思われがちであるが，主食はドングリであったらしい．哺乳動物のなかでもっとも多く食用されたシカやイノシシなど大物の獲物はそんなに頻繁には獲れなかっただろうし，狩猟圧を加えすぎると獲物の数が減少するからである．このため多くの人口を養うことはできなかったが，一般の「常識」に反して狩猟採集民の方が農耕牧畜民よりも食物生産に費やす時間は少なく，豊かな生活をしていたのである．狩猟採集民が食物生産に費やす時間は，1人あたり1日に平均3-

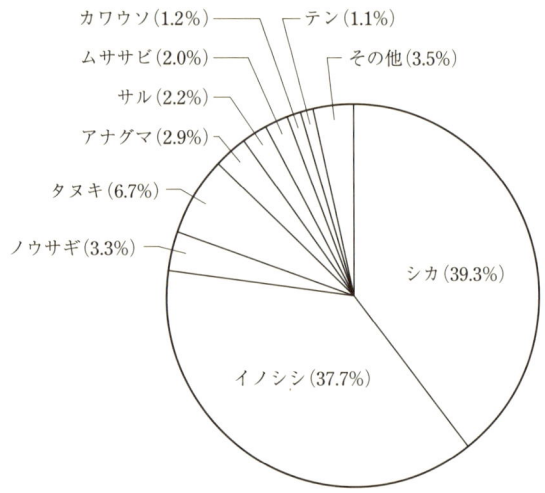

図1-2　縄文時代における捕獲動物の構成比（長谷川，2000）

4時間であるという．

　日本人とカワウソとの最初の接点は縄文時代の貝塚に見られる．貝塚からは魚や動物の骨も多く出土する．仙台湾沿岸の海岸遺跡の動物骨を見ると，図1-2のようにシカやイノシシなど大型獣が大部分である．カワウソ骨も出土するが，割合は獲物の1%程度とごく少ない．山岳地帯の遺跡である長野県栃原岩陰遺跡では大型獣に加えてウサギ，ムササビ，テンなど中小型獣の割合が増えるが，ここでもカワウソはごくわずかである．鹿児島県下の貝塚について見ると，めずらしい動物としてオオカミ，カワウソおよびカモシカが見られるが，カワウソの出土例は2カ所のみで，出土骨数もきわめて少ない．なお南西諸島からはカワウソ骨は出土していないので，こうした島々には昔から分布していなかったようである．

　この時代におけるカワウソ猟の目的は，おそらく食用だったろう．毛皮獣としての価値があったかどうか不明であるが，後世のような流通機構もない時代に，カワウソ毛皮に大きな努力を払っても捕獲する価値があったとは考えにくい．食用目的であれば，大型獣をねらった方が費用効果はずっと大きいだろう．カワウソは偶然入手できれば食べる程度の利用だったろう．カワウソの利用が少ない原因のひとつとして考えられるのは，ワナ捕獲の難しさである．河川や海岸ならともかく，沼地ではカワウソの通り道を確認してワナを設置するのはやっかいだったろう．

（2）飛鳥時代の肉食禁止

　飛鳥時代に仏教が伝来すると，朝廷は殺生を固く禁じるようになった．天武天皇は675（天武4）年に仏教の教えに従って「肉食禁止令」を出した．これ以降，日本では1868（明治元）年に神仏分離令が公布されて肉食が解禁されるまで1200年間もの長きにわたる獣肉食忌避の習慣が続くことになる．肉食の禁忌は宮中から始まり，しだいに上流の貴族階級に浸透し，時とともに一般庶民の食生活にも大きな影響をおよぼしていった．『日本書紀』には「今後，ワナの使用を禁止すること，4月1日から9月30日までの期間は梁漁法を禁止すること，ウシ・ウマ・イヌ・ニワトリ・サルの肉を食べないこと」と五畜の肉食を禁じている記述が見られる．その理由は「イヌは夜吠えて番犬の役に立ち，ニワトリは暁を告げて人びとを起こし，ウシは田

畑を耕すのに疲れ，ウマは人を乗せて旅や戦いに働き，サルは人に似ているので食べてはならない」という『涅槃経』の教えによったものらしい．ただしシカやイノシシは禁止肉食に入っていない．季節を定めた資源管理という発想がすでに見られることも興味深い．しかし禁止令がたびたび出されていることは，肉が食べ続けられていたことの裏返しでもあろう．天平2 (730) 年の『続日本紀』には「ワナで多く鳥獣を捕えることは禁じてあるところだが，それを守らずシカやイノシシを捕える者が数えきれずいる」とある．この時代のカワウソについては残念ながら資料がない．

(3) 室町-江戸時代の肉食

室町時代の料理書を見ると，さまざまな獣類が食されていることがわかる．獣肉食は一般庶民ばかりでなく皇族にもおよんでおり，1421年の『看聞御記』には服薬のため山犬（オオカミ？）を食したといった記述が見られる．応仁の乱が終わった直後の1480年ごろに記された家庭教養書ともいえる一条兼良の『尺素往来』には，イノシシ，シカ，カモシカ，クマ，ウサギ，タヌキ，カワウソなどは美味であると記されている．天文年間（1550年ごろ）の料理書である『大草殿より相傳之聞書』にもカワウソ，ツグミ，タラなどの料理法が紹介されており，「カワウソの腹を縦に割いて内臓を取り除き，火で灼熱させた石を2, 3個内臓に入れて水をかけ，内部から蒸し焼きにする．そうすると臭みもとれる．その後で石を取り出し，ぬかで内外をよく洗う……」といった料理法が紹介されている．

徳川五代将軍綱吉によって1687年に公布されて1709年まで続いた「生類憐れみの令」に見られるように，江戸時代は殺生肉食が厳しく禁じられた時代と思われがちである．事実，庶民の間には生きものを殺して食べるとその地域社会に不幸がもたらされるとか，ウシを食べると角が生えるという迷信もあった．明治に生まれた人たちの多くにも肉を食べることにたいへんな嫌悪感があったようで，食べると気持ちが悪くなる人も多かったようである．

ところが，江戸時代になっても多くの人は獣肉を食べていた．江戸時代初期の代表的な料理書である『料理物語』（著者不明）によると，シカは汁や煎焼（鍋のなかで肉を焼き，野菜と一緒に煮込む），イノシシ，ウサギ，タヌキ，クマ，カワウソ，イヌなどは汁や田楽にして食している．江戸時代初

期の江戸風俗をとりまとめた大道寺友山の『落穂集』には「町方においてはイヌを見かけることはまれである．下層民の食べ物としてイヌにまさるものはなく，冬に向かって見つけしだい撲殺して賞味している」とある．

　江戸中期の文化・文政ごろになると獣肉を扱う「ももんじい屋」が現れる．文政12（1829）年の『御府内備考』には，江戸市中の四谷麹町や神田平岩町などに「けだもの屋」と称する獣肉を扱う店があったことが記されている．そこでは，イノシシ，シカ，クマ，オオカミ，キツネ，タヌキ，サル，カワウソなどが売られていたという．肉料理の多くは上記のような野生動物，あるいはカモ，シギ，キジ，ヤマドリ，サギなどの野鳥類であり，量的には不明であるが，カワウソもリストに含まれている．現在のようにウシ，ブタ，トリばかりを食べる肉食よりも，ずっと多種の肉を食べていたことになる．腹が減ったから肉を食べるのではなく，むしろ食文化といえるレベルの食べ方だったと思われる．ただし家畜であるウシ，ウマ，ブタ，ニワトリなどは六畜といわれて食べることはまれであったという．

　「ももんじい和尚も化けて食べにくる」という江戸時代の川柳がある．和尚が変装して食べにきていることをからかったもので，江戸時代の僧侶生活の一端が見える．江戸時代の国学者である小山田与清（1783-1847）が見聞や事物の考説を19世紀前半にまとめた『松屋筆記』にも，「文化・文政年間より江戸に獣肉を売る店が多く，身分の高い侍にもこれを食べる者がいる．イノシシ肉を山鯨と称し，シカ肉を紅葉と称す．オランダ医学の影響で肉食が体によいとされたこともあるだろうが，悪い習慣である」との記載が見られる．幕末の儒学者，寺門静軒が1831（天保2）年に著した『江戸繁盛記』（1980年，教育社新書）には「山鯨のこと」と題して肉食のことが見える．獣肉は薬であるとしてこれを食べることを「薬食い」ともいった．漢方薬の需要が高まり，薬食いとしての肉食が行われていたのである．同書によると肉の値段はかなり安価であり，これらの料理が下層民の食物であったことを推測させる．こうした「薬食店」は1810年ごろには麹町に1軒あっただけだが，やがて江戸中に広がって1830年ごろには数えきれなくなったとしている．看板にはシカ，イノシシの隠語のもみじやぼたんなどの絵をあしらい，「山鯨」の2文字をあてていたとされる．

およそ肉は，ねぎがよく調和する．ひとりの客にひとつのなべを用意し，火鉢をつらねて配置してある．上戸はそれで酒を飲み，下戸はそれで飯を食う．火がおこると肉が煮えたちだんだんうまくなってくる．――中略――なべの値段には，小は五十文，中は百文，大は二百文の三段階がある．近年は肉の値段がだんだん高くなり，ウナギと匹敵する．けれどもその味はうまく，かつすぐ精気に効き目があるから値段などは問題ではない．その獣は，イノシシ・シカ・キツネ・ウサギ・カワウソ・オオカミ・クマ・カモシカなどで，店頭に積み重なっている．

　文献資料の研究だけでなく遺跡発掘による考古学的な研究も同様のことを示している．たとえば新宿区三栄町遺跡では膨大な日常生活用具が見つかったほか，厚さ30 cm，1.5 m四方に，3段重ねにされた動物の骨が6カ所から出てきた．内訳はイノシシ97頭，シカ71頭，カモシカ11頭のほか，クマ，キツネ，タヌキ，オオカミ，カワウソなどがそれぞれ3-4頭分である．ウマやウシなどの家畜は含まれず，すべて野生の動物だった．この遺跡は江戸時代の伊賀者の組屋敷跡で，最下層の武士階級が住み，屋敷の一部を町人に貸していたといわれている．おそらく上記のような店が営まれていたのだろう．イノシシやオオカミが江戸の中心部に生息していたとは考えられないので，遠方から運ばれてきて食用に供されたようである．富士丹沢の猟師たちが捕獲したシカやイノシシを江戸市中に出荷していたことが村差出帳など当時の記録にある．

1.3　狩猟とカワウソ

（1）平安時代における毛皮へのあこがれ

　平安時代の貴族の間では毛皮ブームがあった．7世紀末に中国東北部におこった「渤海（ぼっかい）」は，日本に35回にわたって使節を送るなど，交流密度は遣唐使を上回っている．狩猟民族国家である渤海からの交易品の中心はテン，ヒョウ，トラ，ヒグマなどの毛皮であり，一番の特産品はテンの毛皮であった．日本からはおもに絹や麻などの繊維製品だった．貴族たちはこれら毛皮

をファッションあるいはステータスシンボルとして争って手に入れようとした．あまりのブームに，朝廷はしばしば毛皮禁止令を出したほどだった．平安時代の初期，重明親王という醍醐天皇の皇子がクロテンの毛皮を8枚着て渤海使の前に行くと，渤海使は1枚しか着ておらず，使者は恥じ入ったという．

『竹取物語』ではかぐや姫がいい寄る男に「火鼠かわごろも」という火に焼かれることのない毛皮を持ってくるように要求する場面がある．『源氏物語』には，末摘花が若い女に似合わず古びたクロテンの皮衣を着ていたとあるが，この物語の書かれた時代は渤海使が来なくなって100年ぐらい経つため，クロテンの毛皮は古着のようになっていたのだろう．いずれの話も貴族の毛皮への関心を示すものである．記録には見られないが，輸入された毛皮のなかにはおそらくカワウソも含まれていたことだろう．

治承2（1178）年の『山槐記』は，安徳天皇が誕生した際に産後御枕に供せられたものとして「獺（カワウソ）皮1枚」をあげている．これは「産母がこれを帯びれば産を容易にする」という中国の伝えによるものとされる．毛皮の需要は時代によって大きく変化する．戦国時代である室町時代後期には，戦乱による武具の消費量が増大し，素材となるシカ皮の需要も増加した．このため朱印船貿易によってシカ皮が大量に輸入されている．

（2）マタギとニホンカワウソ

縄文時代からの狩猟文化を典型的に受け継いできたのは「マタギ」である．農作業のない冬などに山に入り，クマやウサギなどを仕留めて食料とする習俗や狩人のことである．マタギの習慣は，農業だけでは生活困難であることから発生したといわれ，青森，秋田など東日本にだけ存在し，西日本には見られない．マタギには2つのスタイル，すなわち先祖から受け継いだ土地を守りつつ，同じ場所で農耕と狩猟を続けてきた里マタギと呼ばれるスタイルと，もっぱら域外に出かけて長期間狩猟の旅を続ける旅マタギというスタイルがある．

奥羽山脈の河川では1940年代（昭和10年代後半）までカワウソがしばしば見受けられた．地元の人が川で泳いでいると，川岸の藪から突然カワウソが飛び込んできて川に潜り，アユを捕えて再び藪のなかに姿を消した，とい

うような出会いは日常的であったらしい．積雪の時期にはマタギたちは足跡を追ってカワウソ猟も行っていた．マタギ研究家の太田雄治氏はその著書『マタギ』のなかでつぎのような事例を紹介している．

- 明治20年ころのこと，冬になると川の合流点にカワウソが現れ，農家の池の魚を食い荒らしたという．毛皮が高価なので，マタギの稲田氏はカワウソ狩りに出た．雪の上の水かきの足跡をたどり，追跡したが，途中で水に飛び込まれ，ついに逃がしてしまった．カワウソは陸路を10 kmも20 kmも遠くまで魚や水鳥を求めて渡り歩いてきたものと思われた．
- 大正14年2月ころのこと，秋田県生保内(おぼない)のマタギたちは田沢湖の外輪山にウサギ狩りに行って，その山の下の雪原でカワウソの足跡を発見した．新雪の上にラインを深く引いたような足跡が十数mも続いている．ノウサギの歩いた跡に比べ雪跡が深く，連れのマタギたちはカワウソの歩いた跡だという．
- 岩瀬町ネコの沢のマタギ7人が，船岡でカワウソの足跡を発見して追跡した．雪の山道を30 km以上も追い続けたが，ついに川に飛び込まれて逃し

図1-3　高知県に残る「オソ越」の地名

てしまった．

　カワウソがときに 10 km も山中を歩いて別の水系に移動することは，北海道でも知られている．このことは同時に，毛皮獣としてのカワウソは長距離を追跡しても捕まえるに値する動物であったことを示している．奥羽山脈では岩手県側の渓流をのぼっては山を乗り越え，秋田県側の渓流に達するようなカワウソ移動ルートが存在したのだろう．カワウソが山を越えるという意味の獺越(オソゴエ)という地名は最後のカワウソ生息地である高知県を含め，各地に残っている（図 1-3）．

（3）江戸時代の北方交易とカワウソ猟

　毛皮が経済活動の中心的な役割を担ったり，社会の重大関心事となったりすることなど，現在では想像すら困難であるが，過去にはそうした時代もあった．平安時代における渤海との交易品が毛皮中心であったように，北方の交易における獣皮交易の歴史は古く，毛皮は重要な貿易産品であった．帝政ロシアや中国の清朝ではクロテンの毛皮が宝石同様に珍重されていた．とりわけ中国の清朝は極東のツングース系民族からおこった王朝であったから，毛皮交易の重要性を十二分に認識していた．江戸幕府とアイヌとの関係にも毛皮が大きく関係していた．江戸時代の北海道では稲作ができなかったため，北海道唯一の藩であった松前藩は米による年貢を取ることができなかった．そのため同藩の財政は蝦夷地のアイヌとの交易で成り立っていた．交易品は倭人側からは米・酒・鉄製品などの食料や生活物資，アイヌ側からは海産物，毛皮，矢羽に使うワシの尾羽などであった．アイヌから倭人への交易品は，量的には海産物がもっとも多かったが，毛皮は権力を象徴するものとして，将軍への献上品などとして重要であった．

　毛皮交易がさかんになる以前の北方地域における狩猟対象は，肉や毛皮を効率よく得ることのできるシカ類や，信仰上でも重要視されるクマ類が中心であった．江戸時代前半まではアイヌ自身の衣料にも獣皮が用いられていた．しかし交易の場で獣皮着用を禁じられるとともに本州文化の影響を受けるようになると，毛皮ではなく綿布や織物が用いられるようになった．そのため，それらの製品を入手するための交易品として中小型獣を対象とした狩猟がさ

かんになった．とりわけ，保温性の高い密な毛皮を持つカワウソやラッコなどの水生動物は，キツネやリスなどの森林性動物以上に高い価値を有していた．動物研究家の河合大輔氏は北海道やサハリンのカワウソ猟実態について各種の行政資料や町史などをたんねんに調べ，1995年の雑誌記事「カワウソの棲める河川環境を考える」のなかでつぎのように紹介している．

　18世紀の日本では「蝦夷錦（えぞにしき）」と呼ばれる中国製の絹織物の反物と「山丹服（さんたんふく）」と呼ばれる蝦夷錦の衣装が珍重されていたが，山丹（満州）人は「蝦夷錦」などをカワウソやテンの毛皮と交換する獣皮交易を樺太アイヌと行っていた．当時の樺太は，清，ロシアそして日本の権益が入り交じる場所であった．樺太が大陸から切れた島であることは間宮林蔵によって発見されたが，彼の上司にあたる松田伝十郎は，樺太を幕府領として定着させるために交易に積極介入した．彼の記した『北夷談（ほくいだん）』によると，彼は北海道と樺太でクロテンの毛皮を集め，期日を限って山丹人らを呼び集め，その毛皮でアイヌらの積年の負債を支払った．文化6（1809）年までの負債は樺太と宗谷のアイヌの分をあわせてクロテンの毛皮5546枚に及んだが，そのうち499枚を現地のアイヌに負担させ，残りの5047枚分をカワウソの毛皮2523枚半に換算して幕府の負担（金131両に相当）で山丹人に支払った．毛皮のランクは決まっており，サハリン産のテン皮2枚でカワウソ1枚，北海道産のテン皮8枚でカワウソ1枚だった．寒い地域の毛皮が良質ということであろう．嘉永6（1853）年には山丹服や蝦夷錦の代価テン皮4422枚分をカワウソ1265枚，キツネ588枚，テン582枚の代替品で決済したとの記録もある．

　幕末の探検家，間宮林蔵が樺太を踏査して1811年に幕府へ提出した報告書である『北夷分界餘話（ほくいぶんかいよわ）』にはカワウソ猟が描かれており，魚を餌にした毒矢の仕掛け弓（アマッポ）が見られる．川から上がってきたカワウソが餌をねらっている様子がいきいきと描かれている（図1-4左）．当時の北海道でも河岸のあちこちでアイヌによるこうしたカワウソ猟が行われていたことだろう．上記書を一般向きに編纂した1855（安政2）年の『北蝦夷図説（からふと）』にも橋本玉蘭によるカワウソ猟の挿絵「捕獺図」が収録されている（図1-4右）．後者では川に渡した丸木橋の上にくくりワナのようなものが置いてあり，ワナにかかったカワウソが下流で水面から顔をのぞかせている．

図 1-4 『北夷分界餘話』のカワウソ猟(左)と橋本玉蘭による「捕獺図」(右)(河井, 1995a)

　北海道という地名を考案した松浦武四郎が幕末(1859年)に記した『後志羊蹄日記(しりべしようていにっき)』には,夜,鍋に残しておいた残飯をカワウソに食われてしまった話や,今の札幌植物園付近で「氷の間にカワウソを見つけ,イヌを用いて簡単に捕獲した」などの記述がある.小川ではイヌを用いて,大河や湖では仕掛け弓,またはカワウソやり,カワウソ矢と呼ばれるもので捕獲したらしい.

(4) 獣害

　現在,獣害問題は各地で深刻さを増している.これには農業人口の高齢化や,耕作地の放棄など現代におけるさまざまな新要因がからみあっているが,獣害自体は人が農業に取り組み始めて以来の深刻な問題である.平安時代の記録には,荘園内にシカやサルなどの鳥獣害があり,これを追い払うために小屋を設けて人が住んでいたことが記されている.鎌倉時代の1263(弘長3)年に寄進された川崎勝福寺の鐘には,鳥獣撃退を願う文がある.江戸時代の1700(元禄13)年には長崎県対馬でイノシシやシカによる農作物被害が激増し,大規模な駆除が行われた.捕獲されたシカやイノシシは6年間で8万頭にのぼったという.安永元(1772)年に秋田の男鹿半島では害獣駆除としてシカ27100頭が捕獲された.感染症の問題もあり,1733-45年ごろには西日本で狂犬病が流行し,野生オオカミにも感染した.富士東麓の村々ではオオカミが家畜や人間を襲ったという記録もある.村々では自衛のために

猟師を雇い，野犬やオオカミの駆除にあたった．

　カワウソは農作物に被害を与えることはないが，江戸時代の農学者，宮崎安貞が著した『農業全書』はカワウソを養魚の害獣のひとつに数えている．養殖漁業は人とカワウソとの関係がもっとも対立する場面である．後述するように，ヨーロッパやアジアの農村では，カワウソは池の魚を盗む害獣として嫌われている．韓国でも南部海岸のハマチ養殖業者から同様に嫌われている．インドのオリッサ州ではカワウソが村の養魚池を襲うことから，村人はカワウソが偶然捕まったりすれば棒で叩き殺してしまうだけでなく，総出でカワウソ退治をすることもあるし，養魚池に電気柵をめぐらせることもある．インドネシアにおいては，養魚池関係者にカワウソ生態や被害軽減法を提供することがカワウソ保護で最重要とされる．そのために伝統的な柵つくり法の改良が試みられている．また，養魚場近隣の池において野生魚類や漁業対象でない魚種を保護することによって，養魚池の被害を軽減したり，ときには完全になくすことができるという報告もある．

（5）スポーツハンティング

　日本の狩猟史については，東北芸術工科大学の田口洋美氏が興味深い切口からの研究を多く発表されている．同氏によると，日本の狩猟は毛皮や肉を求めての猟だけでなく，漢方薬猟，スポーツハンティング，および獣害対策として近年まで途絶えることなく受け継がれてきた．このうちカワウソが登場しないのはスポーツハンティングである．近年はノネズミからクジラにいたるまで，野生動物ウォッチングが各地で行われるようになったが，提灯や松明しかない時代に野生動物を観察して楽しむというつきあい方は不可能であった．些細なことではあるが，双眼鏡，懐中電灯，カメラ，観察場所に出かけるための車などちょっとした道具がなければ野生動物は観察できない．すなわち，歴史時代において狩猟は人びとと野生動物を結びつける唯一の方法であった．そのなかには巻き狩り（多数の射手を狩り場を取り囲むように配置して勢子やイヌが追い出した獲物を捕獲する）のように消えてしまったタイプのスポーツハンティングもある．鷹狩りは紀元前1000年代から中央アジアの広大な平原で始まり，ヨーロッパ，中東，アジアに広まった．わが国には，仁徳天皇の時代（355年）に大陸より伝えられ，平安時代になると

高貴な身分の者による巻き狩りなどがさかんとなった．朝廷を中心に王侯貴族の遊びとして栄え，一般人に鷹狩りを禁止する令がたびたび出されるなど，階層分化の明確なスポーツであった．実用面では 15 世紀に鉄砲が発明されたことで衰退したが，江戸時代になっても軍の配置演習や民情視察をかねて歴代の徳川将軍や多くの大名の間で愛された．鷹匠という特殊技術の職業もここから生まれた．

1.4　民俗文化とカワウソ

　現代の都市生活で人びとと動物とのかかわりといえば，ペットとの関係くらいしか存在しない．食生活では動物性タンパク質の恩恵を十分に受けてはいるが，それは肉や畜産加工品としてであり，生きた動物を通じてではない．ところが，ほんの半世紀くらい前まで，人びとと動物とのかかわりは今では想像もできないほど密接であった．家畜は農業用エンジン，自動車，食料生産工場，セキュリティシステムとして不可欠な存在であった．また動物は宗教や民話などに頻繁に登場することで各地に独自の文化を育んできた．テレビや新聞もない時代の家族の語らいは，だれがなにをしたといった世間話とともに，どこでどんな動物に出会ったというようなことも頻繁であったろう．1 日の会話に動物が登場する割合は今よりはるかに多かったに違いない．動物観についても，現在のように「かわいい」といった愛玩の視点だけでなく，尊敬，畏敬，恐怖あるいは敵意の対象として現在よりもはるかに多様であったと思われる．

（1）古墳時代のニホンカワウソ埴輪

　古墳時代にも全国の池や河川にはカワウソが普遍的に生息していたはずである．國學院大學考古学資料館の収蔵資料のなかに，カワウソと思われる頭部と頸部のみが残る動物埴輪がある（図 1-5 左）．口や鼻孔などの表現もヘラで簡単に描いた作品である．出土地その他の詳細情報はまったく不明であり，購入時より関係者の間でなんの動物であるか断定できず疑問であったとのことである．このような頭部形状はイタチ，テン，カワウソなどイタチ科動物の特徴であるが，これまでこうした動物の埴輪はまったく出土していな

図 1-5 カワウソと思われる動物埴輪（左）（青木, 2002）と水から首を出したカワウソ（右）

い．頭部が垂直になっていることから見ると，カワウソが尾で体を支えて立ち上がったときの姿勢，あるいは水中から顔をのぞかせたときの姿勢とそっくりである（図 1-5 右）．

動物埴輪はおもに古墳時代の中期から後期（4-6 世紀）に全国的につくられた．ウマ，イヌ，ニワトリなどの家畜だけでなく，イノシシ，シカ，水鳥，魚など狩猟対象として古代の人びとのくらしにかかわっていた野生動物も見られ，飛膜を広げたムササビなどめずらしい埴輪も見つかっている．動物埴輪の初期である 4 世紀には水鳥，ニワトリ，魚などのような小動物の埴輪がまず登場する．鳥は悪霊を防ぎ，死者の魂を運ぶという思想は弥生時代から芽生えていたことから，ほかの動物も儀式のささげものだったのだろう．カワウソも人となんらかの関係を持っていたのだろうが，当時の人びとがどのような思いでカワウソ埴輪をつくったかは不明である．

（2）川の神とニホンカワウソ

奈良時代に編纂された『日本書紀』には水辺に住む妖怪（川の神）として，蛟（みづち）と河伯（かわかみ）が紹介されている．「河伯」は後代「カッパ」と訓読された．「み

づち」は陰気な川の淵などに住みついて，人に害を与え，川を氾濫させ，鎮めるために生贄を要求するなど，悪魔的な妖怪として描かれている．人びとの水と川に対する恐れが生み出した神なのだろう．『日本書紀』にはつぎのような記述がある．

> 仁徳天皇は用水路の整備を命じた．堤はほぼできあがったが，茨田の堤は2カ所がすぐ破れ，なかなか完成しなかった．ある晩，天皇は夢でつぎのような神のお告げを受けた．「武蔵の強頸（こわくび）と，河内の茨田連衫子（まんだのむらじころものこ）を河伯（かっぱ）に奉れば堤は完成するだろう」．強頸は嘆き悲しみながらも河に入れられ，1カ所は完成した．しかし衫子は納得せず，瓢（ひょうたん）を水中に投げ入れて河神にいった．これを沈めることができれば神と認め，自ら生け贄になろうが，沈められなければ偽神であり，入水することはできない．瓢は沈まなかったが，堤は完成した．衫子はその結果に満足して身を捧げた．

こうした神が後年のカッパとして変化してゆくことになる．このためカッパはもともと子どもを溺死させるなど悪事を働く水神として人びとに恐れられる存在であった．カッパに影響を与えたもうひとつの存在が中国の「水虎」である．これは幼児くらいの背丈で，背中に甲羅のある水の妖怪である．『西遊記』に出てくる沙悟浄は水虎をイメージしているのかもしれない．こうした伝承が日本に伝わったのか，物語文化が普及し始めた平安中期の11世紀になると，水の妖精の話が見かけられるようになる．平安時代末期の『今昔物語集』27巻には，寝ている人に悪戯する身の丈が子どもほどの魔物が，捕まると水を入れた盥（たらい）を要求し，その水の中に飛び込み逃げる水の妖精の話がある．カッパという言葉こそ使われていないが，内容はほぼカッパの話といえよう．室町時代（1444年）の古辞書である『下学集』には，「カワウソは老いて河童となる」と記されている．同じ室町時代（1548年）の古辞書である『運歩色葉集』には，頭にくぼみがあって水をそこに入れると怪力を発揮する妖怪の記述が「河童」という名称で見られる．

（3）江戸時代にできあがったカッパのイメージ

江戸中期の元禄時代（17世紀）に刊行された食品事典ともいえる『本朝

食鑑』には，河童とはカワウソが歳を経て化けた妖怪であり，頭には皿が，背中には甲羅がありと書かれており，現在のカッパイメージがこの時代に定着していたことがわかる．天保年間の『河童図説』はカッパと遭遇した体験者からの聞き書きとカッパ図をおさめたものである．嘉永 2（1849）年の『河童奇談』には，助けられた河太郎河童が，魚を届けるなどの報恩の説話が記されている．

　江戸時代のカッパ研究書として，昌平坂学問所の儒者である古賀侗庵（1788-1847）による『水虎考略』がある．相撲を好み，人語を解し，頭上が皿のようにくぼみ，水かきやカメのような甲羅があり，肌がヌメッとしているなど，おなじみのカッパの特徴が詳細に報告されている（図1-6 上）．関東・東海の代官を歴任した羽倉用九や，幕臣で『寛政譜』の編集に携わった中神君度から提供されたカッパ遭遇者からの聞き取り情報に，和漢の地誌や奇談集から集めたカッパ情報を合わせ，1820（文政3）年にまとめられている．さらに江戸城の御殿医で本草学者（博物学者）でもあった栗本丹洲（1756-1834）が，各地で捕獲，目撃されたというカッパの写生図などを多数付け加えた．天保10（1839）年には「後篇」2冊も編集されている．

　本書は内容もさることながら，当時の錚々たる学者や幕臣たちが執筆者となっていることが注目される．町の物好きたちが寄り集まって怪しげな書物を著したのではないのである．西欧における宗教改革の中心人物であったマルチン・ルターについて，「思索中に悪魔が現れたのでその顔にインク壺を投げつけた」という逸話がある．彼が暮らした修道院の壁にはインクのしみが今も残っているが，彼にとって悪魔は身近な実在であった．同様に，江戸期の人びとにとってカッパは実在の動物であり，そのことが執筆者たちを本気で情報収集に駆り立てたのだろう．江戸時代後期には経済発展によって出版事業も進歩し，本草学（博物学）書だけでなく，武士や町人を対象とした教養書，医学書，名所記，小説などが数多く出版されるようになる．書物はまだ高価であったが，庶民も貸本屋を通じてこうした情報に触れることができた．江戸時代にはこのような話への関心が高かったと同時に，本草学者の間では珍奇な動植物の情報がさかんにやりとりされていたことがうかがえる．カッパは江戸末期の浮世絵師，歌川芳員の『東海道五十三次之内小田原』にも登場する．雨のなかを突然現れたカッパに旅人が驚いている図であるが，

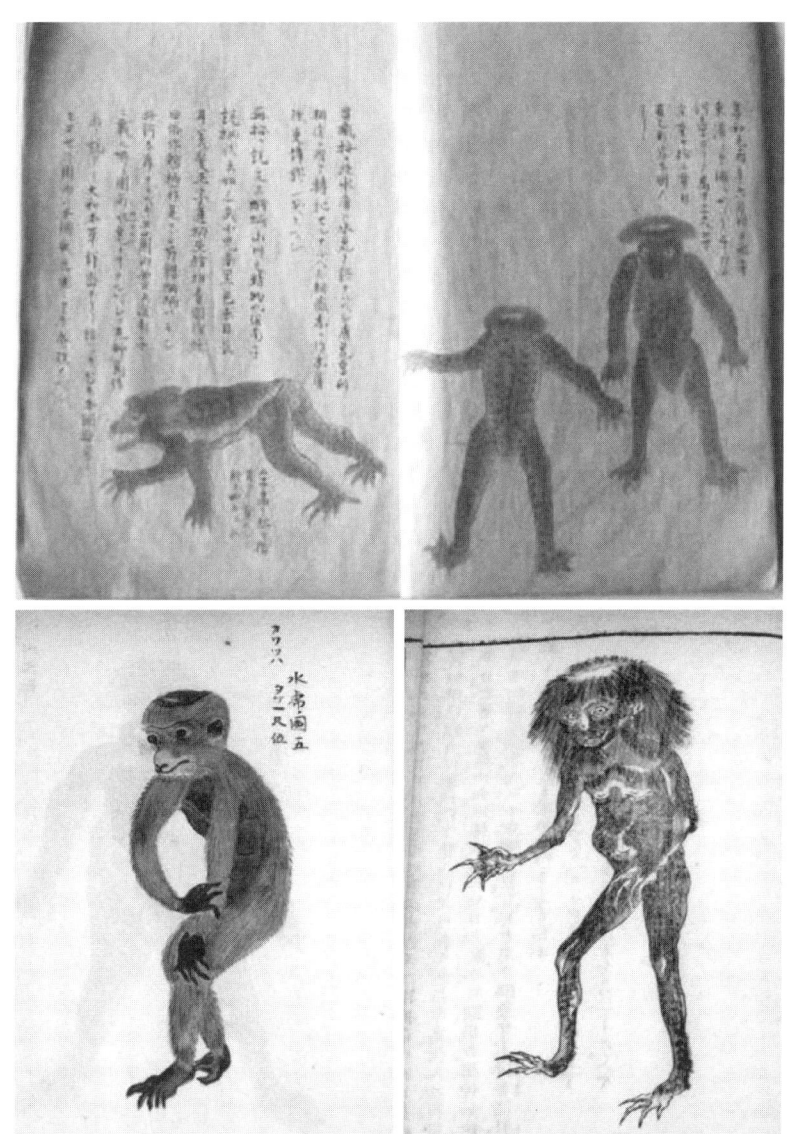

図1-6 『水虎考略』(上)、『水虎考略後編』(下左)、『利根川図志』(下右)に描かれた各種カッパ

図 1-7 歌川芳員の『東海道五十三次之内小田原』に登場するカッパ（個人蔵）

遠景は安藤広重の同名浮世絵からの借用である（図 1-7）.

日本古来の川に住む神や妖怪，中国からの伝承，それにこのような江戸時代の博物学ブームなどが混じり合うなかで，カッパのイメージは変化していった．恐ろしいだけではカッパにこれほどの人気は集まらない．カッパが人びとに愛されるのはしばしば人間に捕まるという失態も演じるからである．捕まったカッパは，二度と子どもを引かない，万病に効く薬の製造方法を伝授する，日照りのときには雨を降らせる，魚やお金を届けるなどを約束して命乞いをした．人間とのかかわりが深くなるにつれて，カッパは恐ろしい妖怪から愛すべき存在へと変身していった．

（4）カッパのモデルとなった動物

『日本風俗史事典』によれば，「カッパ（河童）とは『かわわらわ』の意で，川や池など水中に住むとされている小童の形をした動物．頭頂に凹みがあり，その中に水を湛えている間は陸上に上がっても力が強く，しばしば人間に相撲をいどみ，また馬などを水中に引きずり込むことがあるとして恐れられる」とされる．江戸時代に描かれたカッパ絵には，カワウソだけでなくサル，カメ，カエルなどがモデルと思われるものが多い（図 1-6）．カッパという呼び名が一般化したのは明治以降のことで，江戸時代には「河太郎」「川太郎」「がたろう」，あるいは「川郎」と呼ばれていた．「川郎」はむしろ水の

なかに住むサルの意であったという．愛媛県では方言でカワウソのことを「えんこ」と呼ぶが，猿候が語源かと思われ，動物名が混同されているようである．動物民俗学を研究する中村禎里氏はカッパに関する近世文献（1700年以前-1850年）からモデルとなった動物を推定している．それによると，カワウソが6件，スッポン・カメが9件，そしてサルが23件であった．江戸初期にはカワウソが多いが，しだいにサルが増えてくる．それぞれの描かれ方はつぎのとおりである．

　サル系のカッパは全身が毛で覆われ，皿と水かきの存在をのぞけば，サルと区別するのは容易ではない．このタイプは明治期にはすでに登場しなくなっている．カエル系カッパは，サル系に遅れて出現する．皿と水かきを持ち，口は少し尖っていてしだいにクチバシ状に描かれるようになる．皮膚はガマガエルのようにまだら模様をしており，甲羅を有しながら二足歩行している．カメ系カッパも甲羅を有し，皮膚は滑らか，あるいはウロコ状であるが，二足歩行が可能な体形には見えない．カエル系やカメ系カッパは明治期前半までは描かれていたようだ．このほかに江戸期には動物起源とは思われない異人系カッパも描かれた．痩せた毛深い人間のようにも見えるが，皿や水かきを持っている点はカッパである．

　こうしたモデル動物のなかでもっともカッパ的なイメージを持つのがカワウソである．行動について見ると，まずカワウソが水中できわめて活発に泳ぎ回る動物であることがあげられる．泳ぎながらつばめ返しのように身をひるがえす変幻自在な動きはカッパの活発さと重なっている．第2は水中から顔を出したときのポーズである．そのときのカワウソは前述のカワウソ埴輪のような姿勢をとるので，遠目にはまるで小さな人間が顔を出したような印象を受けるだろう．第3はときに陸上でも立ち上がることである．尾で体を支えて後足で立ち上がり，ひとりごととも聞こえる高い声を発する様子も人間を彷彿させる．形態について見ると，まず体の大きさがあげられる．カワウソは尾を含めて全長1m以上に達するので，人になぞらえることのできる大きさといえるだろう．水から上がったときに体毛が濡れて光っていることからは，カッパのヌメッとした皮膚感がイメージできる．頭が平たいこともカッパと関連するだろう．狩野派の画家である鳥山石燕（とりやませきえん）は1770年代に各種の妖怪を描いた『画図百鬼夜行』を刊行しているが，カッパとカワウソは別

図 1-8 『画図百鬼夜行』に描かれたカッパ（左）とカワウソ（右）（国立国会図書館蔵）

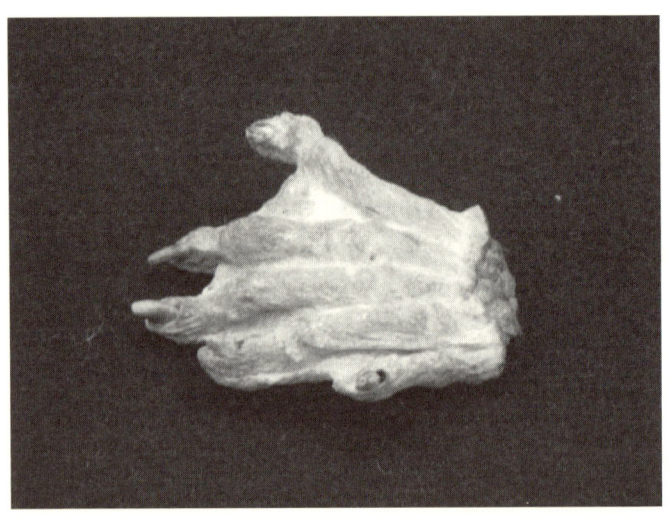

図 1-9 熊本の志岐八幡宮に伝わるカッパ（じつはカワウソ）の手

の生きものとして描かれている（図1-8）.

　カッパであると伝えられているミイラ化した体の一部が全国の寺院などに18点ほど伝えられている（全身3点，頭部1点，手足13点，不明1点）．カッパの手として残されているミイラのうち，志岐八幡宮（熊本）に伝わっているものをはじめ，何点かは明らかにカワウソである（図1-9）．一部はサルと思われるし，大阪の瑞龍寺に伝わるミイラのように，明らかにいろいろな動物の体の各部を集めて合成したと思われる品もある．

　志岐八幡宮に伝わるカッパの手には，「悪戯をして村人を困らせていたカッパは，両手を切り落とされてしまった．懇願するので左手は返した」といいつたえられている．この手は水遊びの季節を前に子どもたちの頭を撫で，水難よけ祈願をする行事に用いられている．ミイラのなかに手足がとくに多いという点は注目される．動物がくくりワナなどにかかると逃げようと猛烈に暴れるので，四肢がちぎれることもある．動物が逃げた後にちぎれた手足が残されていたといったことから，おそらくこうした話が生まれたのではないだろうか．

（5）各地のカッパ伝承

　日本は民話の宝庫といえる国である．これら民話の相当数はタヌキやキツネをはじめとする動物が登場するストーリーであり，動物が人びとの暮らしや意識のなかに深くかかわっていたことがうかがえる．カッパにまつわる伝承は北海道や沖縄をのぞく全国に分布している．北海道にカッパがいないのは，アイヌ民族が狩猟を通じた独自の文化を築いていたからであり，沖縄ではカワウソがいなかったし，琉球王朝が本土と異なる文化体系を築いていたからだろう．全国に残るカッパ伝承のなかで広く一般的な姿は，山や川に住んでキュウリを好み，悪さが大好きであるが，捕えられると泣いて許しを請い，許されると律儀に人間との約束を守る．助けてもらったお礼に秘伝薬の処方を伝授したという「河童の秘伝薬」の話は各地に伝わっている．

　茨城県利根川水系には牛久沼と呼ばれる大きな沼があり，ここにはカッパにまつわる話がとくに多く伝わっている．茨城県内では「岩瀬万応膏」のほかに「トゲ抜きの妙薬」や「筋渡しの薬」がある．千葉県佐原には「十三枚」と呼ばれる霞ヶ浦のカッパが伝授した貼り薬がある．打ち身，ねんざな

どに効くこれらの秘伝薬と相撲好きなカッパとの関係は興味深いものがある．また二十数年前までは，カッパを水神として祀り，キュウリを供えて水難除けの祈願をしていたそうである．茨城県で長年教員を務めた武川秀男氏は1990年に牛久市立図書館からつぎのような物語を紹介している．

> 「河童の秘薬」
> そのむかし，医学を修行中であった良庵という人がふるさとへ帰る途中，牛久沼の近くで奇妙なものを拾い，家に持ち帰った．その夜，小さな老人が訪ねてきていうには，「わたしは牛久沼のカッパです．あなたが拾われたものは私の手です．手を返していただけませんか．あの日，畑にきゅうりを盗みにゆきワナにかかってしまったのです．牛久沼は水がきれいでたくさんの魚がいて，畑にはわたしたちの好物がいろいろあるカッパの天国なのです．ちかごろうわさを聞いてあちこちのカッパが牛久沼にあつまってくるのですが，悪さをするものがいて，村人がワナをしかけるようになったのです」．良庵は「いまさら手がくっつくのかね」と尋ねたところ，「わたしどもには，どんなケガでもたちどころに治る秘密の薬があります」と答えた．良庵が手を返してやったところ，何日かして再び老人があらわれ，良庵に巻き物を渡した．良庵はこの薬を"万応膏"と名づけた．

茨城県大宮町の真木家には「岩瀬万応膏」という切り傷や腫れ物などに効能がある家伝薬があり，現在も販売されている．上記はこれにまつわる話であり，主人公の良庵先生は真木了本という，紀州の華岡青洲（1760-1835）の下で医者の修行をした人である．さて牛久沼のカッパの正体であるが，広大な関東平野に位置する湿地帯であることから，やはりカワウソと考えるのが妥当だろう．小さな老人という設定はカワウソが立ち上がったときの姿をイメージさせるし（図1-10），手が落ちていたというのは，くくりワナなどにかかってちぎれた手足が残されていたということではないだろうか．

『読みがたり富山のむかし話』によれば富山県でも，じいさまが切り落とした手首をカワウソに返したところ，後日傷薬が届けられたという話や，カワウソを助けた百姓が霊薬の秘伝を授けられ，病人を救ったという話が伝わっている．それについて富山の郷土史家，廣瀬誠氏は「カワウソやカッパと薬の結びつきはカワウソの肝が薬として珍重された史実が影響したのではな

図1-10 小さな老人のようにも見えるノドブチカワウソの立ち上がり姿勢

いか」と述べている．

　カッパ説話は，筑後川流域のように農業水路がクリーク状に発達した場所や，江東区のように小運河の多い場所に話が多いようである．これらは子どもが落ちやすい場所である．すなわち，子どもの死ぬところにカッパがいることになる．恐ろしい妖怪が水中から顔を出して「おいで，おいで」をする．カッパに引かれたうわさが広がる．子どもたちは，危険な水辺に近づかないようになる．こうしてカッパは，多くの子どもたちが水難事故にあうのを防ぎ，水辺の番人としての役割を果たしてきたことになる．

（6）明治以降のカッパ

　明治期にもカッパは錦絵にさかんに描かれたが，戯画化されて滑稽なものが多く，笑いのネタにされることが多かったようだ．カエルやカメなど特定の動物をイメージさせるような絵はしだいになくなり，カッパ本系が主流を占めるようになった．昭和期になると，文人に愛され思索する哲学的なカッパも現れた．芥川龍之介の晩年の代表作として有名な『河童（かっぱ）』は彼が1927

（昭和2）年に発表した小説である．ストーリーは，ある日，主人公が上高地の現在の河童橋あたりでカッパに出会い，追いかけているうちにカッパの国に入り込んでしまうところから始まる社会風刺小説である．現在の上高地のランドマークとなっている河童橋は，この小説に由来する．芥川龍之介は「水虎晩帰之図」をはじめ，カッパの絵もたくさん描いている．芥川の命日7月24日が河童忌といわれるのもこのためである．

戦後のカッパについては漫画家の清水崑氏を抜かすことはできない．同氏は昭和24年に火野葦平の小説『河童』の装丁・挿絵を担当したことをきっかけにカッパに興味をいだき，カッパをテーマにした作品を数多く残した．朝日小学生新聞に1951（昭和26）年から連載された同氏の「かっぱ川太郎」は，日本初のテレビマンガとして放映された．同氏が『週刊朝日』に昭和28-33年に連載した「かっぱ天国」は，当時の日本にカッパブームを引き起こした．こうしたブームの最中である1955年には，黄桜酒造が清水崑氏のカッパをキャラクターとして採用した．清水崑氏が亡くなられた後，1974年に漫画家の小島功氏が同社のカッパを引き継いで現在にいたっている．小島功氏の描くカッパは色気あふれるものであり，ほのぼのとした雰囲気をかもしだす清水氏のカッパとはまた違った魅力がある．

カッパはなぜか日本人に人気がある．民俗学者の柳田国男氏をはじめとするカッパに関する民俗学的研究，カッパを題材にした文学作品や絵画などはこれまでも数多くなされてきた．現在も「河童共和国」などカッパに関する諸活動を行う民間グループは数多い．カッパのイメージからはきれいな水が思い浮かぶためか，近年のカッパは水質浄化のシンボルにも使われている．このようなカッパたちからは，もはやカワウソとのかかわりは想像できなくなっている．

鳥取県境港市の駅前から約800m続く「水木しげるロード」には同氏の妖怪漫画にかかわる妖怪ブロンズ像が並ぶ．その数が1993年の26体から2006年には120体にまで増えていることに示されるように，妖怪ロードは多くの観光客を集めて地域振興の成功例となっている．像には「川うその化け物」もある．年をとったカワウソの妖怪であるが，化けて人をたぶらかすため，カワウソの姿ではなく笠をかぶったきれいな女として登場している．カッパ像や水木しげる氏の漫画「河童の三平」に登場する三平像のほか，

「川猿(かわざる)」像もある．魚が好きで体中に魚の臭気のある妖怪で，サルというよりカワウソや河童などの水辺に住む妖怪に近いという設定である．

（7）ニホンカワウソ民話

カワウソはカッパに姿を変えないで，そのままの姿でも各地の民話にしばしば登場する．たとえば「かわうそと狐」（秋田），「きつねどんとかわうそどん」（新潟），「川うそとたぬき」（岐阜），「たつね川のかほそ」（香川），「カワウソの恩返し」（愛媛）など数多くの話が伝えられている．富山県氷見市の高西力氏が1991年に市内のカワウソ伝承を調べたところ，「人間に化けた」「妖術をかけられた」「物をとられた」などの伝承が寄せられ，夕方から夜にかけて川沿いのさみしい道筋に出没する話が多かったという．小さな地方都市だけでもこのように多くの話が伝わっているのである．カワウソの伝承は化ける能力，いたずら好きな性格，万能薬を持っていることなどカッパのそれと共通点が多い．なかでもカッパから秘薬の処方を伝授された話と，カワウソから悪さのおわびや助けられたお礼に薬の処方を授かった話は全国各地に伝わっている．

愛媛県はカワウソが1970年代まで生き残った場所であり，八幡浜地方をはじめカワウソにまつわる伝承も多く残っている．海岸部に住む戦前生まれの人であればだれでもこの種の話は聞いた経験があるという．南海日日新聞は1999年10月21日付の記事でつぎのような話を紹介している．

- 「漁師が沖で漁をしていると，カワウソがこっちこい，こっちこいと手招きするので，行って見ると，船が陸に上がってしまい，難儀した」
- 「夜2時ごろ，海岸をあるいていると，防波堤の上にはちまきをして，子守をしている女性がいた．不気味に思ったがこれはカワウソが化けたものに違いないと思い，『お前はカワウソじゃろうが』と叫ぶと消えてしまった」
- 「カワウソに化かされて，一晩中，山中を歩かされた」
- 「カワウソが手招きして，風呂を沸かしたから入れというから入ってみると，実はお湯ではなく，枯れ葉だった」
- 「島の人がカワウソを捕獲して家に連れてかえると，捕獲されたカワウソの親が，毎晩，子供をかえせ，子供をかえせと言いに来た」（註：カワウソの

習性から見て，子供の声を聞いて母親が来ることは考えられる）

児童文学作家の松谷みよ子氏は，散逸しつつある明治以降の民話を整理収集されていることでも知られている．そうした民話のひとつに愛媛県の「えんこばあさんとかわうそ」という話がある．

> 伊予の南に力持ちのばあさんがいた．ある日，川向うに用ができたが，橋がなかったものでばあさんは河原の大石を拾っては川へ放りこんだ．そのとき，うしろから「背負って渡してくれんかな」と声がした．振り返ると子供が二人立っていたのでばあさんは二人を背負った．ところが川の中ほどまでくると背中の子供が急に重たくなった．
> ばあさんは思った．「これはカワウソだな．このごろカワウソがよく出て人を化かすそうだ．カワウソはノビアガリともいって大入道に化けて人をおどろかす．肩車してどこまでも高くなってみせるそうだ．どこかの淵に大蛇が出たといって逃げた者がいるが，それもカワウソがつながって泳いでいたらしい」
> 振り返れば大入道に化けるかもしれない．そこでばあさんは「ころんだら危い．しっかり背負ってあげるから」と言って二人を自分の体にしばりつけ，川を越すとさっさと歩きだした．カワウソはあわてて，「もう降ろしてくれんかな」と騒ぎ立てたが，ばあさんは歩きながら「さて大釜に火をたいて，カワウソ汁をつくって村中にふるまわねば」と独り言をいった．カワウソはふるえあがって，「もう悪いことはしません．そのかわり一生魚には不自由させませんから」と泣きあやまった．ばあさんが帯をほどいてやると，カワウソはころがるようににげていった．
> 次の朝，ばあさんが起きてみると，約束どおり軒にさげた釣針に魚が何匹かかけられていた．それが何日も続いたが，そのうち釣針が腐って落ちてしまった．そこでもっと丈夫なものと思って鹿の角をつるしたところ，ぱったり魚はこなくなった．

話の大意はカッパの報恩物語とほぼ同様である．大入道に化けるノビアガリの話は，カワウソが警戒のために立ち上がる様子から出てきた話ではないだろうか．大蛇のようにカワウソがつながって泳ぐ話も，カワウソ家族群が連なって泳ぐ様子から思いつかれたものかもしれない．

（8）アイヌ文化とカワウソ

　北海道やサハリンにおけるアイヌ民族は，本州とはまったく異なる形でカワウソとかかわってきた．本州の民話では「カワウソが人をだます」話が多いが，アイヌの伝説では「カワウソは物忘れのひどい動物だ」という話が多い．カワウソの忘れっぽさは人にうつると信じられていたため，カワウソの頭を食うと物忘れするとされたという．大事な仕事の前にはカワウソという言葉は禁句であり，クマ祭りのときなどにこの禁句を破ったものは罰金をとられた．クマ祭りの最中に大切な風習の順序を忘れてはたいへんだからである．

　カワウソはアイヌ語で「エサマン」あるいは「ウオルン・チロンヌプ」（＝水にたくさんいるけもの）と呼ばれた．「エサマン」という言葉はもともと満州ツングース族の「サマン」（巫師．トランス状態に入って霊と交信できる人．中国の文献では「薩満」と記されている）に由来する．特異な民族衣装に身を包み太鼓を鳴らして神霊を呼び寄せたりすることで，病気治療や予言が可能だと考えていたという．そして現地語のサマンがそのまま学術語「シャーマン」となり，シャーマニズムという用語も生まれた．サマンは樺太アイヌや北海道アイヌの間でも存在し，「サマンをする」という意味のアイヌ語「エサマンキ」として使われる．カワウソの頭骨をもって行う占いであるエサマンキは，エサマンの語源となった．カワウソは健忘症であるという伝説は，憑依状態のシャーマンと深い関係があるという．

　北海道の日本海側にある岩陰遺跡では，三叉文がきれいに刻まれたカワウソの下顎骨が縄文晩期の層から出土している．土器につけられたのと同じ文様が，動物の骨に刻まれること自体がめずらしい例である．アイヌの人びとは縄文時代にさかのぼるほど古くから，カワウソに特別の感情を持っていたのかもしれない．

（9）詩歌・絵画に登場するニホンカワウソ

　『万葉集』に石川郎女の作とされるつぎの歌がある．

　　　　遊士と　我れは聞けるを　屋戸貸さず

我れを帰せり　おその風流士(みやびお)

　片思いをしていた郎女がある夜，老女に変装し，火種がきれてしまったのでお貸しくださいという口実をつくって相手の家にやって来た．ところが期待に反し，ほんとうに火種を貸してくれたのみで帰されてしまった．その翌日に郎女が贈った「あなたを風流人だと聞いていたのに，泊めもしないで私を帰した，なんとまぬけな風流人だこと」という意の歌とされる．ここにある「おそ」は遅いと同じ語で，間抜け，愚鈍の意と解されるが，室町時代の一条兼良は歌学集『歌林良材集』のなかで「おそ」のことを，「これはカワウソという動物である．この動物は最初は遊んでいるように見えても，その後で食いあうものであるから……」と記している．

　カワウソは松尾芭蕉の俳句にも登場する．琵琶湖から淀川が流れ出すあたりは瀬田川と呼ばれる．その瀬田川に流入する大津市の天神川の脇にはつぎのような芭蕉の句碑がある（図1-11）．

　　膳所へ行く人に
　　　　獺の祭みて来よ瀬田の奥

図 1-11　獺祭を扱った松尾芭蕉の句碑

この句は1690（元禄3）年1月に芭蕉の門人である酒堂が膳所から瀬田を通って伊賀上野への旅に出るときに，芭蕉が贈ったとされる．「あなたは膳所へ行くそうですが，それならぜひ瀬田川の奥へ行ってごらんなさい．今ごろはカワウソが 獺祭魚(たつおをまつる) という祭りをやっていますよ」という意味である．カワウソは魚を捕獲するとすぐには食べないで岸や岩の上に並べておくとされる．人間がものを供えて先祖を祭る様子と似ているところから，これを「魚を祭る」といい，「獺祭」という言葉ができた．おそらく岩の上などに残された魚の食べ残しがそのような印象を与えたのだろう．

古代中国で考案された暦に七十二候(しちじゅうにこう)がある．1年を約72の候に分けたもので，各候には気象の動きや動植物の変化を知らせる名前がつけられている．唐の時代につくられた宣明暦(せんみょうれき)では，雨水初候（旧暦の1月16-20日，現在の2月19-23日ごろ）を「獺祭魚」と名付け，カワウソが捕えた魚を並べて食べる時期，先祖供養の行事の時期としている．このため，俳句では「獺祭」は春の季語になっている．日本の七十二候は江戸時代に気候風土に合うように改訂され，1874（明治7）年の「略本暦」では「獺祭魚」のかわりに「土脉潤起(つちのしょううるおいおこる)」（雨が降って土が湿り気を含む時期）の名称が使われている．カワウソは日本人にそれほどなじみがなかったのだろう．

獺祭は転じて，詩や文をつくるときに多くの参考資料などを広げちらかす状態を指す言葉ともなった．明治の文人である正岡子規が庵名を「獺祭書屋」と称したのは，後者の意味からである．彼の命日（9月19日）は「獺祭忌(だっさいき)」とも呼ばれており，これは秋の季語である．山口県には「獺祭」という日本酒の銘柄がある．蔵元が岩国市周東町獺越(おそごえ)にあること，また正岡子規のように革新の気質に富んだ酒をつくりだしたいとの志から「獺祭」と命名されたそうである．

動物のカワウソとはまったく関係ないが，脚本家の向田邦子氏は1980年に『かわうそ』という短編小説を著し，第83回直木賞を受賞している．おきゃんでかわうそのような残忍さを持つ人妻を主人公に，日常生活のなかでだれもが持っている弱さや狡さを人間の愛しさとして描いている．タイトルの由来である「カワウソのような残忍さ」という発想が前述の歌集から出てきたかは不明である．児童書としては，斎藤惇夫氏による『ガンバとカワウソの冒険』が1983年の野間児童文芸賞を受賞している．主人公が絶滅の危

機に瀕したカワウソを救う話である．コミックの世界では，吉田戦車氏が『ビッグコミックスピリッツ』に1989-94年に連載した4コマ不条理ギャグ漫画「伝染るんです」の主人公として「かわうそ君」が登場する．この場合もなぜ主人公としてカワウソが使われているのか不明である．

カワウソは絵画にも登場する．江戸時代初期に狩野派全盛の基礎を築いた狩野探幽（1602-74）は「獺図」を残している．彼は写生を手がけた画家としても知られるが，この絵もきわめて写実的で，獲物をねらって今にも飛びかかりそうな姿が口髭まで刻明に描かれている（図1-12）．注目したいのは手足の指が大きく開き，水かきまではっきり描かれている点である．死体の指はけっしてこのようには開かないので，探幽が生きたカワウソを見て描いたのは確実であろう．

カワウソは絵の題材になっただけでなく，絵筆の材料としても使われてきた．絵画や書道における筆は，作品の質に直接影響するため，家畜では剛毛の代表とされる豚毛のほか，ウマの足毛，ウシの耳毛，ヒツジ，ネコ，ラクダなどが使われてきた．人間の赤ん坊がはじめて散髪した髪も毛先が残っているために上質の筆材料とされる．野生動物で最高級の軟毛とされるのはテン（セーブル）の筆である．毛皮として珍重されるのと同じ理由である．シベリアや中国東北部に生息する「赤てん」の冬毛の尾の毛を用いたものは弾力性に富んで感触がすばらしいとされる．もっともよく使われるのはタヌキであるが，イタチ，シカ，アナグマ，マングース，リス，ウサギ，オオカミなど目的に応じてさまざまな動物の毛が使い分けられる．カワウソの尾の毛

図1-12 「獺図」狩野探幽（福岡市美術館蔵）

も高級な絵筆として使われる．

(10) 漁労パートナーとしてのカワウソ

わが国には鵜飼の伝統がある．これと同様にカワウソを用いた漁も中国，インド，バングラデシュ，タイ，インドネシアなどアジア各国で行われてきた．この漁法はインドネシアではすでに消滅しており，中国でも消滅寸前であるが，バングラデシュでは細々ではあるが現在も行われている．中国のカワウソ漁については，民族学者の周達生氏がその著『民族動物学ノート』および『民族動物学』のなかで，入手訓練方法・飼育方法・漁法などを詳細に紹介している．

この漁法には2つの系統がある．ひとつは投網（とあみ）漁法にカワウソを用いるものである．カワウソを使う必要のあるときは，網裾の全円周に重い錘（おもり）がつけられた投網を投げた後で，漁夫は長くなった投網の先の部分を水面まで引き上げて，カワウソをその中央の穴から差し込む．そうするとカワウソは泥の底や岩の裂け目に隠れている魚を追い出す．それから魚とカワウソと網はすべて一緒に船に引き上げられ，カワウソは解き放たれて褒美が与えられ，また新しく投網が投げられる．このときに使われる投網はわが国のものと異なり，投網をしぼった際に投網内の魚類がおさまり捕獲される袋を持たないようである．高度に訓練されたカワウソは，ヒモでつながないでもこうした作業ができるとのことである．もうひとつは刺し網を用いる方法である．この場合のカワウソは網のなかに入れられず，岩場や水中の隠れ場から魚類を追い出して網に追い込む役割を果たす．牧羊犬のようなはたらきである．バングラデシュで行われているカワウソ漁は，この追い込み漁タイプであり，その詳細については第5章で詳述する．

カワウソ漁がアジアに広く分布する漁法であるからには，わが国に存在していても不思議はない．中国の『三才図会』を範として江戸時代中期に出版され，当時の百科事典といえる『和漢三才図会』では，水獺を「かはうそ」として「今漁舟往々に畜ひ馴らして之をして魚を捕へしむ」とカワウソを漁に用いたことが記されている．國學院大學の青木豊氏はカワウソ埴輪を紹介する論文の中で，カワウソ漁がわが国にも存在した可能性を指摘し，高知県四万十川に残る寒イダ漁をカワウソ漁の名残ではないかと考えている．四万

十川水系源流に相当する梼原町・大野見・窪川などでは，イダ（ウグイ）漁を行う．イダ漁は産卵期と冬季に行われるが，後者の寒イダ漁ではイタチの皮を利用した追い出し漁が行われる．淵のなかに存在する大きな岩の周囲に刺し網をめぐらせ，火であぶったイタチの皮を竿の先につけ，いかにも泳ぐがごとく竿先を動かせば，驚いたウグイが逃げようとして網にかかる．古くは中国や東南アジアと同様に生きたカワウソを使用したカワウソ漁が行われていたものが，カワウソが使われなくなって，その代替として類似動物であるイタチが使用されたのではないかと同氏は考えている．

1.5　医療・教育とニホンカワウソ

（1）漢方薬を求めての狩猟

『延喜式』という律令の施行細則を記した法令集が平安時代の927（延長5）年にとりまとめられている．そのなかには諸国から朝廷におさめられたさまざまな特産物の名前も見られる．たとえば山国である美濃国からの62種のなかには，獺肝（カワウソの肝臓），熊胆（クマの胆嚢），猪蹄（イノシシのひづめ），鹿茸（＝シカの袋角），熊掌（クマの手のひら）などもあがっている．献上品にカワウソの肝があげられているのは，美濃のほかに下総（千葉），越中（富山），播磨（兵庫），備中（岡山）がある．平安時代にはほかの動物由来の漢方薬とともに，カワウソも薬として流通していたことが読み取れる．

時代が下って明治以降になっても，漢方薬としてカワウソへの高い需要は続いていた．

北海道のカワウソ衰退過程を調査した河井大輔氏によれば，明治から大正にかけて肺病の特効薬として重宝されたカワウソの胆（膽）は，高価であったが需要は非常に高かった．大正末期の新聞には「獺の膽」の広告が頻繁に登場する．図1-13にある大正14年の林田総本家の価格を見ると，カワウソ1匹40日24円とある．当時の1円を現在の貨幣価値で5000円と換算すると，40日分の薬代は12万円にもなる．健康保険制度もない時代，けっして安い出費ではないが，化学合成された治療薬など存在しないわけだから，

図 1-13 カワウソの薬効をうたう大正 14-15 年ごろの広告
(河井, 1995a)

当時の人びとはこうした薬に頼るしかない．北海道では 1919（大正 8）年に禁猟令が出されていただけに「中国天山産」などとうたわれたものが多い．その他，陰茎も薬用にされ，また食肉（頭を煮たものは珍味とされた）や魔よけの腕輪，ペットなどにもされたらしい．個体数が減って捕獲できる数は少なくても，高く売れれば密猟はなくならないわけである．

毛皮や漢方薬としてのカワウソ需要は現在のアジア諸国にもある．図 1-14 は 1992 年に中国青海省のマーケットで売られていたカワウソ（おそらくビロードカワウソ）の毛皮である．ミャンマーでもカワウソの毛皮は最高級とされ，虎の皮，虎骨，熊胆（ゆうたん・くまのい）などとともに高価に取引されている．毛皮なめし工場はカワウソ 1 頭を 40 ドル程度で購入し，毛皮製品として出荷する価格は 90-100 ドルである．平均年収 220 ドル程度とされるこの国で，カワウソ 1 頭に 40 ドルの価値があるならば，密猟を防ぐのはきわめて困難であろう．カワウソの陰茎も高価に取引されている．生陰茎は高価であるがめったに市場に現れず，普通は乾燥陰茎として 4 ドル程度でマーケットにおいて売られている（図 1-15）．

図 1-14　中国青海省の青空マーケットで売られているビロードカワウソの毛皮（写真提供：永井正身）

図 1-15　ミャンマーの市場で売られるカワウソのペニス（写真提供：U Tin Than）

（2）江戸時代に解剖されたニホンカワウソ

　日本初の西欧解剖学書の訳本として有名な『解体新書』は1774（安永3）年に刊行されている．このきっかけとなったのは，訳者である前野良沢，杉田玄白，中川淳庵，桂川甫周らが1771（明和8）年に骨ヶ原（小塚原）で経

験した腑分け（解剖）であった．これに先立つ20年ほど前，山脇東洋（1706-62）という医者が1754（宝暦4）年に京都六角獄舎において刑屍体の解剖に立ち会い，実見したところを『蔵志』として著している．

秩父市在住の医師，竹越修氏は江戸時代におけるカワウソと医学との関係を詳細に調べて「カワウソの話」として秩父郡市医師会誌に掲載している．それによると，山脇東洋はカワウソを解剖している．彼は人体を解剖してみたいと希望し，師である後藤良山（1659-1733）に相談したという．すると良山は「解剖して実際に見るのは最善の方法だが，人体解剖はご法度である．人体を解剖するかわりにカワウソを解剖してみてはどうか，カワウソの臓器は人のものに似ていると聞く」と話したという．

西洋でも昔は人体解剖が不快な行為として嫌われており，かわりに各種動物が解剖された．フランス人医師クロード・ペローが1671年にフランス科学アカデミーの会合においてカワウソを解剖したときの銅版画が残されている．人間に似た動物というとサルが思い浮かぶが，ヨーロッパにはサルがいなかった．こうした情報がなんらかの形でわが国に伝わったのではないか．京都大学で博物学史を研究された上野益三氏は『博物学史論集』のなかで，「カワウソと人体解剖」というタイトルで，このことについて詳細な考証をされている．

山脇東洋より一世代後の医者，麻田剛立は，比較解剖学の分野でも独学で立派な仕事を残しており，自ら比較解剖した諸動物の所見を「麻田剛立剝獣状（動物解剖報告書）」として1772（明和9）年に報告している．この文中に「膀胱はタヌキ，カワウソ，キツネの場合は薄い皮からできており，管を差し込んで息を吹き込むと，透明になって内部を見ることができる．ネコやイヌの場合は，厚い皮で，管を差し込んで息を吹き入れてみても，ぜんぜん膨らまない」とある．また，「陰茎骨はタヌキ，カワウソ，キツネにあってネコやイヌにはない」との記述も見られる．帝王切開術を日本にはじめて紹介したことで知られる伏屋素秋（1747-1811）という大坂在住の町医者も，カワウソを含む各種動物を解剖したという．

江戸時代後期の国学者であり復古神道を大成させた平田篤胤（1776-1843）は医者でもあった．彼は一般医の人体解剖には反対であったが，その著書のなかで「解剖図を何度見てもよくわからないと思う人は，動物を解剖してみ

るのがよい．腹のなかは人と異ならない．それもサルかカワウソがよい」と述べている．後藤良山以来，カワウソの臓器は人に似ると100年近くも伝えられてきたことになる．

（3）シーボルトが出会ったニホンカワウソ

　ニホンカワウソをはじめて西欧に紹介したのはオランダ商館医であり博物学者でもあったドイツ人医師シーボルトである．彼は帰国するときにニホンカワウソやニホンオオカミをはじめ多くの標本や民俗資料を持ち帰り，帰国後に『日本』『日本動物誌』『日本植物誌』などを著した．彼が持ち帰った標本はオランダのライデン国立自然史博物館などに保管されているが，2005年の愛知万博においては絶滅した日本の動物ということで所蔵標本のうちニホンアシカ，ニホンオオカミおよびニホンカワウソが愛知県館に展示された．彼が記した『江戸参府紀行』によると，長崎から江戸に旅する途中，1826年2月19日に佐賀県と福岡県の県境あたりの筑後川付近で彼は生きたカワウソに出会っている．カワウソが日本にたくさん生息し，中国への輸出品にまでなっていたことが述べられている．

　　　出島を出発して以来，私は何匹かのイタチやウサギ以外に野生の哺乳動物を見たことがなかった．今日は一匹のカワウソが私のすぐ前から小川に飛び込んだのでびっくりした．このカワウソは川や湖のほとりに住み，そこから細い川にのぼってゆく．ときには大きな河が海に注ぐあたりの海岸にもいることがある．カワウソは魚類を常食とし，ときどきはカニも食べる．1月に交尾し1ないし2匹の子を産み，それ以上産むことは少ない．カワウソの皮は中国への輸出品で，中国の商人はこれに4ないし6グルデン（註：1グルデンは現在の5000円程度）支払う．また日本人はシベリアの住民，千島やアリューシャン群島の毛皮をはぐ人のように，口から頭部を通って尾の先まで，少しも切りそこなうことのないやり方で皮をはぐ．皮は灰，明礬，塩をまぜたものをつめ，それから空気にあてて乾かす．

（4）博物学教育とニホンカワウソ

　わが国の学校理科教育では，明治から第二次世界大戦前までは博物学教育がとりいれられていた．そのための教材として大学だけでなく旧制高校など

にも鳥獣標本が所蔵されているケースが多かった．たとえば福島大学には「野州日光大谷産　明治19年11月採集」と記されたニホンカワウソ標本が所蔵されている．国内製の剥製としてもっとも古いもののひとつだろう．戦後のカリキュラムからは博物学教育がなくなったため，これら標本はすでに廃棄，散逸，損傷しているケースが多い．こうした資料を発掘するために山階鳥類研究所が2003，2004年に行ったアンケート調査では，トキやコウノトリなど今では希少とされる種の標本が各地の高校などから多く見つかっている．未調査の標本はまだ各地の学校に残されているかもしれないが，多くは傷みが激しい．

　東京都立立川高校にも300点の剥製が所蔵されており，これらは2005年に羽村市動物園に寄贈された．一部の標本には入手時期や購入価格も記されているだけでなく，希少種も多く含まれる．たとえば絶滅したニホンアシカ，絶滅危惧IA類であるツシマヤマネコ（明治43年購入，12円78銭）やオガサワラオオコウモリ（明治37年購入，6円）も含まれる．日清戦争を経て台湾を領有することになっていたためか，センザンコウ（明治38年）も含まれている．明治40年ごろには米10 kgが2円，公務員初任給が50円程度とされるので，そこそこの値段である．離島の種まで含まれていることを見ると，積極的に収集が行われたことがうかがえる．このなかにはカワウソ（明治40年購入，31円）も含まれる．値段が離島産のツシマヤマネコを上回っていることから見て，希少価値はあったのだろうが，鼻鏡の形がどうもニホンカワウソではない．きちんとした同定が待たれる．

　ニホンカワウソが絶滅種となってしまった現在，現存している標本はいっそう大事に扱われるべきである．残念ながら，ニホンカワウソ標本の所在に関する徹底的な調査は，全国規模では行われていない．トキの再導入においては，保存されている剥製標本も含めて国内における遺伝タイプ調査が行われた．その結果，中国と日本の個体群の間にはほとんど違いがないとされ，中国産の個体をもとに増殖を行っても問題ないとされた．高知大学の鈴木知彦氏らが1996年に行ったニホンカワウソの遺伝学的研究にも，保存されていた30年前のニホンカワウソの剥製標本が用いられた．

第 2 章　カワウソという生きもの
——形態・分類・生態

2.1　カワウソの形態

　クジラ類のように水中だけで暮らす仲間を水生動物とすれば，陸上と水中を往来するカワウソやアザラシの仲間は，半水生動物と呼ぶのが適当だろう．しかしアザラシ類が水中生活に適応して陸上における運動能力を大幅に失っているのに対し，カワウソ類は陸生イタチ科動物としての特徴を多く残している．食肉目イタチ科に属す動物は，アナグマのような一部のグループをのぞけば，いずれも細長い体型を有しており，もともと遊泳には適したプロポーションといえる．とりわけカワウソ類はほかのイタチ科動物と比較してつぎのような特徴を有している（図2-1）．

（1）体の大きさ

　イタチ科動物のなかでカワウソ類は最大級の大きさを持つ．カワウソと同様な体型を有する日本産イタチ科動物を大きさの順に見ると，イイズナ 40-60 g，オコジョ 150-300 g，ニホンイタチ 170-450 g，テン 1-1.5 kg，ニホンカワウソ約 5-11 kg と，ニホンカワウソは飛び抜けて大きい．体が大きくなるのは体熱を奪われやすい水生生活をする動物に共通して見られる傾向である．寒冷地で完全な海中生活をするラッコは体重 30-40 kg とイタチ科最大の大きさである．大部分の哺乳類ではオスはメスより大きいが，イタチ科はとりわけ雌雄差の大きなグループである．たとえばイタチではオスの体長が 30-37 cm であるのに対し，メスは 20-22 cm と極端な違いがある．ユーラシアカワウソでもメスはオスより小さく，韓国産個体の例では，メスは体重で2割，長さで1割程度オスより小さい．

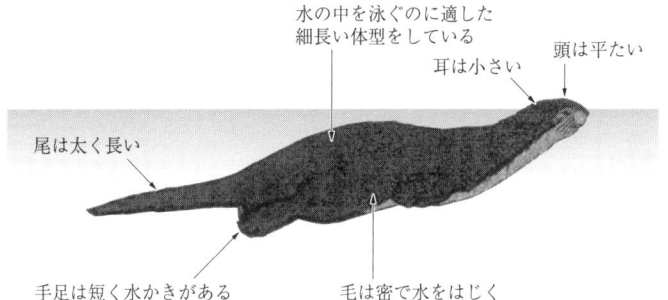

図 2-1 韓国産ユーラシアカワウソ（上）（写真提供：元炳昨教授）とカワウソ体形の特徴（下）（富山市科学文化センター，2000）

（図中ラベル：水の中を泳ぐのに適した細長い体型をしている／耳は小さい／頭は平たい／尾は太く長い／手足は短く水かきがある／毛は密で水をはじく）

　近縁種間においては，体の大きさはしばしば寿命と相関している．カワウソは比較的長命な動物であり，英国のユーラシアカワウソでは野外で5-6年，ラッコは野生でも15-25年生きるという．これに対し，イタチの野生下における平均寿命は2年以下である．同様に，頭のよさも体の大きさとリンクしていることが多い．イタチでは午前中に箱ワナにかかった個体を離すと，午後に同じ個体が再度同じワナにかかるといった間抜けた面を有している．これに対し，カワウソは一度経験したワナには二度とかからないほどの用心深さがある．

（2）体型

　水中で泳ぐときの水の抵抗は空気の抵抗より30-800倍も大きいため，カ

ワウソ類の体は流線型である．水面と水中を泳ぐときのエネルギー効率を見ると，水面を泳ぐときには造波抵抗があるため，水中を泳ぐ抵抗の方が少ない．近年の潜水艦も同様で，水中の方が高速である．体がそれほど流線型をしていないミンクでは，前者の抵抗が後者の5-10倍もあるという．カワウソは遊泳生活に適応して尾の長いことが特徴である．イタチ科動物の尾は一般に短く，胴体（頭胴長）に対する尾（尾長）の比率（尾率）はイイズナで15-20％，オコジョ30-35％，ニホンイタチ35-40％，テン40-45％にすぎない．これに比してカワウソの尾はずっと長く，尾率60％に達する．さらに特徴的なのは太さである．ほかのイタチ科の尾は細い芯に長い毛が生えた形であるのに，水中を泳ぐカワウソの尾は三角コーン型であり，胴体から先端に向けてしだいに細くなる．この大きさのため，カワウソが雪の上を移動するときには足跡に加えて尾の跡も残る．

（3）短い四肢

カワウソを含むイタチ科動物の体型はたいてい胴長短足である．胴体のもっとも太い位置における胴体直径で全長を割った値を細さの指数とすれば，流線型の魚では5.0-7.0，アザラシで4.4，ラッコで5.4程度であるのに対し，細長いミンクでは9.3に達する．多くのイタチ科動物は，その体型を，餌動物を追って土穴に潜るときや，狭い隙間を通り抜けるときに生かしている．ダックスフント（直訳すればアナグマ犬）が穴掘りの得意なアナグマを狩るために改良された猟犬であることを見ても，この体型が穴への侵入に適していることがわかる．短足の利点はテンのように樹上生活に適応するときにも生かすことができる．すなわち，足が短ければ胴体を幹や枝から大きく離さずにスルスルと移動可能であり，樹上でバランスを保つうえで有利である．細長い胴体は，体全体を振り動かして水中を泳ぐときにも有利である．水面を泳ぐだけであれば，イヌやシカのように四肢だけを動かすやり方もあるが，水中で獲物を捕えるために三次元に自在な動きをするためには，魚やクジラ・イルカのように体全体を推進装置とする方がずっと有利である．また，水面を泳ぐときと水中を泳ぐときのエネルギー効率を比較すると，他方，短足胴長が不利となるのは地上を高速走行するときである．カワウソが地上を急ぐときは，短い足で太い尾を引きずり，長い胴体をバネとして使う．ヒョ

コヒョコとシャクトリムシのように走る姿は滑稽である．

（4）水かき

　カワウソは指間に水かきが発達しているが，体とのプロポーションから見れば，足裏面積はそれほど大きいとはいえず，泳ぎに関するエネルギー効率はそれほど優れてはいないだろう．あまり知られていないが，水辺を好むイタチ科動物であるイタチにも指の間に水かき状の膜がある．日本の渓流域にはカワネズミ（体重25-50 g）という水生生活に適応した食虫類が生息している．これくらい小型であれば，指の内側に剛毛を密生させ，水の粘性抵抗によって剛毛を水かきがわりに使うことも可能であるが，カワウソくらいの大きさになると，水かきは水生生活に不可欠である．こうした特殊化は後肢に顕著に現れる．前肢はさまざまな目的に用いられるので，特殊化は程度に劣る．陸に上がらずに一生を送るほど海の生活に適応したラッコでは，後足がアザラシのようにヒレ状に変化している．このため陸上の歩行能力はいっそう劣ることになる．

（5）平たい頭

　カワウソだけでなく，カバ，カピバラ，ヌートリアなど水生生活に適応した多くの動物では，眼を水面から上に出して警戒できるよう，眼は顔の上方についている．結果として頭部は扁平に見える．また眼を水面から出した状態で呼吸ができるよう，鼻先も顔の上方よりに位置しており，鼻孔は水中では閉じることができる．かつて浜松市動物園で飼われていた母子3頭のカナダカワウソは石を頭に載せることを覚え，石を取り合っては遊んでいたという．これは頭が平たくなければできないことである．私にはカワウソの頭から皿を想起するほどの平たさは感じられないが，石を頭に載せた姿は頭に皿を持ったカッパそっくりである．頭が平たくなる適応現象は穴居性動物にも見られる．たとえば中央アジアに分布する何種類ものナキウサギのなかで，岩場に生息するキタナキウサギの眼は一般的な位置についているが，草原に穴を掘って暮らすダウリナキウサギの眼は頭に近い位置についている．

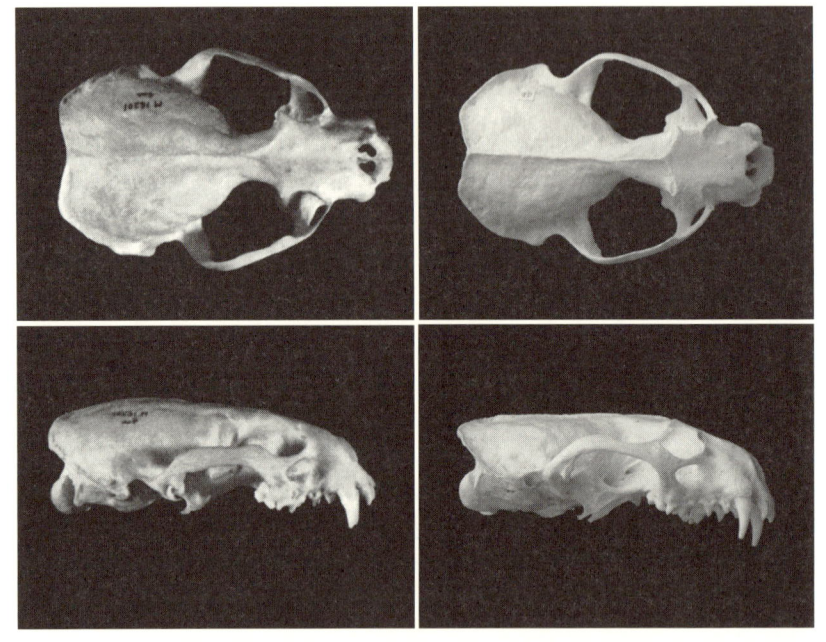

図 2-2 ニホンカワウソメス成獣（左）（Imaizumi and Yoshiyuki, 1989）とユーラシアカワウソオス成獣（右）の頭骨

（6）扁平な頭骨

同じイタチ科のテンやイタチの頭骨は前後に細長い形をしていて，狭い隙間を通過するのに適した形状である．これに対し，カワウソの頭骨は上面が直線的であることに加え，頬骨が発達して横幅が広く，上下に扁平であることも特徴である（図2-2）．また，眼球の位置が頭骨のかなり前方にあるので，吻（鼻先）はきわめて短い．下顎の骨はがっしりしており，顎関節はガタつきなしにしっかり蝶番状にはまっているし，小臼歯や臼歯は尖っており，滑りやすい魚をしっかり捕えるのに適している．

（7）感覚器官

半水生動物にとって，空気中の物体と水中の物体の両方にピントを合わせることは簡単ではない．角膜が水と触れあうときの屈折率は，空気と触れるときの屈折率よりも小さいので，度の弱いレンズになってしまう．このため

に陸上に適した眼を持った動物が水中に入れば，像は網膜より後方に結像するのでピンぼけの光景しか見えない．水中でものを見るためには，ピント調節能力を高めるか，あるいは度の強いレンズを持たねばならない．クジラの仲間は「魚眼レンズ」タイプの眼を持つことでこの問題に対応した．アザラシの仲間にもこのタイプの眼を持つ仲間がおり，陸上では虹彩をピンホールカメラのように小さくしてピントを合わせている．そのかわり，暗い場所での視力は大幅に落ちる．他方，カワウソは虹彩括約筋を発達させ，眼球を両側から押しつぶしたようにしてレンズの曲率を高め，ピントの合う幅を広くしている．カワウソの遠近ピント調節能力は若齢のサルと比べて5倍も大きいとされる．少なくとも明るい場所において，カワウソの水中視力は陸上とほぼ同等と思われる．

　カワウソが水中で魚を追うときに眼を使っているのは確かであるが，水中では視力が決定的な能力とはいえない．濁った水中では視力はそれほど役に立たないだろうし，夜間においてはなおさらであろう．そのかわりほかの水生哺乳類にもよく見られるように，カワウソは水中でも機能するしっかりした触毛（ヒゲ）を有している．カワウソが餌を発見するためにどれだけ嗅覚を使っているかは不明であるが，触毛を刈られたカワウソが魚を捕まえる能力が落ちたという報告がある．たぶん触毛で水流の乱れを感じているのだろう．ミンクでも同様な実験結果が得られている．

　カワウソは行動圏内のサインポストに頻繁に糞を残す習性があることから，社会行動においてにおいは重要なはたらきをしているだろう．とりわけ，メスは年1回の短い期間しか発情しないのだから，広い行動圏のなかでオスがそうしたメスを見つけるためには，においに頼るしかないだろう．イタチなどと同様に尾の付け根に小さな2つの臭腺を持っており，なわばりのにおいづけに使われる．カワウソが聴覚をどの程度使っているかは不明であるが，水中を泳ぐときに体の突起物は抵抗となる．このためにカワウソの耳介はたいへん小さい．

（8）密な体毛

　カワウソが乱獲されたのは，本種が水生生活に適応して密で厚い良質の毛皮を有していたためである．ほかの多くの哺乳類と同様に毛皮は2層からな

り，外側に見える部分は粗い刺し毛であるが，内部は細かく分かれた綿毛が詰まっている．カワウソが水に入ると表面の刺し毛は水に濡れて綿毛を上からベタッと覆うようになり，綿毛のなかまで水が入るのを防ぐ．1本の刺し毛のまわりをいくつもの綿毛の束が取り囲むような構造に生えており，綿毛の密度はユーラシアカワウソでは1mm四方に450-600本，冷たい海に住むラッコでは1650本にも達する．哺乳類で最高の密度である．また綿毛自体も空気を毛の間に閉じ込めやすい微細構造を有しており，断熱の役目を果たす．

　カワウソが水中を泳ぐときに体から泡が立ち上ることがあるが，これは毛の間に閉じ込められた空気が水圧で押し出されるときの気泡である．空気層が圧縮されることは断熱効果の低下にもつながるが，カワウソは深く潜らないので，この問題は少ない．断熱効果を維持するため，毛づくろい（グルーミング）はカワウソにとってきわめて重要である．南米のミナミカワウソでは休んでいる時間が1日の76%，移動に使う時間が12%，そして毛づくろいに12%を使うとされる．野生のラッコでは起きている時間の11%，水族館の個体では48%もの時間をグルーミングに使うという．ラッコでは毛皮が汚れたために撥水力を失って死亡した事例がいくつも知られている．このためカワウソの仲間は明確な毛替わり季節を持たない．

　水中で体熱を奪われないもうひとつの方法は，アザラシやクジラの仲間のように毛皮に頼らないで皮下脂肪を発達させることである．一般的に空気断熱の効率は脂肪断熱に劣る．このためにエネルギーを多量に消費するカワウソ類は，後述するラッコを典型として大食いである．空気断熱には浮力の問題もある．多くの哺乳類における体の比重はおおむね1に近いので，水中では体を支えるためのエネルギーをあまり使わないですむ．しかし毛皮中に大容量の空気を蓄えれば，それは浮力となるので水に潜るときに余分のエネルギーを使わねばならない．これに対して脂肪の比重は0.94なので，脂肪層を増してもそれほどの負担にならないだろう．オランダのデジョン氏がカワウソの体積を測定したところ，7%は空気を含んだ毛皮であった．また水中では体重の9%程度の浮力が発生していることもわかった．毛皮に閉じ込められた空気は，潜水艦のバラスト空気タンクのように，水中での姿勢を安定させる役目も果たしている．水中で体熱を奪われない究極の方法は，水に入

らないことである．ミナミカワウソは英語がマリン・オッター（marine otter）であるにもかかわらず，過ごす時間の8割は陸上である．

（9）潜水能力

潜水能力は餌を獲るときにはきわめて重要である．哺乳類のなかで水生生活に適応した哺乳類は，種によっては驚くべき潜水能力を発達させている．一般的に動物の潜水能力は体が大きくなるほど優れている．マッコウクジラは3000 m もの深海に日常的に潜る．ミナミゾウアザラシは1500 m もの深さに潜り，潜水時間も2時間におよぶ．アゴヒゲアザラシは幼獣で80 m，成獣で200 m の潜水能力を持つ．これらの動物は血液量を増やす，血中で酸素を貯蔵・運搬するヘモグロビン量を増やす，筋肉中で酸素を貯蔵するミオグロビン量を増やすなど血液や筋肉に多く酸素を蓄える適応を遂げている．さらに，潜水中の心拍数を大幅に低下させたり，皮膚・筋肉・各臓器の血管を収縮させたりして血液のほとんどを脳に集中させる工夫も有している．これらと比べると，カワウソの生息域である河川や海岸には深い場所はないし，魚を1匹捕まえても水中では食べないで陸に持ち帰るわけだから，長い潜水時間も必要ない．水生生活への適応は外部形態の変化が中心であり，生理的には大きな変化をしていないようである．潜水時間もせいぜい5分程度である．とりわけ冷たい水のなかに長くとどまることは，エネルギーロスにつながる．ユーラシアカワウソで実験したところ，じっとしているときの基礎代謝率を1とすれば，2℃の水中にいるときの代謝率は4.5，20℃の場合は1.7であった．すなわち2℃の水中では20℃の場合と比べて2.7倍もエネルギーを使っていることになる．

2.2　カワウソの分類

カワウソの仲間はいずれも形態が似ているため，外部形態で分類するときにはしばしば鼻先（鼻鏡）の形が注目される．ユーラシアカワウソではその上縁がゆるいW字型になっており，中央の山がめだつ．ニホンカワウソではW字型がいっそう顕著になっている．ビロードカワウソでは上縁中央がV字型にくぼんでおり，アジアコツメカワウソではなだらかな山型を呈す

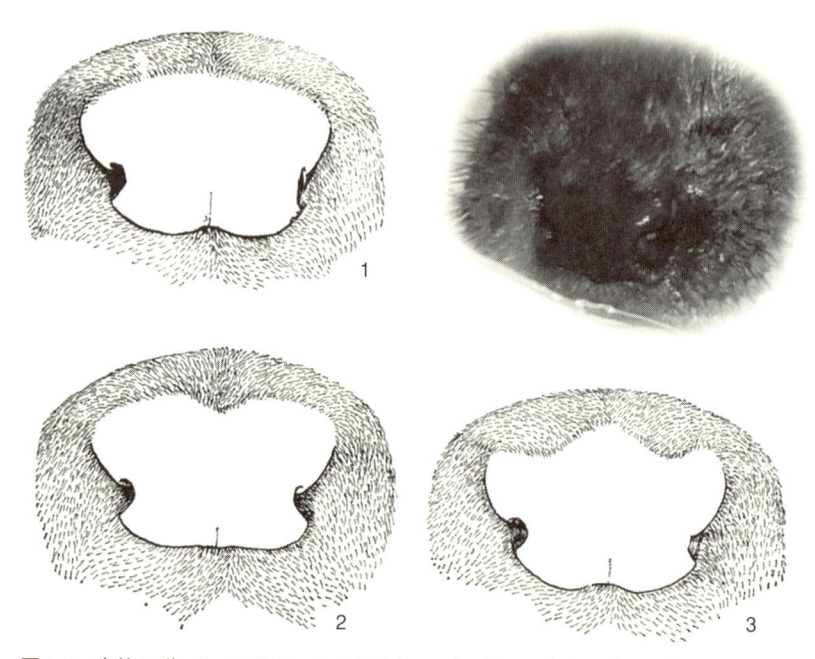

図 2-3　鼻鏡の形．1：アジアコツメカワウソ，2：ビロードカワウソ，3：ユーラシアカワウソ（Editorial Committee of Fauna Sinica, 1987），写真はユーラシアカワウソ

（図 2-3）．スマトラカワウソでは鼻鏡にも毛が生えている．しかし，こうしたわずかな形態学的な違いからは種間の系統関係がわからない．そこでカリフォルニア大学クラウスピーター・コプフリ氏らは，1998 年に世界のカワウソについてミトコンドリアのチトクローム b 遺伝子の塩基配列を比較した．その結果，カワウソの仲間は①南北米大陸のカナダカワウソ・オナガカワウソ・ミナミカワウソ，②海生のラッコとユーラシア・アフリカ大陸に分布するユーラシアカワウソ・ノドブチカワウソ・ツメナシカワウソ・アジアコツメカワウソ，および③南米大陸に生息するオオカワウソ，という 3 グループに大別されることがわかった（図 2-4）．とりわけ，オオカワウソだけは中新世中期（1000 万年から 1400 万年前）という古い時期にほかのカワウソ類から分岐していることがわかった．形態と生活様式から見れば，カワウソの仲間でもっとも特異なのはラッコである．一生を海上だけで過ごすこともあるラッコは，地上を走る必要がないので，後足がアザラシの仲間のようにヒ

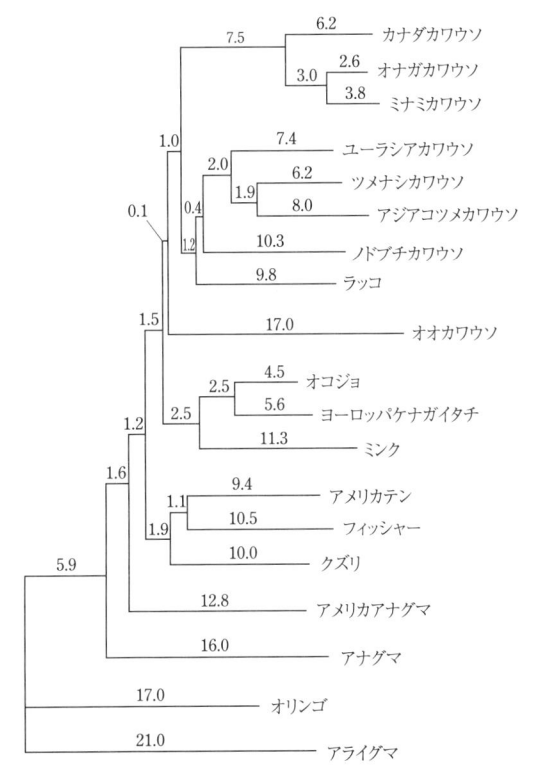

図 2-4 チトクローム b 遺伝子から見たイタチ科動物の類縁関係（Kopfli and Wayne, 1998 より改変）

レ状に変化している．こうした大きな変化が，カワウソが3グループに分かれてから比較的新しい時期に起こっていることは興味深い．コプフリ氏らはさらに，カワウソの仲間とほかのイタチ科動物との関係を調べた．その結果，イタチ属がカワウソにもっとも近縁であることもわかった．同氏らは2008年にさらに詳細な研究結果を発表しているが，いずれの研究にもニホンカワウソのサンプルは含まれていない．

（1） ニホンカワウソの分類

ヨーロッパ産ユーラシアカワウソの平均体重はオスで10.9 kg，メスで6.8 kgほどであるが，体重14 kgの個体も記録されている．全長についてはオ

表 2-1 ニホンカワウソとユーラシアカワウソの外部計測値

	頭胴長 (cm)	尾長 (cm)	全長 (cm)	体重 (kg)	出典
ニホンカワウソ ($n=4$)	70.3 (64.5-82)	45.9 (39-48.9)	116.2*		今泉, 1960
ニホンカワウソ♂ (愛媛, 高知, $n=7$)	71 (54-80)	45 (35-56)	116*		山崎, 1997
ニホンカワウソ♀ (愛媛, 高知, $n=3$)	68 (62-72)	43 (37-50)	109*		山崎, 1997
ユーラシアカワウソ♂ (韓国, $n=6$)		48.2 (46-51)	116.7 (111-122)	7.15 (5.2-8.1)	Kim, 2002
ユーラシアカワウソ♀ (韓国, $n=6$)		43.2 (40.5-45.6)	103.7 (100.4-110)	5.48 (4.9-6.4)	Kim, 2002
ユーラシアカワウソ♂ (英国, $n=1$)	71.2	49.5			黒田, 1940
ユーラシアカワウソ♂ (英国)				9.1-11.8	Vesey-Fitzgerald, 1946
ユーラシアカワウソ♀ (英国)				7.2-9.1	Vesey-Fitzgerald, 1946
ユーラシアカワウソ♂ (東欧, 北アジア)	70-75		120	7.0-10.0	Ognev, 1931

*：文献にある頭胴長と尾長の合計．

スで全長 120 cm 以下，メスで 112 cm 以下の場合が大部分である．しかし韓国産ユーラシアカワウソの体重はヨーロッパ産よりも少なめである（表 2-1）．これまでニホンカワウソは大陸のユーラシアカワウソ基亜種と比較してわずかに小型であるとされてきた．平均的なニホンカワウソでは頭胴長 70 cm，尾長 45 cm 程度である．体重は 5-10 kg 程度であるが，オスで 11.5 kg の記録もある．こうしたニホンカワウソの外部計測値を韓国産ユーラシアカワウソのそれと比較すると，じつはほとんど違いが見出せない．このため何 cm 以下であればニホンカワウソといった表現は不可能である．ニホンカワウソの分類学的な特徴には大きさのほかに体色もあるが，主要な違いは外部形態ではなく頭骨形状にある．すなわち，本種の頭骨は眼間部および眼窩後部の幅が広く，口蓋の後縁中央に小突起がなく，吻が短く，眼窩下縁は左右に張り出し，第 4 小臼歯の位置が異なるという特徴がある．

ユーラシアカワウソの学名である *Lutra lutra* は，リンネが古く 1758 年に命名したものである．この種はヨーロッパ，シベリア，アジアにかけて広大

な分布を持ち，戦前には日本産のカワウソも同種とされていた．黒田長禮氏による1940年の『原色日本哺乳類図説』では欧州から日本にいたるすべてが基亜種 *Lutra lutra lutra* として紹介されており，台湾産だけが別亜種 *Lutra lutra chinensis* と記されている．しかし1949年に香川県の海で3頭が捕獲されたおりに，国立科学博物館の今泉吉典氏が調査したところ，形態が大陸産のものとかなり異なっていた．このため同氏は暫定的にこれらの個体を，1867年にグレイ氏が北海道産の亜成獣標本を調べて命名していたユーラシアカワウソの1亜種 *Lutra lutra whiteleyi* と位置づけた．この分類学的位置づけは，1980年代まで使い続けられることになる．

しかし1949年時点の分類は厳密なものではなかったため，今泉吉典氏と吉行瑞子氏は各地の博物館に所蔵されている標本だけでなく，各地の遺跡から発掘された頭骨も加えて骨計測学的な再検討を行った．その結果，本州以南のものには原始的な形質が多く残されているため，両氏は独立種 *Lutra nippon* とすべきであると1989年に発表した．

高知大学の鈴木知彦氏らは1996年に遺伝子レベルの検討を行った．保存されていた30年前のニホンカワウソの剥製標本の筋肉から抽出したDNAと，ユーラシアカワウソ（3亜種），コツメカワウソ，ホンドイタチ，チョウセンイタチのそれぞれ新鮮な筋肉からDNAを抽出し，チトクローム *b* 遺伝子（224塩基）の塩基配列を比較した．それによればユーラシアカワウソ亜種間の配列の違いは4塩基で，ニホンカワウソとユーラシアカワウソの違いは7-9塩基だった．また，ホンドイタチとチョウセンイタチの違いは6塩基だった．鈴木氏らは「わずかなデータで断定できないが，ニホンカワウソとユーラシアカワウソの間には亜種以上の遺伝的開きがあることを示しており，別種であるとする形態学的な結論を支持している」とした．

国立科学博物館の遠藤秀紀氏らは2000年に愛媛県および高知県産ニホンカワウソの頭骨を計測し，中国産のユーラシアカワウソおよびコツメカワウソとの比較を行った．その結果，ニホンカワウソの頭骨は中国産ユーラシアカワウソよりも頬骨の幅が広く，多変量解析の結果，ユーラシアカワウソやコツメカワウソとは明確に区別できるグループであるとした．これらの研究はいずれもニホンカワウソが独立種であることを示唆している．

国際自然保護連合，種の保存委員会（IUCN/SSC）のカワウソ専門家グル

表 2-2 世界のカワウソと希少性と保護状況（2007年時点）

学 名	和 名	IUCN レッドリストのランク	CITES 対象種[1] 付属書Ⅰ	CITES 対象種[1] 付属書Ⅱ
Aonyx capensis	ツメナシカワウソ	軽度懸念	△	○
Aonyx cinereus	アジアコツメカワウソ	準絶滅危惧		○
Aonyx congicus	コンゴツメナシカワウソ	データ不足		○
Enhydra lutris	ラッコ	絶滅危機	△	○
Lontra canadensis	カナダカワウソ	軽度懸念		○
Lontra felina	ミナミカワウソ	絶滅危機	○	
Lontra longicaudis	オナガカワウソ	データ不足	○	
Lontra provocax	チリカワウソ	絶滅危機	○	
Lutra lutra	ユーラシアカワウソ	準絶滅危惧	○	
Lutra maculicollis	ノドブチカワウソ	軽度懸念		○
Lutra sumatrana	スマトラカワウソ	データ不足		○
Lutrogale perspicillata	ビロードカワウソ	危急		○
Pteronura brasiliensis	オオカワウソ	絶滅危機	○	
Lutra nippon[2]	ニホンカワウソ	―	○	

1) △は一部地域を指定.
2) IUCN/SSC のカワウソ専門家グループでは独立種として認めておらず，レッドリストにも含まれていないが，CITES では独立種として掲載.

ープはコプフリ氏らの研究などから 2003 年にカワウソの分類に関する見直しを行って，一部の種について属名を変更し，世界のカワウソを 13 種に分類した（表 2-2）．カワウソ専門家グループはそれまでニホンカワウソをユーラシアカワウソの亜種とする立場を取ってきたが，この見直しにおいてもニホンカワウソは独立種とはされなかった．しかし発表のおりには，「ニホンカワウソ（*Lutra nippon*?）は今泉吉典氏と吉行瑞子氏の研究や鈴木知彦氏らの研究などから見てユーラシアカワウソ（*Lutra lutra*）とは異なる種である可能性があるが，さらなる証拠が得られるまでは 14 番目の種とすることを留保したい」との注釈が付記された．他方，世界の哺乳類名を記載するときによく引用される "Mammal Species of the World 3rd ed."（2005 年）は，カワウソの仲間を 7 属 13 種に分類し，ニホンカワウソを独立種 *Lutra nippon* として扱っている．すなわち 2007 年現在において，ニホンカワウソがユーラシアカワウソ *Lutra lutra* の亜種であるか，独立種 *Lutra nippon* であるのか決着はついていない．

他方，行政における種名の扱いを見ると，1991 年に発行された環境庁版

レッドリストにおけるニホンカワウソは以前とかわらず *Lutra lutra whiteleyi* と記載されている．環境庁は 1998（平成 10）年に哺乳類に関する改訂版レッドリストを公表したが，ここではニホンカワウソは絶滅危惧 IA 類として絶滅のおそれのある種のうちもっとも高いランクに置かれるとともに，種名としては今泉・吉行氏の提唱した独立種 *Lutra nippon* が用いられた．環境省は 2002（平成 14）年にこのリスト掲載種の生息状況などをとりまとめたレッドデータブック『日本の絶滅のおそれのある野生生物——哺乳類編』を発行した．ここに掲載された種類や希少性のランクは基本的に 1998 年のレッドリストから変更されていないが，絶滅のおそれのある地域個体群の名称が一部変更され，このなかにニホンカワウソも含まれていた．すなわち，ニホンカワウソは本州以南個体群（*Lutra lutra nippon*）と北海道個体群（*Lutra lutra whiteleyi*）とに分けられた．両方の個体群はユーラシアカワウソの別亜種とされたわけである．新たな亜種名である *Lutra lutra nippon* が使われているが，このことに関する分類学的な説明は付記されていない．

（2）カワウソの希少性

IUCN は世界的規模で絶滅のおそれのある野生生物を選定してその状況を解説したレッドデータブックを 1966 年に発行した．赤い表紙を用いたこの本は保護管理の基礎資料としてたいへん便利であったため，各国や諸団体が独自の基準によって同様のリストをつくり始めた．希少性の判断について，当初は明確な基準がなかったが，その後の改訂によって絶滅確率などできるだけ定量的な扱いをしようという努力が続けられている．カワウソを 2007 年時点の IUCN レッドリスト基準で見ると，普通種といえるのは 3 種だけであり，ほかはレベルの差はあってもなんらかの危機にさらされている．普通種とされる種についても，カナダカワウソのように過去に大幅な分布域の減少をこうむっている．なおレッドリストでは，ニホンカワウソは独立種として扱われていない．

同様な趣旨で環境庁は 1991 年に『日本の絶滅のおそれのある野生生物』をとりまとめ，改訂もなされている．各自治体が独自のレッドデータブックを作成する例も 1990 年代後半から増えている．このため，「○○発行の○○

年版レッドデータブック（あるいはレッドリスト）によると……」というふうに記載しないと混乱が生じる可能性がある．環境省による希少性基準はおおむね IUCN の基準に準拠している．日本産哺乳類 180 種・亜種を評価した平成 14 年版レッドデータブックを見ると，わが国で明治以降に絶滅した哺乳類はニホンオオカミ，エゾオオカミ，オキナワオオコウモリおよびオガサワラオオコウモリの 4 種（亜種を含む）である．ニホンカワウソは絶滅していない種としてはもっとも危機的な状態にある絶滅危惧 IA 類 12 種中の 2 種（2 亜種として）に位置づけられている．この最高ランクに含まれる中大型種はカワウソのほかにはツシマヤマネコ，ニホンアシカだけであり，ほかはコウモリやネズミ類である．

2.3　カワウソの生態

（1）カワウソは海を渡れるか

　ニホンカワウソの分布は北海道，本州，四国，九州および岸から遠くない小島に限られる．離島については対馬や壱岐島をのぞけば，佐渡島，隠岐島，伊豆七島，南西諸島（屋久島，種子島，奄美大島，沖縄など）などいずれの島にもカワウソ生息の記録はない．また北方ではサハリン（樺太）島やカムチャッカ半島には多数のユーラシアカワウソが生息しているが，北海道とカムチャッカ半島をつなぐ千島列島にカワウソの記録はない．カワウソは泳ぎが得意であり，短時間であれば時速 12 km 程度のスピードを出すことができる．しかし距離についてはどれくらいを泳ぎ渡れるのだろうか．カワウソが島伝いに移動するとして，本土から到達するために泳ぎ渡らねばならない最長距離は，対馬の場合で 50 km（韓国からも 50 km），壱岐島 15 km，五島列島 17 km，隠岐島 40 km，佐渡島 30 km，種子島 35 km，津軽海峡 20 km，宗谷海峡 43 km である．瀬戸内海最後のカワウソ生息地であった魚島は，愛媛県の海岸とは 10 km 以上離れているが，尾道市側の島からは 3.6 km の遊泳で到達できる．カワウソは宇和海の離島である日振島(ひぶりじま)に生息していたことも知られているが，この島も最大 4 km ほど島から島へ泳げば宇和島側から到達できる．

韓国においても，慶星大学校の尹明熙教授らの調査によって，釜山市付近の海域に点在する小島のいずれにもカワウソ生息痕の見られることが報告されている．それぞれの小島はカワウソが定着できるような大きさではないが，島伝いに最短距離を選べば1.5 km程度，直線距離でも3 km程度の遊泳で島と島，あるいは島と陸との間を移動可能である．私が韓国馬山湾でカワウソを調査した際にも，カワウソは海岸から1 km離れた島を日常的に訪問していた．視力がよくないとされるカワウソがどのようにして長距離を泳ぎ渡るのかは不明であるが，これらのことからカワウソが日常的に海を泳ぎ渡れる距離は5 km程度ではないかと推測される．海はカワウソにとっても大きな障壁なのである．

（2）ほかの動物も海を渡れるか

熊本県天草では2002年に1頭のジュゴンが定置網にかかり，関係者を驚愕させた．日本におけるジュゴンの生息可能域は奄美大島以南と考えられているが，近年では沖縄本島周辺海域にわずかな頭数が生息するのみであり，沖縄も世界のジュゴン分布域では北限にあたる．完全な水生生活者であって海草を食するジュゴンであれば黒潮に乗った長距離移動も可能であろうが，カワウソにはこうしたケースは考えられない．

ホッキョクグマも海を長距離遊泳することで知られている．アラスカにおける2004年の調査では，発見された開水面を泳ぐ個体と陸との平均距離は8.3 kmであり，氷床からは平均177 kmも離れていた．しかしこうした海面では溺死と思われる死体も少なからず発見されていることから，陸から離れた遊泳はホッキョクグマにとっても大きなリスクであり，地球温暖化によって氷床が退行することがこの種に大きな影響をおよぼすことが指摘されている．北海道においても1911（明治44）年に天塩地方で大規模な山火事が発生した際，2頭のヒグマが16 kmも離れた利尻島に泳ぎ渡った記録がある．利尻水道の強い潮流を考えると，実際の遊泳距離は30 km以上だったろうと思われる．シカも遊泳能力を持ち，知床五湖のエゾシカはときに観光客が見ている前でも泳ぐ．根室市の海岸から約3 km沖にある国設鳥獣保護区の無人島モユルリ島では2001年に1頭のエゾシカが，隣のユルリ島でも2頭のシカが目撃され，両島ともしばらくして姿を消した．道東はエゾシカがと

りわけ多い地域ではあるが，地元民によれば何十年も島の近くで漁をしてきてシカを見たのははじめてとのことなので，シカはこうした遊泳能力を日常的に使っているわけではないようだ．

　身近な動物にも遊泳能力を持つ種は多い，というより泳がない動物の方がめずらしい．タヌキも泳ぎが上手であり，宮城県では本土から金華山まで700 m 泳いだ記録がある．ドブネズミも水辺を好み，泳ぎや潜水が巧みである．カワウソの生息地でもあった宇和島市の沖にある戸島では昭和 20-30 年代にドブネズミが大発生し，11 年間の駆除数は 86 万頭にのぼった．発生原因は，戦後の食料難により段々畑の芋づくりと煮干イリコの製造が急速にさかんになって餌が豊富となったためであり，大発生は芋畑の耕作が放棄された昭和 36 年ごろに収束している．戸島では昭和 34 年 6 月に夜間に海を渡るネズミの群れが目撃されており，魚と間違えた漁船があやうく網を入れるところであったという．この群れが島から約 1 km の距離にある宇和島市側の岬に到達できたかどうかは不明であるが，大発生が 3 年ほどの間に戸島から日振島，戸島対岸の蒋渕に飛び火していることから見ると，海を渡る移動は実在したのだろう．この地方は昔からネズミに悩まされており，13 世紀の『古今著聞集』にも海を渡るネズミの記述がある．このネズミ騒動をもとに作家の吉村昭氏は小説『海の鼠』を発表している．

（3）対馬における絶滅

　環境庁は 1985-86（昭和 60-61）年度に「過去（江戸時代）における鳥獣分布調査」を行った．調査の主要資料として使われたのは『享保・元文諸国産物帳』である．この文献は 1735-38 年ごろ，徳川吉宗の時代に作成されたもので，幕府の医官で博物学の知識を持った丹羽正伯が各藩に記載要領を示して組織的にとりまとめたものである．記載不明の点は再度問い合わせるなどのチェックも行われている．このため江戸時代以前の全国的な動物分布を復元する情報源としては信頼性の高いものといえる．図を見れば，資料が残されていたほとんどすべての地域にカワウソがいたことがわかる．注目されるのは，離島である壱岐や対馬にもカワウソが生息していたことである．

　対馬のカワウソは江戸時代に生息していただけでなく，じつは戦後まで生き残っていた可能性がある．カワウソらしき動物をヒモでつないで飼ってい

たという話も残っている．対馬にはカワウソを指す言葉として「ガッパ」という言葉もある．対馬には昔はカワウソもたくさんいたけれど，いざ絶滅すると写真すら残されていなかったとの話もある．写真だけでなく標本も科学的記録も残っていないという，ほんとうに幻の動物である．

対馬には絶滅危惧の状態にはあるがツシマヤマネコ，ツシマテンが生息している．ツシマジカもいるし，小型種ではチョウセンコジネズミのように大陸系の種もいる．ツシマヤマネコも朝鮮半島に分布するベンガルヤマネコの亜種であり，10万年ほど前に大陸と地続きだったころに渡ってきて，現在まで生き残ったとされる．このことからすると，対馬のカワウソはニホンカワウソでなく朝鮮半島に分布するユーラシアカワウソ系であった可能性もあろう．標本が残されていない現在，それを確認する方法はない．他方，本土の普通種であるタヌキ，キツネ，ノウサギなどは生息していない．これらの種がはじめから対馬に生息していなかったとは思われず，おそらく自然あるいは人為的要因で滅びたのだろう．

大きな川のない対馬にカワウソが生き残っていたとすれば，最大の理由は総延長915 kmにも達する複雑なリアス式海岸であろう．スウェーデンのエルリンゲ氏は1960年代に北欧におけるユーラシアカワウソの社会構造を調べて，河川では5 kmに1頭程度の密度であるとした．対馬海岸のカワウソ密度も同程度であると仮定すると，対馬には200頭程度のカワウソ収容力があったことになる．良好な漁場に囲まれている対馬の海岸で，カワウソに餌不足の問題はなかっただろう．何頭が生き残っていればその個体群が存続してゆけるかという最小持続可能個体数（MVP）は，カワウソについては不明である．しかし対馬にツシマヤマネコやツシマテンがなんとか生き残っているのを見ると，島外との交流がなくても孤立個体群として生き延びることは可能だっただろう．

朝鮮海峡には対馬（面積708 km^2）から250 kmほど離れて，韓国の済州島（面積1845 km^2）が位置している．同島は火山島で単調な海岸線しか持たない点で対馬とまったく異なる環境である．同島にもかつてヤマネコが生息していたが，今は絶滅してしまったという．カワウソについて済州島での生息記録はまったく見られなかったが，最近その可能性を示す記録が見つかったと聞く．

もっとも新しい氷河期であるウルム氷期には世界の地表の3割近くが厚い氷に覆われ，日本周辺においても海水面が最大130mも降下した．今から18000-20000年前のウルム第三亜氷期には隠岐島，壱岐島，五島列島，種子島，屋久島などは本土と広い陸地でつながった．縄文時代のはじまりは約12000年前とされるので，それほど古い話ではない．

対馬周辺の島を見ると，五島列島には河太郎という字をあてて，「ガータロー」「ガッパ」などと呼ばれる動物の話が伝わっている．人間の赤ん坊のように小さく，頭の皿に水がなくなると力が弱くなるという点では，本土のカッパとほぼ同様である．「ガータロー」は小さな流れや，平常は水のないような小川にも住み，人に憑いたり，いろいろないたずらをするとされる．久保清と橋浦泰雄の『五島民俗図誌』によると，福江大日山には石のカワウソがこまいぬがわりに奉納されており，また玉之浦大賓寺には本堂の天井力持ちに左甚五郎作と伝えられるカワウソが彫られているが，島の人はこれをも「ガータロー」と呼んでいる．五島列島にはシカやイノシシは生息しているが，キツネやタヌキのような中型哺乳類は生息していない．こうした伝説がモデルになる動物を持たずに生まれたとは考えにくいので，五島列島にもかつてカワウソが生息していたと考えればうまく説明できる．

(4) カワウソの行動圏・生息数・生息密度

ニホンカワウソが野外でどのような生活をしていたかは，もはや断片的な情報から想像するしかない．愛媛県でカワウソへの関心が高まった1960年代に行われた調査は，おもに分布や個体数に関するものであった．高知県では1970-90年代に定点モニタリングなどの試みも行われたが，生態を明らかにするための調査はすでに行えなくなっていた．このため，ニホンカワウソの生態については清水栄盛氏や今泉吉晴氏が1973年に雑誌『アニマ』誌上に発表した「カワウソ最後の生息地を探る」という記事が唯一のまとまったものといえる．ニホンカワウソの生活はおそらくユーラシアカワウソのそれと大きくは違わないと思われるので，韓国やヨーロッパにおけるユーラシアカワウソの生態と重ね合わせることでくらしぶりを推測してみたい．

河川に生息するユーラシアカワウソの空間構造としては，スウェーデンのエルリンゲ氏が1960年代に河川域を調査した結果がよく引用される．すな

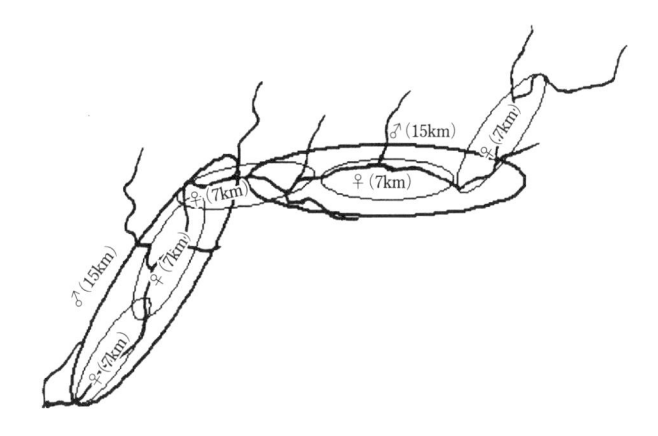

図 2-5 ユーラシアカワウソのなわばりの模式図

わち，オス，メス（連れている子どもを含む）ともに1頭ずつが水系に沿って独立したなわばりを持つ．メスはときに子どもを含んだ家族群として行動する．オスのなわばりはときに 20 km にも達する．メスのなわばりは少し小さいが，ときに 14 km 程度に達する．オスどうし，メスどうしはなわばりによって避けあうが，オスとメスのなわばりは重なりあっている（図2-5）．このため，1頭のオスのなわばりのなかには1頭以上のメスがいることになる．カワウソが1日に移動する距離は通常 3.2-4.8 km 程度であるが，ときに 8 km 以上に達することもある．このためなわばりの端から端までを1日で移動することはできず，なわばり内にいくつかある泊まり場の1カ所に数日滞在しては，つぎに移動するといった生活が一般的のようである．

　すべてのユーラシアカワウソがすべてこのような社会を持つわけではない．スコットランドの陸水域ではメス成獣どうしの行動圏が重複している．他方，スコットランド北東部ではメスどうしが河川において排他的な行動圏を持つが，湖沼における行動圏は重なっている．メスどうし，オスどうしがたがいに避けあうことはチリカワウソでも知られている．この社会構造はカワウソ類全体に共通なわけではない．オオカワウソ，カナダカワウソ，ラッコ，ビロードカワウソ，ノドブチカワウソ，ミナミカワウソなどは同性間のなわばりを持たないようである．

　カワウソに関する質問でもっとも多いのは「何頭生息しているのか？」で

ある．カワウソの生息密度についてエルリンゲ氏は，北欧の湖沼では2km に1頭程度という数値を示している．帯広畜産大学におられた藤巻祐蔵氏は 1975年にサハリンのカワウソについて，河川では4kmに1頭，海岸では 10kmに1頭の割合としている．これらは糞や足跡数によるものであったが, 近年は糞に含まれるDNAを解析して個体識別までできる方法が開発されて きた．糞は体の一部ではないが，餌が消化管を通過する際に，消化管上皮細 胞の一部がはがれて糞に混じる．これを分析することで個体識別が可能にな る．とりわけマイクロサテライトという変異の起きやすい部位を調べれば, 系統関係だけでなく，血縁関係まで追跡できる可能性がある．

　国立台北大学のフン・チミン氏たちは，この方法で中国本土にほど近い金門島(きんもんとう)に住むユーラシアカワウソを調べた結果を2004年に発表した．同氏たちは採集した566個のユーラシアカワウソ糞のうち369個についてDNA解析を成功させ，それらがメス24頭，オス26頭の糞であることを明らかにした．このうち19頭は3カ月以上同じ場所に定着していた個体であり，残りの31頭は1シーズンに限って確認された放浪個体であった．この結果から, 同島におけるカワウソ生息密度は，全カワウソでは1.5-1.8頭/km，定住個体に限れば0.8-1.1頭/kmであると推定された．これは従来の推定法による生息密度よりずっと高い値である．ヨーロッパにおいても，この方法で推定される個体密度は従来の推定値より高くなることが知られている．この研究からはさらに，メスの定住個体は2-3頭ずつグループをつくって排他的な行動圏を持つ傾向があること，オスの行動圏のなかにはメス1グループ程度しか含まれていないことなど，同じ場所に現れる個体どうしはなんらかの関係を有しているようであることなど，前述の典型的な行動圏模式図とは異なる結果も得られている．

　チリのミナミカワウソは絶滅危惧種とされてきたが，近年に同国のフランシスカ・エルトン氏らが直接観察によって研究した結果，生息密度は地域によって1kmあたり0.1-1.3頭，平均0.94頭の値が得られた．この数値は予想以上の高密度であり，本種は回復基調にある可能性がある．コロンビアのオリノコ川ではオオカワウソが$0.6km^2$に1頭程度の生息密度であることが近年に知られた．河川延長あたりではなく面積あたりの表示になるのは，この地では大河周辺に広大な三日月湖や湿地が広がっているためである．これ

を河川長あたりに換算してみると，1.4 km につき1頭程度になる．大河の三日月湖におけるオオカワウソの個体数は，ほぼ湖面面積に比例するという研究もある．大ざっぱすぎるのは承知のうえであるが，上記のような研究結果から見ると，カワウソ類は最高に条件がよければ1 km に1頭程度は生息できるのではないだろうか．

　カワウソのように目撃困難な動物の個体数を推定することはめんどうである．発信器による行動圏調査では個体を捕獲すること自体がたいへんであるし，河川や海岸のような環境では装着後の電波追跡もたいへんである．糞のDNA解析は今後の研究を大いに進展させられる可能性があるが，現状では分析に費用を要する問題がある．ただし，その環境にこれ以上は生息できないはずという数字ならば，現地を調査しないでも答えられる．たとえば韓国の河川総延長は 35000 km，海岸線は 17000 km であるが，こうした水辺全体にカワウソが 5 km に1頭の割合で生息していれば，韓国に生息可能なカワウソは約 10000 頭となる．実際には生息に不適当な場所も多いことだろうから，これ以下の数しか生息できないわけである．

（5）サインポストと泊まり場

　カワウソは自分の行動圏内のあちこちにサインポストをつくり，糞によるマーキングを行う．マーキングには他個体に自分の存在を示し，発情状態を知らせる機能もある．カワウソの糞には強烈な魚臭があるので，このにおいが残っている限り，他動物の糞と混同する可能性は少ない．最初は黒色をしていた糞も，日が経つとなかに含まれている魚の骨が現れ，白色の骨のかたまりとなる．そして最後にはバラバラに崩れて岩の隙間にたまったりする（図 2-6）．

　河川や池の近くにおけるサインポストは人目につきにくい水辺の茂みのなかにもあるが，海岸ではすべてめだちやすい岩場にあり，位置は安定している（図 2-7）．高知県海岸のサインポストは，多くは小さな川の河口に発見されたが，韓国の海岸では近くに淡水のない場所にもサインポストは多く見られるので，淡水の有無は不可欠の条件とはいえないようである．韓国ではサインポストは漁港内や養殖イカダの上にも見られるので，人工物を忌避している様子はうかがえない．むしろ餌の入手しやすいこうした場所を積極的

図 2-6　サインポストの古い糞（左）と新鮮な糞（右）

図 2-7　奥の泊まり場に続く小河川の河口（左）と韓国河川の池脇にある泊まり場（右）

2.3 カワウソの生態

表 2-3 韓国南部海岸のサインポスト3カ所（A-C）におけるカワウソ糞の出現頻度（安藤ほか，1985）

	1982年 10月					11月								12月								1983年 1月	
	23	24	25	26	27	30	5	11	13	19	22	26	28	3	10	15	16	17	20	27	28	4	5
A	+	-	-	-		-	+	-	-		+	-	-			+	-			-	-	-	-
B		+	-	-	+	+	+	-	+				+			+	-	+					+
C				+			+	-	+	+	-					+	-	+					+

+: 新しい糞あり，-: 新しい糞なし．

に使っているという印象がある．

　サインポストのある小川をさかのぼると，ときに泊まり場が見つかる．高知県海岸の一例では，標高 50 m の海岸段丘をえぐって海に注ぐ小川の河口近くにサインポストがあった．川を 50 m ほどのぼると，水際に奥行き 60 cm の小さな岩穴があった．この入口にやはりサインポストがあった．さらに 70 m ほどのぼると，流れはゆるやかになってススキ原に入る．流れからススキ原に向かってカワウソ道が通り，10 m ほど進むとススキの茂みのなかに直径 30 cm ほどの楕円形の空所があり，そこにはカワウソの糞が一面にちらばっていた．ほかの泊まり場も似たような場所に見つかっていることから，サインポストのある河口から 100-200 m くらい川をさかのぼったところに泊まり場があるというのが一般的なようである．韓国の河川では水辺のすぐそばに泊まり場が見られる例も多く，必ずしも遠距離をさかのぼる必要はないようだ．

　国際基督教大学（当時）の今泉吉晴氏の調査では，高知県海岸の泊まり場は 1-6 km おきに見られた．そののぼり口の 1 カ所を継続観察したところ，平均すると 3-4 日に 1 回の割合でカワウソが現れている．ときには 2 週間程度連続して出現することもあった．この間の泊まり場利用個体が 1 頭だけであったとすれば，1 頭が平均 4 km くらい離れた 3-4 カ所の泊まり場を有して，それを巡回していると考えるとつじつまが合う．この場合だと行動圏は 12-16 km 程度ということになる．清水栄盛氏も愛媛県の調査において，約 1 週間おきに姿を見せ，2-3 日くらい同じ地域にとどまると述べている．私が 1982 年に韓国海岸のサインポストを調査したときには，1.4-4.8 日に 1 回程度の割合で新しい糞が見られた（表 2-3）．愛媛や高知よりも出現頻度が

高いのは，複数のカワウソが生息していたためと推測される．

（6）カワウソはなぜ広い行動圏を持つのか

　カワウソが広い行動圏を持つ最大の理由は餌量であろう．カワウソは1日に数回狩りをする．すなわち，1回に1時間ばかり泳いでは餌を獲るという活動を続けた後，陸に上がって休息する．野生のカワウソが1日に食べる餌量は1kg程度とされる．かつて道後動物園に飼われていたニホンカワウソには，1頭あたりドジョウ400g，アジ700gが与えられていた．これはカワウソの体重の2割にも達する量であり，カワウソが大食いであることがわかる．水中という熱損失の大きい環境に生活して活動量の大きな生活様式をとるためであろう．

　小さな川に住むカワウソが1カ所にとどまって移動しなければ，その場所の魚はたちまち食べ尽くされてしまうだろう．一見すると餌が豊富そうに見える海岸においても，漁業による乱獲問題があるのだから，程度の差はあってもやはり餌資源量には限界があると考えるべきだろう．それではカワウソはどの段階でつぎの餌場に移動するのだろう．ひとつの可能性は，ある餌場に来て一定時間以上餌が見つからなければ離れるという「諦め時間一定」戦略である．1頭が同じ場所に長く滞在して餌探しを続ければ，その餌場で得られる餌の量は増えてゆくだろう．しかしひとつの餌場に魚が無限にいるわけではない．餌探しに時間をかけても餌はあまり見つからないという状況になってゆくだろう．そうなれば，移動のエネルギーと時間を使っても，その餌場を離れて新たな餌場に移動した方が有利である．人間であれば，この場所では獲り尽くしたからそろそろつぎの場所に移ろうと考えるわけだが，動物はそのように知性的に考えて行動しているわけではない．このルールを本能として備えておけば，自動的に餌の豊富な場所では長くとどまり，餌の少ない場所では早々に立ち去ることになる．時間あたりに得られる餌量（摂食率）は曲線の傾きで表される．もしカワウソが「諦め時間一定」戦略でなく，各餌場で最低これだけは食べるという「ノルマ型」戦略をとったらどうなるだろう．餌の少ない餌場ではノルマをこなせないからいつまでもそこを離れられなくなってしまうだろう．

　この習性は絶滅直前のカワウソには不利に働いた可能性がある．カワウソ

絶滅の大きな要因が餌不足だと説明すると，多くの人はカワウソが餌を獲れずに餓死するようなイメージを描くようである．餌が少なくなれば，餓死する前にカワウソはその餌場を離れたことだろう．しかし別の場所に移ってもよい餌場があるわけではない．そうして放浪を繰り返すうちに交通事故などによって命を落とすこともあったろう．

餌の減少は繁殖成功率の低下としても影響する．カワウソは餌が十分であれば1年のどの季節にも繁殖できるが，実際の繁殖季節は栄養状態で規定されるという．これはカワウソに限らず多くの動物にあてはまる現象である．たとえば希少猛禽であるイヌワシの繁殖成功率は，育雛期間中の餌条件だけでなく，前年冬場の栄養状態に影響される．リス類でもドングリの前年における豊凶が，繁殖成功率を大きく左右することが知られている．

(7) カワウソの食べ物

英国のユーラシアカワウソ成獣は1日に1.0-1.5 kgの餌を獲るとされる．餌として大型魚であるサケやマスを獲ることもあるが，河川では雑魚も多く食べ，サケ・マスは餌の10％にも満たないとされる．ウナギはカワウソの大好物である．私が糞内容物から韓国カワウソの食性を調べたところ，海岸と河川のいずれにおいても，ほとんどの糞に魚の骨が含まれていた（表2-4）．しかも骨の大きさから見て大部分が小型の魚類であった．魚の種類までは同定できなかったが，河川における魚骨の一部にはズナガニゴイという底生魚の骨が含まれていた．この魚は底生の動物や藻を餌とし，全長20 cmに達する．こうした魚はアユなどの遊泳魚と比べて行動が鈍いので，カワウ

表2-4 ニホンカワウソ（高知県海岸で1974年7月に採集された20個の糞から）および韓国のユーラシアカワウソ（安藤ほか，1985）の糞中における餌の出現頻度（%）

	ニホンカワウソ	ユーラシアカワウソ					
	海岸	海岸			河川		
	夏	夏	秋	冬	夏	秋	冬
魚 類	100	100	99	97	100	87	100
甲殻類	30	25	35	46	63	85	44
カエル	0	0	3	0	69	42	3
貝 類	10	0	0	0	0	0	0
その他	20	5	8	12	12	19	6

ソにとっては餌にしやすいだろう．高知大学の町田吉彦氏は，カワウソが生息する韓国の中河川で魚類相調査を試みた．それによると，個体数では231個体のうち224個体がコイ科の魚であり，その75%がタナゴ類と日本にも普遍的なオイカワとカワムツだった．日本の河川とそんなに大きな違いは見られない．

ニホンカワウソについては，くわしい食性調査が行われる前にカワウソそのものが減少してしまったが，ほぼ韓国におけるのと同様の食性を持っていたと考えてよいだろう．清水栄盛氏は愛媛県南予地方の海岸で採集された糞内容物を分析して，餌は磯魚が多く，メバル，クロイオ，ツヌ，アナゴ，セイゴ，ベラ，ウミタナゴ，カニ類，イセエビなどが含まれていたと述べている．九鬼信夫氏が1974年7月に高知県海岸で20個のカワウソ糞を採集して内容物の出現頻度を求めたところ，表2-4に示したとおり，魚類の出現率は100%であり，甲殻類は30%，貝類は10%であったという．このほか植物質が20%，カワウソ自身の毛が25%の糞に含まれていた．

韓国のカワウソ糞では甲殻類も多く出現しており，とくに河川では小型のカニ類の出現頻度も高かったが，1個の糞中に占める割合は少なかった．特徴的なのは，夏の河川においてカエルの骨が多く含まれていたことである．カエルが冬眠するためか，冬の糞からはカエルはほとんど発見されなかった．まれではあるが，鳥の羽毛，甲虫の羽，フナムシ，巻貝，木の葉，合成繊維の刺し網断片も含まれていた．韓盛鏞（ハン・ソンヨン）氏が韓国の貯水池で同様の調査をしたところ，水鳥の羽毛がかなりの糞に含まれていた．観察においても，カワウソが水中から水面に浮かんでいるカモ類を襲うのが目撃されている．

高知のカワウソも糞内容物で見る限り，魚や甲殻類をおもに食しているようだったが，たまには植物質も食べるらしい．高知県海岸における聞き込みでは「カワウソは海が荒れると畑に上がり，そこでイモやスイカを食べる」という話もあった．ユーラシアカワウソでも文献には飼育下でキノコ，ニンジン，果物を食べ，自然状態でも草木の若葉，枝，樹皮を食べるとある．

（8）子育てと成長

哺乳類では明確な繁殖期を持つ種が大部分であり，餌条件がもっともよい時期に子育てができるよう逆算して交尾が行われる場合が多い．しかし英国

におけるユーラシアカワウソでは，子はいろいろな季節に見かけられるし，韓国においてもカワウソはさまざまな季節に繁殖している．おそらくカワウソの場合には餌条件に極端な季節変化がないのだろう．ニホンカワウソについては残念ながら確認例が少なく，繁殖期や子育てのやり方もよくわからない．おそらく近縁のユーラシアカワウソの場合と大きくは違わないと思われるので，そうした事例を中心に紹介したい．

　英国のユーラシアカワウソでは，メスは2歳で繁殖可能になり，オスの性成熟はそれより早い．メスは発情すれば独特のにおいを発するようになり，なわばり内を歩き回りながら，サインポストに強い興味を示す．このためオスが発情メスを見つけるのはそれほど困難ではない．カワウソは水中で交尾し，約62日の妊娠期間で出産する．メスは出産までに川の土手にある茂みのなかに土穴や隠れ場を確保する．メスはときにはアナウサギが掘った土穴などを広げたり，岩の間の隙間に子どもを隠す．メスは子どものいる巣穴に草や水辺の植物を持ち込んで敷く．シベリアでは山地においても岩の隙間や岩穴に巣をつくるという．

　高知県においては，中規模河川である中筋川で護岸工事中にハッパを仕掛けたところ，穴からカワウソが飛び出して逃げたことがあるという．穴は水際から10 mくらい山に入った位置にあり，3カ所の出入口があった．出入口近くには，糞が多数見られたとのことである．海岸の岩場に住むカワウソは岩穴を多く用いるようである．高知県の海岸においても岩穴に授乳中の子が2頭発見された例，親子が断崖の下の岩穴に住んでいた例などが知られている．

　生まれたてのユーラシアカワウソの子どもは全長約10 cmであり，目はまだ閉じていて，灰色がかったビロードのような毛に覆われており，口や耳は明るいサーモン色をしている．手足にはおもちゃのような水かきが備わっている．子ははじめ2-3時間おきに毎回10分間ほど母親のミルクを飲む．母親の腹を押したり，しっぽを振ったりしながら飲む．子どもははじめのうちはかろうじてはうことができるだけである．目が開くのは約5週目で，7週目に達するころには体重は1 kg程度となって走れるようになる．このころまでに母親が巣穴に持ち帰った魚を少し齧るようになる．

　子どもが巣穴のなかにいる間は母親が子どもの糞をなめとって巣がよごれ

図 2-8　韓国智異山付近で保護されたユーラシアカワウソ幼獣

ないように処理しているが，6-8週間で巣から出るようになると，子ども自身で巣穴の近くに排糞するようになる．子どもは約10週目で母親にともなって外に出て，巣穴の近くで遊ぶようになる（図2-8）．興味深いのは，カナダカワウソではこのころの子どもが水に入るのを怖がることである．母親に促されてやっと水のなかに入る．まるで陸で暮らしていたイタチ科動物先祖の記憶が残っているかのような現象である．この現象はきわめて適応的である．巣穴は水のすぐ近くにあるわけだから，子どもが十分な遊泳能力を持たない状態で自ら進んで水に入るようであれば，どんな事故に出会うかわからない．母親が見ているときに促されて水に入る方がずっと安全だからである．このころには魚を常食にできるようになっているが，3-4カ月目ごろまでは母親の乳も飲む．カワウソの声でもっとも知られているのはピーッというホイッスル音であり，子どもは母親からはぐれたときにこの声を頻繁に発する．シュッという威嚇音もめずらしくない．カワウソはこれ以外にもさまざまな声を発する．9カ月目くらいには成獣と変わらぬ大きさにまで成長する．

　今泉吉晴氏は1970年代前半に高知県海岸で積極的な現地調査を行った．

そのおりにつぎのような聞き込み情報を得ている．足摺岬近くで地元民が釣りをしていたところ，背後でヒューヒューと口笛を吹くような音がする．ふりかえるとカワウソの子だった．釣用の網をかぶせて捕え，警察に届けたという．カワウソの子は金網をはったミカン箱に入れられ，警察から学校，県事務所とたらいまわしされ，最後に土佐清水市教育委員会に持ち込まれた．教育委員会ではサバやアジを与え，翌朝に捕えた地点で放した．子は前日と同様な声を発し続けた．そして30分くらいかけて海に入り，10mも進んだとき，少し先に大きなカワウソの頭が海面からのぞいた．子はそのカワウソに近づき，じきに波間に姿を消した．おそらくこれは母親であり，近くに巣穴があったのだろう．ユーラシアカワウソで同様な声が個体間のコミュニケーションに使われることが知られている．

(9) 活動パターン

カワウソは基本的には夜行性である．泊まり場を出てくるのは暗くなってすぐであり，泊まり場に帰ってくるのは，日の出から1時間くらい経って明るくなってからである．高知県海岸の集落ではかつて夜になると川に飛び込むカワウソの音が聞こえたり，家裏のコンクリート水路をピタピタと歩く音が聞こえたりしたという．しかし昼間に活動しないわけではない．昼間に海岸の岩で休息したり，毛づくろいしたり，あるいは泳いでいるカワウソが目撃されることもある．韓国における聞き込み調査でもきわめて似た話を聞くことができた．基本は夜行性であるがときには昼間も活動するというのは，タヌキなどの中型食肉類にしばしば見られる活動パターンである．カワウソは悪天候の日にも活動しているようである．高知県の海岸では台風通過の翌日にサインポストに行ってみると，やはり糞が見られた．ただし，泊まり場で休んでほかへ移動しなかった可能性もある．海が荒れるとカワウソは海岸段丘の上の畑へ上がってくるという聞き込み情報もあった．

今泉吉晴氏は昭和48 (1973) 年の雑誌『アニマ』で，高知県の海岸で発見されたカワウソ撲殺死体発見のいきさつを述べている．この個体は同氏が継続観察していた個体と思われ，死亡前日からの行動が偶然に複数の人によって目撃されていた．今となっては野生ニホンカワウソの1日の行動を推測できる唯一の資料ともいえる．その概要はつぎのとおりである．

中村市のA氏は昭和48年2月3日の早朝から猟銃をかついでノウサギを追っていたが，9時ごろ岩礁の波間に顔を海面に出して泳いでいたカワウソを見た．あまりかわいい顔をしていたので同氏は銃をかまえたけれど引金をひくのを止めたという．その日の午後2時ごろ，同氏の愛犬は海から小川をのぼり，泊まり場で休んでいたカワウソを泊まり場から追い出した．カワウソはススキ原をぬけて灌木林まで進むと，石かげの小さなくぼみに身をうずめた．A氏はなおもカワウソを追い続けようとする愛犬をひきもどして立ち去った．

カワウソはそれから泊まり場に入り，夕暮れまで動かなかった．あたりが暗くなった午後5時ごろ，カワウソは泊まり場を出て川を下った．そのカワウソはサインポストのにおいをかぎ，数日前の糞の上に新しい糞を脱糞し，河口の水たまりで1時間ほど水浴した．その後，浜を歩いて海に入った．カワウソは岸から100mほど離れた岩礁の近くで，潜水をしてゴリなどの魚を捕え，波をかぶる岩場で食べていた．それから，岸にもどり，磯でしばらく休息と遊びを繰り返して明け方まで活動した．午前5時ごろ，カワウソは再び海に入って灯台下の海岸の波打ち際の岩の間で大きなウツボを捕え，岩場までくわえて上がって食べた．そのわずか数分後，カワウソは長い棒のようなもので何者かに頭を割られて殺されているのが発見された．わずかな空白時間になにが起こったか，目撃した者はないという．

2.4 ラッコはどうなっているのか

ニホンカワウソが静かに姿を消した1990年代に，もう1種のカワウソであるラッコが北海道東部に毎年のように姿を見せるようになってきた．ラッコは北海道東部を南限として寒い海域に生息する動物である．江戸時代には北海道にも生息していた．ラッコという名前を英語と思っている人も多いが，オットセイと同様にアイヌ語である．英名はsea otterで，文字どおり海のカワウソである．本州以南のニホンカワウソを独立種とすれば，かつての日本にはニホンカワウソ，北海道のユーラシアカワウソ，そしてラッコという3種ものカワウソ類が生息していたことになる．ラッコが日本の哺乳類であることは長く忘れられ，多くの図鑑でもラッコは日本の動物に含まれていな

かった．しかし北海道に定着が確認されたとのことから，2007年8月に公表された環境省のレッドリスト改訂版では，新たに野生下でもっとも危険な状態にある絶滅危惧IA類のリストに加えられた．

　ラッコが長く姿を消していた原因は毛皮のために国際的に乱獲の対象となったためである．松前藩の『新羅之記録』によれば，江戸時代初期である1620年ごろには，根室地方のアイヌが100隻近い舟にラッコの毛皮などを積み込んで松前を訪れ，交易を営んでいたという．徳川幕府は1644（正保元）年に諸藩から提出させた地図にもとづいて日本の全領土をおさめた『正保御国絵図』を作成した．このときに松前藩が幕府に献上した自藩領地図には，千島列島の島々も描かれており，交易がこうした広い地域におよんでいたことがわかる．国際的な乱獲が18世紀に始まるまで，こうした国内交易がラッコ個体数に大きく影響したようには見えない．

　ラッコは18世紀のはじめまで北太平洋沿岸一帯に10-30万頭生息していたとされる．ベーリングを隊長とするロシアの探検隊は1741年に皇帝の命によってアラスカを調査した．ラッコはそのおりに発見され，博物学者のステラーらは約900枚のラッコの毛皮を持って帰国した．その毛皮が信じられないほど緻密で最高級であることがわかったため，ハンターや毛皮商人たちがカムチャッカ周辺に殺到し，乱獲が始まった．ハンターたちはアリューシャン列島沿いのラッコが少なくなると千島列島沿いに南下してきて，千島列島のアイヌとも交易を行った．江戸時代末期の1778年にロシア人がクナシリアイヌのツキノエの案内で，根室に交易を求めて来航している．幕末には各国からの開国要求が相次ぎ，明治維新というかつてない政治経済につながった．ペリー来航による米国の開国要求の目的のひとつが，捕鯨船の北太平洋進出であったことはよく知られているが，ロシアからの圧力の背景にはラッコという目的があったのである．野生動物の存在が国の命運を左右したわけである．

　こうした乱獲のためにラッコの生息数は激減し，20世紀初頭にはロシア，アラスカ，カナダのブリティッシュ・コロンビア，カリフォルニアの11-13カ所に3000頭以下が残るのみとなった．ラッコの毛皮は貴重な資源であったため，資源枯渇を防ぐために1911年，日・米・露・英4カ国による国際ラッコ・オットセイ保護条約が締結されて商業取引が規制された．資源確保

のためとはいえ,この条約は野生動物保護に言及した世界でももっとも古い国際条約のひとつであり,それほどに毛皮の価値が高かったことを示している.これに対応する国内法として1912（明治45）年に臘虎膃肭臍捕獲取締法が制定された.この法律は現在も有効である.なお,日本は第二次世界大戦中の1942年にこの条約を破棄し,「日本海獣株式会社」を設立してアザラシ,ラッコ,オットセイなどの捕獲に動き,毛皮は軍に支給された.

（1）ラッコの生態

ラッコへの関心を盛り上げようと,「北海道の野生ラッコ」と題したミニシンポジウムが2005年7月にカワウソ友の会とカワウソ研究グループの共催によって開催された.そこでは,米国魚類・野生生物局の海洋哺乳類保護管理専門官であるアンジェラ・ドルフ氏,北海道立水産研究所の服部薫氏,えりも町職員で長年襟裳岬のラッコ観察を続けておられる石川慎也氏などが最新の情報を発表された.ラッコの過去についてはTBSのアナウンサーであり,ラッコの研究でも知られる吉川美代子氏がその著書『ラッコのいる海』のなかでくわしく述べておられるので,それらをもとにラッコの過去と現況を紹介したい.

ラッコの生態は陸生のカワウソとかなり異なる.オスとメスは異なる集団をつくり,しばしば別々に生活する.ときにはラフトと呼ばれる数十頭から数百頭もの群れで水面に浮いていることもある.地域によってはまったく陸に上がらず,子育てをはじめ生活のすべてを海上で行うこともある.オスは5-6歳,メスは3-4歳で性成熟に達するが,実際に繁殖に参加するのはそれよりも高齢である.交尾はオスが背後からメスに抱きつき,鼻に嚙みついて行うことが多い.そのため,性成熟に達し交尾経験のあるメスは鼻に傷を持つことが多く,個体識別などに有効である.妊娠期間は着床遅延期間を含めておおよそ6-7カ月.出産は水中で行われることが多く,通常1産1子である.出産はほぼ1年を通して行われるが,ピークとなる時期には地域により差がある.寿命は15-20年である.

ラッコの毛皮が高級品である理由は,ラッコが冷たい海に住むからである.寒冷な海域に住む動物にとって体熱の損失をどのように防ぐかは大問題である.哺乳類が用いる防寒対策は2つあって,ひとつは毛皮を密にしてなかに

しっかり空気を蓄えること，もうひとつは毛皮に頼らず皮下脂肪層を発達させることである．水中における保温効果からすると空気断熱よりも脂肪断熱の方が効率的であり，クジラやアザラシなど大部分の海生哺乳類はこの方法を用いている．しかしラッコは海に入ったカワウソであるため，ほかの海生哺乳類のように脂肪断熱を獲得するだけの進化時間を持たなかった．そこで毛皮を密にすることで寒さ対策を行ったわけである．アラスカ湾では1989年にタンカー「エクソン・バルディーズ号」が座礁し，約4000万リットルもの原油が流出した．原油はラッコの毛にからみつき，空気層を失ったラッコたちは体温と体力を奪われ，6000頭が凍死，または溺死したといわれている．

毛皮による断熱性能には限りがあるので，ラッコはエネルギー獲得のために栄養価の高い食物を大量に摂取しなければならない．そのため活動時間の大半を，餌探しと毛皮の手入れに費やしている．おもな食物はウニやハマグリ類，カニ，タコなどの底生動物で，ときには魚や海藻も摂取する．成獣は1日に体重（約40 kg）の20-33％に相当する餌を必要とする．体重の30％を食べれば約12 kgもの餌が必要になる．

（2）米国とロシアにおける現状

ラッコは寒流の流れる北太平洋の沿岸部にのみ生息し，地理的・形態的に①アジアラッコ，②アラスカラッコ，③カリフォルニアラッコの3亜種に分類される．ラッコ個体数はラッコ・オットセイ保護条約によってもなかなか回復しなかったが，近年では世界全体の生息数が12-18万頭程度ではないかと推測されるまでに回復している．そのうちカムチャツカ半島から千島列島にかけて生息するアジアラッコの数は27000頭程度と見積もられている．詳細に見ると，択捉島とウルップ島に3500頭，それ以外の千島列島に400-600頭，パラムシル島からカムチャツカ半島東岸にかけて15000頭以上，そして半島の沖にあるコマンドル諸島に5500頭である．すなわち，北方四島には3500頭ものラッコが生息していることになる．

アメリカでは「海洋哺乳類保護法」や「危機にある種の保護法」が適用され，ラッコ生息域と漁業区域のゾーニング，および絶滅した生息域への再導入などの保全策がとられた．

アラスカラッコは 1970 年代にいくつかの個体群を再導入したこともあって，急速に以前の分布を回復していった．しかし，いったんは個体数が回復したかに見えたアラスカにおいても，1980 年代後半に急激な数の減少が起こった．その原因としてシャチの影響が指摘されている．シャチは通常はアザラシなどをねらうのであるが，そうした動物が減ったために今までは食べなかった小型のラッコを獲るようになり，そのためにラッコが減ったとされる．現在のアリューシャン列島では，生息可能数の 3% にとどまっていると考えられている．アラスカでは先住民族のラッコ猟が認められている．さまざまな規制はかけているが，国内では毛皮も流通する．カリフォルニアラッコは絶滅危惧種保護法によって保護されているが，なかなか増加せず，生息数は約 2000 頭にとどまっている．ワシントン条約においてもほかのラッコはすべて付属書IIに掲載されているのに対し，カリフォルニアラッコだけは付属書Iというもっとも高いランクに含まれている．

ロシア領におけるラッコの回復も遅かったが，現在はコマンドル諸島において安定した密度を保つようになり，カムチャッカ半島，千島列島などかつての分布域の大部分では，回復の傾向にある．ロシアが実効支配している択捉島でも同様である．歯舞諸島では 1999-2001 年の調査によってハルカリモシリ島が分布の中心となっていることが示唆された（図 2-9）．そこでは，7

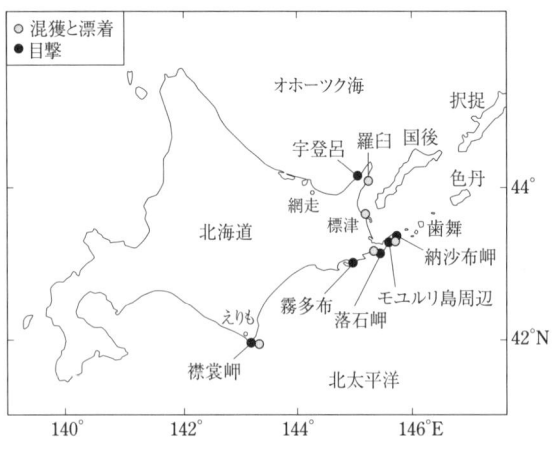

図 2-9　近年の北海道におけるラッコの出現場所（小林ほか，2004）

頭の幼獣を含む34個体が2001年に確認されている．北海道の太平洋沿岸でもしばしば目撃されるようになったラッコは，歯舞諸島での個体数増加を反映しているものと考えられる．しかしよいことばかりではない．ロシアでは，ラッコは生息海域も含めて保護されており生息数が増加する一方で，近年ラッコの食物となるウニ，カニを日本およびアジア各国へ輸出するための乱獲が起こっている．北方四島ではそれらが枯渇してきたためナマコにシフトしてきている．このためラッコの生息環境は悪化している．

(3) 北海道におけるラッコの現状

　北海道では1973年に1頭のラッコが霧多布（きりたっぷ）海岸で目撃されて以来，1994年までの21年間に28回の目撃が納沙布岬から襟裳岬にかけての道東海岸でなされている．目撃頻度は1996年以降は急増し，1996年だけでも歯舞諸島に近い納沙布岬などで24回もの目撃があった．石川慎也氏が長期観察を行っている襟裳岬の状況を見ると，ラッコは1986年8月にはじめて確認され，90年まではほぼ半年ごとに確認されていたが，ほとんどが1日のみの出現であった．その後2000年までの目撃記録がなかったが，2001年に再び現れて11日間および79日間と長く滞在するようになり，2002年4月30日からは継続して岬の岩礁地帯に生息している．その間の2003年2月14日から5月6日までには，複数のラッコが確認され，最大3頭が同時に確認された．
　ラッコはきわめて警戒心が強く，調査者は1-2 km離れた場所でしか観察できないので，くわしい生態はわからない．襟裳岬に生えているミツイシコンブはラッコが体に巻きつけ休息するのに適していないため，海藻を巻いて休息するといった行動は観察されていない．アラスカなどでは海が荒れたときには上陸して休息するが，襟裳岬では海が荒れると岩礁帯のほとんどが波をかぶるため，波の穏やかなときにまれにアザラシに混じって岩礁に上陸するのみである．採食行動としては，仰向けになって胸の上でなにかを打ちつけて割っている姿が頻繁に観察できる．
　北海道にはコンブ漁という日本独特の漁業がある．海域に生えるコンブを毎年収穫するため，ラッコが餌とする底生生物が多量に生息するのは困難であり，新妻昭夫氏はラッコが定着することは難しいと述べていた．襟裳岬においてもコンブ漁は行われているが，出漁日数が少なく海が荒れることも多

く，容易に人が近づくことがないため，ラッコの生息を脅かすような状況にはなっていない．ニホンカワウソの場合と同様に定置網がおよぼす影響も大きい．北海道におけるラッコの死亡例は 1962 年から 2001 年にかけて 6 例が記録されており，衰弱個体を保護した 1 例をのぞけば，すべて定置網による溺死である．漁業者がラッコを混獲した場合，届け出ることはほとんどないので，これは氷山の一角と思われる．

ラッコは害獣としての側面も持つ．ラッコ生息海域では，えりも町漁協が人工種苗のエゾバフンウニを放流し，毎年 1-5 月ごろにダイバーが潜って採取している．2003 年に 3.5-4 トンの水揚げを見込んでいたところ，ラッコの食害によりほぼ全滅したと考えられ，被害額は 1000-1200 万円（約 3000 円/kg）と見積もられる．また，ホッキガイの稚貝の放流も場所変更を余儀なくされた．この被害はたった 1 頭のラッコによって引き起こされたものである．

過去にラッコがどのように北海道に生息していたかについて，ラッコの骨が出土する遺跡の分布を見ると，現在の目撃場所とほぼ重なっている．北海道北端に近い礼文島など目撃例のない地域も含まれるが，ラッコの生息できる場所は過去にもそれほど広かったわけではないようである．北海道は世界のラッコ分布におけるアジア側の南限にあたる．こうした場所は保護上きわめて重要であるが，北海道のラッコを復活させるためには生息適地が限られていることなど難しい問題が多い．とりわけ定置網などの沿岸漁業やウニ漁などとの競合が大きな壁となる．ラッコの保護と漁業活動の両立は困難といえる．

第3章　日本のカワウソ
——絶滅の過程をさぐる

　江戸時代まで何千年も続いてきた日本人とカワウソとの関係は持続的であった．江戸時代には幕府や諸藩がさまざまな形で狩猟を制限する制度を有していた．それらの禁猟政策は将軍や藩主の獲物を豊かにするという主旨ではあったが，少なくとも狩猟によって野生動物の分布が減少することもなかったし，絶滅を引き起こすこともなかった．その関係が大きく変わったのは明治以降である．

3.1　明治・大正期

（1）明治期前半の乱獲

　明治初期にはまだ社会も安定せず，各地で反乱や一揆がしばしば起こった．このため明治新政府にとって銃砲の取締は重要な行政課題であった．新政府は明治元年にさっそく鳥打ち取締を布告して市中における発砲を禁止し，1870（明治3）年には諸邸宅地内における一切の発砲を禁止した．1872（明治5）年には太政官たちによって銃砲取締規則が公布された．銃猟をする者には地方長官が免許を与え，税は大蔵省租税寮に納めた．これらの禁止令は治安維持が主目的であったと思われる．

　狩猟についてみると，明治政府は幕府や諸藩が設定していた諸制度をまず廃止した．このため明治初期は狩猟に関してほとんど制約のない時代になってしまった．銃猟は年中可能であり，対象鳥獣種や数量に制約はなく，網やワナであれば自由に使うことができた．その結果，まず起こったのが大型鳥類の減少である．ツル，トキ，コウノトリ，ハクチョウ，ガンなどが急激に

減少した．現在の鳥獣保護法につながる鳥獣猟規則が制定されたのは 1873（明治 6）年である．銃猟は免許鑑札制となった．また可猟地域，狩猟期間，猟法の制限などが盛り込まれた．しかし網やワナはこの規則の対象外であったし，対象鳥獣種の規制もなかった．ワナに規制がかかり，狩猟を禁止する鳥獣（保護鳥獣）が規定されたのは，1892（明治 25）年に制定された狩猟規則からである．このときにはツル，ツバメや 1 歳以下のシカなどが保護獣とされたが，保護対象種は限られており，カワウソはそのなかに含まれていなかった．すなわち，明治期前半は日本の歴史のなかで狩猟がもっとも野放しにされていた時代ともいえよう．

　カワウソにはこの時期に危機的な変化が起こっていた．原因は毛皮を求めた乱獲である．カワウソの毛皮は刺し毛が硬くて粗いが，綿毛は保温性に優れ，その肌合いは襟巻きなど人肌を温めるのに最適とされた．開国によって西欧との貿易が始まり，日本は毛皮の輸出国となった．この当時，農業国であった日本から輸出できる物品は一次産品しかなかった．他方，西欧諸国では毛皮獣を獲り尽くして毛皮資源が枯渇していた．アメリカでもビーバーやラッコなど高級毛皮は 1840 年代までに獲り尽くされており，1890 年代には有名なジョン・ミューアのシエラクラブという自然保護団体が発足するほど野生動物資源は減少していた．このためカワウソ毛皮のほとんどは，高級素材としてイギリス，アメリカに輸出された．

　毛皮がよい商売になることが知られると，農村部における伝統的な猟師だけでなく，都市からも「にわか猟師」が発生した．しかし山野は伝統的な地元猟師のテリトリーであった．江戸時代末期における秋田県では，他所の猟師が入り込んで猟をしているといった訴えが残っている．このため「にわか猟師」は河川をさかのぼる形で山に入り込んでゆき，猟具も鉄砲ではなくワナが中心だった．こうした猟師が資源管理に配慮したとはとうてい考えられない．水辺という線状の生息環境にしか住めないカワウソにとって，これは最悪のシナリオであった．毛皮だけでなく，前章で述べたように漢方薬としての捕獲圧も相当であったようだが，1 頭からは毛皮も肝も採取可能なので，薬目的の捕獲がどれくらいの割合を占めたかは不明である．

（2）毛皮の軍需

　田口洋美氏によると，江戸時代の狩猟がシカなど大型獣中心であったのに対し，明治から第二次世界大戦にかけては小型獣が毛皮目的に積極的に利用された時代である．海獣をはじめとする各種毛皮が輸出産品になることがわかり，明治20年代ごろから毛皮業者が増え始めた．とりわけ第一次世界大戦時にはヨーロッパの毛皮市場が機能しなくなって取引の中心が北米に移ったため，アジアが毛皮マーケットに大きく組み込まれ始めた．

　毛皮が防寒用具としていかに大事であったかは，高機能な合成繊維が発達した現在では想像困難であるが，明治時代には毛皮に勝る防寒具は存在しなかった．とりわけ軍隊が酷寒の地に進出するときには大量の毛皮が必要になる．明治時代後半（20世紀初頭）は諸国が軍備を増強し，それにともなって軍用毛皮の需要が膨れ上がった時期でもある．西洋の毛皮需要は高級衣料というだけでなく，軍需が占める割合も大きかったのである．西洋向けの輸出需要だけでなく，日本国内でも日清，日露の戦争を通じて軍用毛皮や羽毛の必要性が高まっていった．大正12（1923）年に発生した関東大震災のおりに両国の陸軍被服廠跡地で4万人以上の焼死者が出たことはよく知られているが，被服廠ではこうした軍服などが製造されていたのである．

　このため国策として軍部主導型の狩猟振興が行われた．銃器や弾薬の民間払い下げもそのひとつである．国産の村田銃の払い下げは明治17（1884）年に始まった．陸軍の兵器廠が1回で払い下げた村田銃は，6000-8000挺という大きな単位であった．これによって狩猟効率が飛躍的に伸びたが，動物の側から見るとそれは狩猟圧の高まりにほかならない．

　大正3（1914）年に第一次世界大戦が始まり，ヨーロッパが戦火に見舞われたことで世界は毛皮需要に供給が追いつかない状態になった．大正6（1917）年に起こったロシア革命への干渉としてヨーロッパ各国や日本がシベリアに出兵し，厳寒地に赴く兵士の必需品として毛皮が大量に調達されたこともそれに輪をかけ，1920年にはイタチ，タヌキ，キツネ，カワウソなど各種毛皮の値段が前年の何倍にも跳ね上がる毛皮バブルが起きている．大正2年から11年にかけての10年間に日本から欧米向けに輸出されたイタチの毛皮は262万枚という驚くべき数に達している．この間，カワウソの毛皮

がどれほど軍需に回されたかは不明である．カワウソの毛皮は高級軍服の襟に使われたりしていたようだが，軍需の詳細を知る資料は残されていない．明治30年以降には日本のいずこでも激減していたので，捕獲数は限られていただろうが，各地におけるカワウソ絶滅の主要因ではあったろう．

　昭和初期に入ると，中国侵略にともなって毛皮の需要はますます高まっていった．このため軍部は大量に毛皮を収集する流通機構を整備するためにハンターの組織化に動き，猟友会が誕生した．昭和4（1929）年には大日本連合猟友会（現在の大日本猟友会），昭和9年には日本狩猟倶楽部が結成された．また，野生動物の捕獲では供給が追いつかず，不安定であることから，ウサギなど飼育種の毛皮利用への転換も始められた．現在，外来種として日本各地の河川に分布を広げているヌートリアは，軍服用の毛皮をとるため飼育されたものが，第二次世界大戦のころに逃げ出したものである．ヌートリアという名前はカワウソの毛皮を意味するスペイン語に由来する．安物毛皮に高級毛皮のような名前をつけたいという思惑は洋の東西を問わないらしい．ヌートリアはまさにカワウソの代用品であったわけである．

（3）富山県と北海道における激減例

　前述のような捕獲圧はカワウソを具体的にどれくらい減らしたのだろうか．富山県における明治時代のカワウソ毛皮の生産量の変遷を図3-1に示した．富山県では江戸時代まではカワウソをはじめトキ，コウノトリ，オオカミなどが生息していた．富山県北東部の下新川郡（当時は現在の魚津市・黒部市域を含む）におけるカワウソ毛皮生産枚数を見ると，1880年代後半（明治20年ごろ）には増加傾向にあって，1889年には最大値120枚を記録している．ところが1900年以降には生産記録のない年が多く，記録の残る年でも数枚から10枚強程度にすぎない．富山県全体で見ても減少傾向は同様であり，たった10年ほどの間にカワウソが激減した様子がここから読み取れる．このころの黒部川にはサケやマスも川をさかのぼり，餌条件は良好だったと思われるので，富山県における減少因は乱獲であると考えられる．

　北海道におけるカワウソの衰退過程については河井大輔氏が資料をくわしく検討されている（図3-2）．同氏によると，乱獲が始まる以前にはカワウソ専門のワナ猟師がいて，彼らは子孫を絶やさぬ適度な捕獲を心がけていた

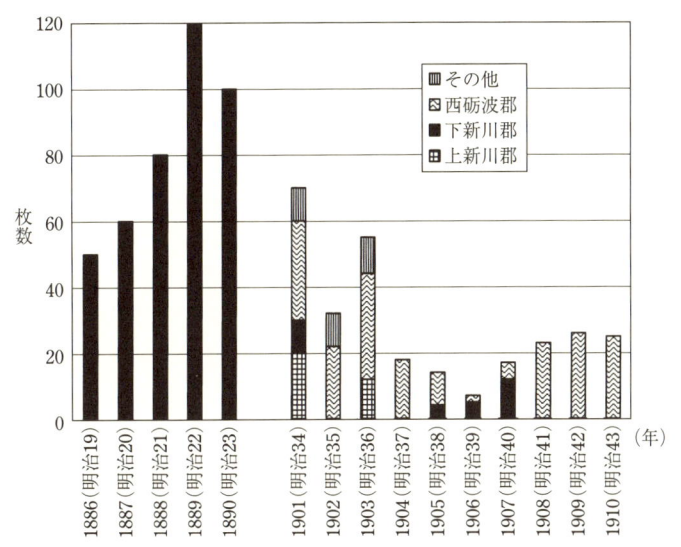

図 3-1 明治時代の富山県におけるカワウソ毛皮の生産量（富山市科学文化センター，2000）

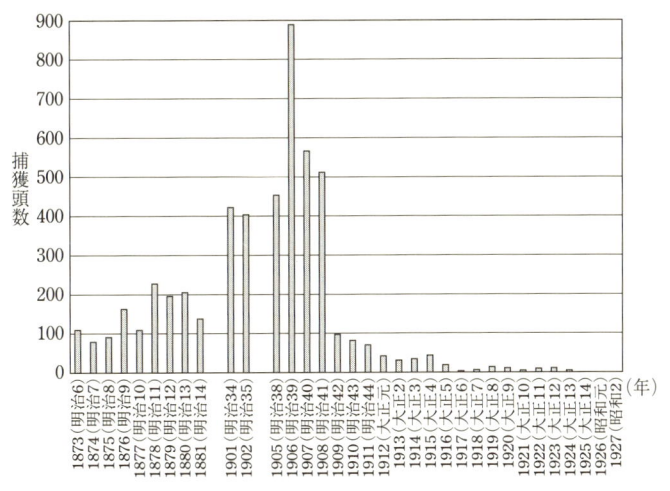

図 3-2 北海道におけるカワウソ捕獲数の変遷（河井，1997）

が，その後現れた銃猟師たちは無配慮にそのすべてを獲り尽くしていったという．明治前半には 100-200 頭規模の捕獲数値が残されている．函館の皮革製靴業者が 1877（明治 10）年から 1881（明治 14）年の間に 868 頭ものカワウソの毛皮を使用したという記録もある．捕獲数は明治 30 年代にピークに達したようであり，1906（明治 39）年には 891 頭もが記録されている．当時の狩猟統計にはあまり信頼性はなく，同年の捕獲数を 273 頭とする別の資料もあるが，このころに年間数百頭以上のカワウソが捕獲されていたのは確実だろう．

しかしこのピークからたった 5 年後の 1911（明治 44）年には，カワウソ捕獲数は 10 分の 1 以下の 70 頭にまで急激に減少している．その後も捕獲数は減少するばかりであり，1916（大正 5）年 17 頭，1920（大正 9）年 9 頭と減少傾向はだれの目にも明らかであった．大正 12-昭和元（1923-26）年の捕獲数は 0-13 頭であり，もはや産業として成り立つレベルとは思われない．北海道のカワウソが明治 30 年代以降に急速に減少を開始したのは，北海道開発による生息環境の変化も見逃せないだろう．明治 40 年から大正にかけて「未開地処分法」が施行されて開発が進み，河川改修をともなう農場整備が平野部の河川状況を大正末期までにかなり変化させてしまったが，これによる影響程度は不明である．

カワウソは 1928（昭和 3）年に捕獲禁止となったが，以降も密猟は続いていたようであり，カワウソの生息地は毛皮ブローカーと密猟者との間で秘密となっていたという．捕獲禁止措置によってカワウソ個体数が少しでも回復したような記述は，いずれの文献からもうかがえない．明治期にこのように多数のカワウソが捕獲されていたにもかかわらず，現時点では北海道産カワウソの標本は，札幌の北海道大学農学部附属博物館と斜里町の知床博物館のわずか 2 カ所にしか現存しない．カワウソがとくに多かったという太平洋岸日高-根室一帯にかけての地方紙にもほとんどカワウソの記載が登場しない．昭和初期から第二次世界大戦までにおける捕獲記録は数例しか残されていない．北見市で 1932（昭和 7）年に捕獲されたカワウソは襟巻きに加工されている（図 3-3）．苫小牧市勇払川の支流アッペナイ川では 1937（昭和 12）年に記録がある．

さて北海道の状況を富山県のそれと比較すると，捕獲頭数の変遷パターン

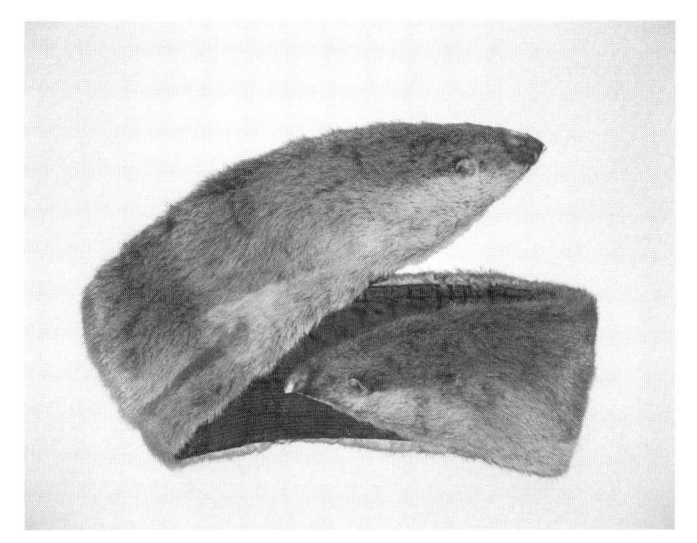

図 3-3 襟巻きに加工されたカワウソ

は驚くほど似ている．すなわち，捕獲がピークに達して 10 年しないうちに激減が起こり，その後の回復は見られないのである．両地で異なるのは捕獲がピークに達する年代であり，北海道は富山県より 17 年遅れてピークに達している．本州という古くから開けてカワウソ生息適地も限られていたであろう土地と，開拓途上であった北海道との差が捕獲ピーク年にも反映したのではないかと思われる．

（4）エゾオオカミの絶滅

北海道ではカワウソの激減にさきがけてエゾオオカミが絶滅している．カワウソとの直接的なかかわりはないが，カワウソ激減と同時代の絶滅過程として触れておきたい．田口洋美氏によると，エゾオオカミの絶滅原因は積極的な害獣駆除であった．北海道では 1875（明治 8）年に屯田兵制度が始まった．開拓，対露警備，戊辰戦争で敗れたりした困窮士族救済が目的であり，夫は訓練や兵役，妻子は開拓に従事するといった様子であった．明治 12（1879）年には札幌農学校が開校され，1890（明治 23）年には屯田兵令が改定されて士族以外も開拓が可能となり，1897（明治 30）年ごろには農民の

本州からの集団入殖がピークに達した．

開拓初期の1879（明治12）年は，エゾシカの大量死が発生した年でもある．前年からの記録的大雪で餌を探せなくなったエゾシカが餓死したのである．これを捕食していたエゾオオカミも激減するとともに，食料が乏しくなったエゾオオカミはウマなどの家畜を襲い始めた．エゾオオカミは害獣として駆除の対象となり，賞金もかけられた．牧場主たちと開拓使はエゾオオカミを絶滅する方針を出し，報奨金制度（1882年には1頭10円，現在の貨幣価値にして10万円程度か）をつくるなど積極的な絶滅策をとった．この結果，1888（明治21）年の報奨金制度廃止までに毒殺などによって1578頭が捕獲されて，このころにはほぼ絶滅状態となり，1896（明治29）年に函館の毛皮商が数枚の毛皮を輸出したという記録を最後に歴史から姿を消してしまった．北海道に生息していたエゾオオカミの生息数は，1717年に書かれた『松前蝦夷日記』などによって，江戸時代にも少なかったことが推測できるが，開発初期に約10年間狩猟圧をかけただけで絶滅してしまったわけである．

（5）大正期以降のカワウソ

大正12（1923）年から昭和3（1928）年にかけての狩猟統計を見ると，全国で毎年34-120頭のカワウソが捕獲されている．県別に見ると31県から捕獲の報告があり，地域的な偏りは見られない．なぜか長野県が年平均14頭と北海道の2倍以上の数値を示しているが，狩猟統計は狩猟者の自己申告によるため，必ずしも生息実態を反映しない．たまたま長野県に正直な人がいたということなのかもしれない．岡山県では大正3（1914）年2月27日の山陽新報につぎのような記事がある．すでに見せ物にするほどめずらしくなっていたことがうかがえる．

玉島の漁業原田幸太郎ほか一名が同町柏島（かしわじま）沖合において漁業中にカワウソ一頭を捕獲した．身長約三尺四，五寸（約1m），重量一貫五，六百匁（約6kg）で時価二十余円（現在の貨幣価値で40000円程度）．近頃まれな大きさなので持ち帰り，素人相撲の興行があったので見世物として展示した．

大正12（1923）年12月22日の山陽新報にはつぎのような記事も見られる．「毛皮獣の猟期たる12月1日から2月末日までに，県下で捕獲されるアナグマ，イタチ，カワウソ，キツネ，タヌキ，テンなどの毛皮獣は，近来皮革の値上がりにつれ，数万円以上（現在の貨幣価値でおそらく5000万円以上）の価額に上っている」．この記事からは多くの毛皮獣としての狩猟が行われ，カワウソも対象であったことがわかる．

捕獲頭数が激減して捕獲禁止となった昭和3（1928）年以降，日本が戦時体制に入っていったこともあって，カワウソの記録がほとんどない期間になってしまう．戦後の1950年代に愛媛県でカワウソが再び注目されるようになるまでの四半世紀における生息状況を知る方法はなく，このことは戦後のカワウソ保護に取り返せない損失となった．

3.2 昭和30年代以降の絶滅

（1）本州・北海道からの同時絶滅

ニホンカワウソに関する情報は戦後しばらくの間途絶え，そのため一時は絶滅したかとさえ考えられていたようだ．しかし昭和20年代には前述の富山県や北海道も含め，全国に少数ながらもカワウソが生き残っていた．各地で聞き込みをしてみると，戦後にも生息していたという話をけっこう聞くことができるが，それらが記録に残されることはなかった．本州において記録に残されている生息確認事例は，1949年の奈良県吉野郡下北山村，1950年の山形県朝日山地出谷川，1954年の和歌山県友ヶ島海岸，そして最後が1959年における富山県朝日町である．友ヶ島海岸の記録は足跡によるもので，調査報告として残されている．富山県の事例は2002年発行の『レッドデータブックとやま』に掲載されており，「朝日町三峰地内の溜池で，1959年に1頭捕獲したという確実な情報もある」と記されている．佐々木浩氏がこの件を調査したところ，足に水かきのある大きな動物がトラバサミにかかっていたということらしく，物的証拠が残されているわけではない．北海道で最後の記録となるのは1955（昭和30）年に斜里町の斜里川水系においてマスの密漁網にかかった1頭である．このカワウソは襟巻きにされていたが，

1978年に所有者から知床博物館に寄贈された。九州のカワウソがいつごろ絶滅したかは不明である。私がかつて人吉地方で聞き込みをしたところ、昭和30年ごろまでは確実に生息していたようだが、きちんとした記録はまったく残っていない。その後にカワウソとされた例のなかにはハクビシンとの誤認もあった。四国をのぞく地域では、カワウソはそろって昭和30年代前半には絶滅したと見てよいだろう。

日本は1945（昭和20）年の敗戦に続く数年間は混乱の時代を経験したが、朝鮮戦争による特需景気などによって1951年には鉱工業生産が戦前の水準にまで回復した。昭和30（1955）年には神武景気と呼ばれる空前の好景気が始まった。昭和31年版の経済白書には「もはや戦後ではない」という有名なフレーズが使われた。その後、日本経済は昭和30年代-40年代（1955年から1975年まで）に飛躍的な成長を遂げた。エネルギーの中心は石炭から石油に変わり、沿岸には石油コンビナートが立ち並んだ。本州と北海道におけるカワウソの絶滅は高度成長の始まる直前に相当する。すなわち、この絶滅は経済発展による公害や生息環境の破壊ではなく、密猟などによる狩猟圧を逃れてわずかに生き残っていたものが滅んだと見なすべきだろう。

（2）四国では河川よりも海岸に残る

四国はカワウソが最後まで生き延びた場所である。四国4県におけるカワウソ捕獲記録を見ると、香川県では1948（昭和23）年に海で3頭のカワウソが魚網にかかったのが唯一の記録である。このころには四国の瀬戸内海沿岸で相当数のカワウソが密猟によって捕獲されていたようであり、そうした情報が東京の農林省林業試験場にもたらされたこともあったという。後述するように徳島県にはほとんど生息情報がなく、四国における戦後のカワウソ分布は実質的に愛媛県と高知県に限られるため（図3-4）、両県における状況をさらにくわしく見てゆきたい。

カワウソは名前が示すように川の動物と思われがちである。しかし四国におけるカワウソの捕獲や目撃の多くは海沿いや河口付近でなされており、最後まで生き残ったのもこうした場所であった。とりわけカワウソ最後の生息地となった四国南西部は1950年代までは鉄道も開通しておらず、海岸に道路はなく、海岸集落における物資輸送の中心は舟運であり、カワウソが海岸

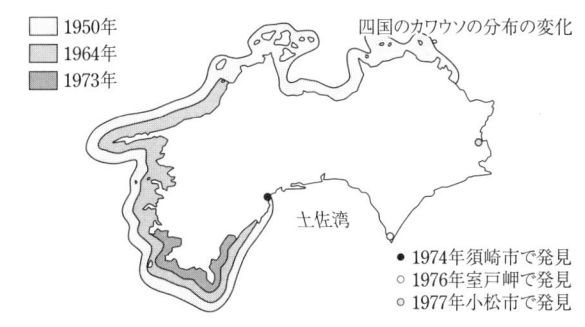

図 3-4 四国における分布域の縮小（今泉，1978）

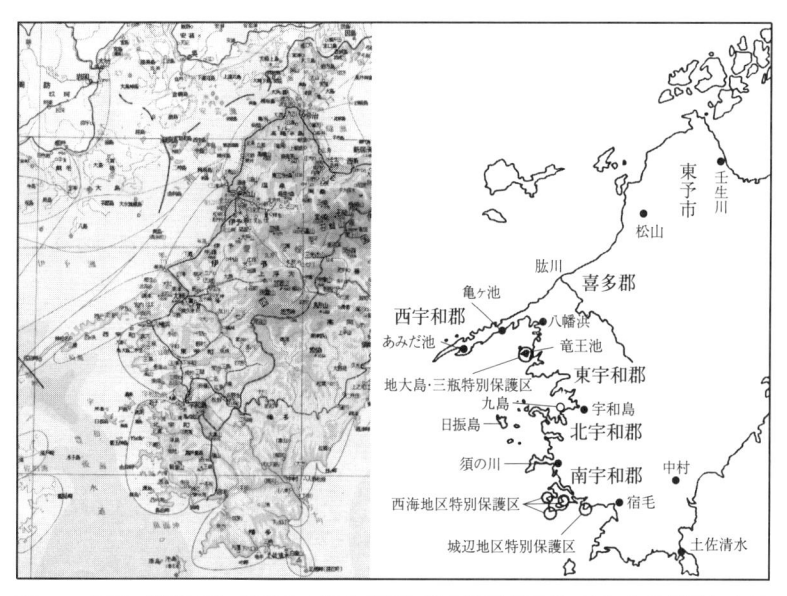

図 3-5 1955（昭和30）年ごろの海上交通に頼る四国南西部（左）と愛媛県におけるカワウソ主要生息地（右）（今泉ほか，1977）．特別保護区は愛媛県が1962年に指定した地域である

で生息するのに適した地域であった（図3-5）．愛媛県の教員であった織田聡氏の調査によると，愛媛県ではまず山間の河川から姿を消したという．愛媛県における捕獲記録を地域別に見ると，1960年代までは北部の瀬戸内側にも生息していたことがわかる（図3-6）．南部の宇和海側における絶滅はそれより10年遅く，1970年代後半である．この間，個体数は一貫して減少

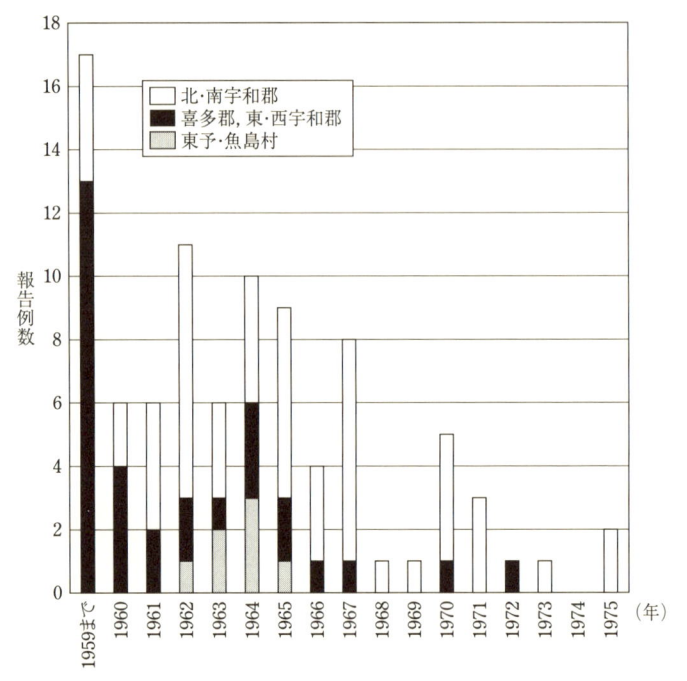

88　第3章　日本のカワウソ——絶滅の過程をさぐる

図 3-6　愛媛県における地区別カワウソ報告例数（今泉ほか，1977）

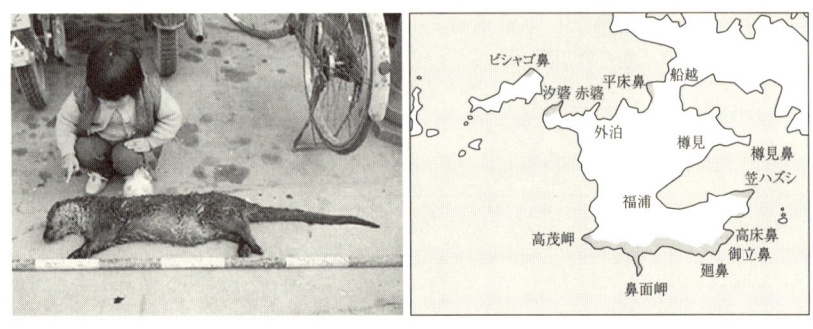

図 3-7　愛媛県西海町（現・愛南町）白浜で1957年3月27日に捕獲後に死亡したカワウソ（左）と愛媛県が設けたカワウソ特別保護区（右，濃色部分）（旧・西海町HPから）

している．さらにくわしく捕獲記録を見ると，県西部の東・西宇和郡では1962年ごろまでがもっとも多く（図3-7），県南部の北・南宇和郡では1961-71年ごろに多い．これらの時期は各地域で埋め立て，道路建設，公害，

農薬大量使用など高度成長にともなって大規模な環境変化の起きた時期にほぼ一致する．すなわち，愛媛県における絶滅原因は，高度成長にともなった環境問題であったといえる．

（3）大河川より中小河川に残る

四国のカワウソ生息痕の分布を見て気づくのは，河川で注目される点として，ダムのないことと清流で知られる地域最大の河川，四万十川の下流域にカワウソの記録があまり残っていないことである．カワウソの好みそうな生息環境，すなわち隠れ場の多い岸辺や魚の多い淵などは，むしろ中小河川に多いのかもしれない．高知県南西部には新 荘 川（しんじょうがわ），中筋川（なかすじがわ），下ノ加江川（しものかえがわ）などの中河川がいくつもあり，カワウソ情報はむしろこうした河川に多い．須崎市を流れる新荘川は，1979年に最後のカワウソが見つかった場所でもある．この3河川における痕跡発見率は年を追うごとに低下していたが，1987年時点でも痕跡は見られた．

土佐清水市の下ノ加江川は以前からもカワウソ情報の多い川であった．聞き込みにおいては「夜釣りに出かけたとき物音でふと気がつくとカワウソが餌入れをのぞき込んでいた．餌をとられてはと，懐中電灯で照らして，サオでつっついたら，あわてて逃げていった」というような話を聞くことができた．また1967年ごろには川岸を早朝に走るバスから，2頭並んで泳ぐカワウソが見かけられ，その後も同じ場所で数回バスから見かけられたという．カワウソが魚の網にかかったこともあり，弱ってはいたが見つかったときは生きていたという．このカワウソは剝製にされて下ノ加江小学校に保存された（図3-8）．

宿毛市の中筋川では，1979年から81年までの3年間，そのころ行われた河川改修工事と大規模な堤防建設工事の影響からか，痕跡はまったく発見されなかった．ところがその期間，とくに1980年と81年に下ノ加江川と海岸2地域の発見率が高くなっている．工事中は海岸に疎開していたカワウソが，工事が終わって落ち着いた環境になった中筋川に1982年以後再びもどり，痕跡が発見されるようになったと考えるとつじつまが合う．ユーラシアカワウソでは1日あたり1.0-1.5 kgもの食物を必要とし，1頭が数 km ものなわばりを持つことを考えると，これらの中小河川で1年を通して過ごせる個体

図3-8 下ノ加江小学校に保存されているカワウソ剥製

数は限られたものである．繁殖のためにも沿岸部との交流はつねにあったと考えられよう．

（4）砂浜海岸より磯海岸に残る

愛媛県の海岸は「潟タイプ」と「磯タイプ」に大別できる．東予市の海岸をはじめ瀬戸内側の多くは潟タイプであり，宇和海から高知県西南部にかけては磯タイプの海岸が続いている．典型的な潟タイプの海岸では，海は遠浅で干潟が広がり，海岸には塩性湿地，アシ原，ヤナギが茂みをつくり，水田への海水の流入を防ぐ調整池である「汐どめ」と呼ばれる流れのない運河状の水路がめぐらされた穏やかな環境となっている．カワウソは穏やかな汽水域で採食し，汐どめの土手などに穴を掘って営巣していた．「潟タイプ」の海岸には佐田岬半島の亀ヶ池，三崎町のあみだ池，地の大島の竜王池，西海町の須の川など海岸沿いの内湖も存在した．こうした環境はカワウソ生活場所の核として機能していた．しかしこうした場所がカワウソにとって最適の生息環境であったかどうかは疑わしい．韓国の例から見ると，カワウソの痕跡はリアス式の磯海岸の続く南部海岸に多く，潮の干満が7-8mにも達するという世界でもめずらしい干潟タイプ海岸である黄海に面した西側海岸の

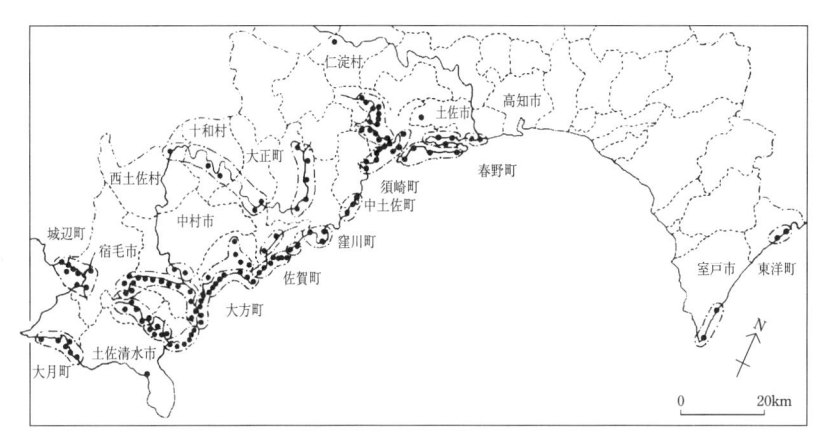

図 3-9 高知県のカワウソ分布地域（古屋・吉村，1988 より改変）

カワウソ情報は限られている．

　高知県における痕跡の分布で注目されるのは，県東部にほとんど記録のないことである（図 3-9）．カワウソ保護事業の調査記録に残っているのは，1980 年と 82 年の各 3 回だけである．高知県においては桂浜に代表されるような黒潮に洗われる砂浜海岸も中部から東部にかけて多く存在するが，こうした砂浜海岸は岩の隙間や海岸段丘の茂みなどの隠れ場に乏しいので，カワウソの生息に適さないのだろう．高知県東部は県西部からの分散個体がまれに出現する程度だったと考えられる．

　四国のカワウソ分布状況を河井大輔氏が調べた戦前における北海道のそれと比較すると，北海道では明治 30 年代には海岸を含む道北および道東でさかんであったカワウソ猟が徐々に衰退し，大正後期である 1920 年ごろになると，捕獲地点は天塩から日高を結ぶ中央山岳地帯に限られてくる．すなわち，四国では海岸がカワウソ最後の生息地であったのに対し，北海道では海岸の方が早い時点からいなくなっているのである．四国の海岸が隠れ場所や餌場に富んだリアス式海岸であるのに比べ，北海道の海岸線は比較的単調であることが，この違いを生んだのかもしれない．

（5）離島には最後まで残る

　瀬戸内海側で最後までカワウソが生き残っていたのは，瀬戸内海の燧灘

中央に浮かぶ離島である魚島と江の島であり，1964年にカワウソが魚網で捕獲されている．魚島と江の島はほかの島々から4-10 kmも離れた孤島であり，カワウソが両島以外の場所と日常的に移動していたかどうか疑問であるが，八木繁一氏によると，数十年前には1人のカワウソ捕りが来島して，魚島のみでたちまち16頭を捕えたという．魚島にこのように多くのカワウソが生息できたのは，周辺がよい漁場であり，海岸が餌条件に恵まれていたことが大きな要因であろう．河川に住むヨーロッパのユーラシアカワウソの生息密度が数kmに1頭程度であることと比較すれば，面積1.35 km^2，周囲約7 kmの魚島にこれだけの数のカワウソが生息していることは驚異的である．1頭が広いなわばりを持つというカワウソの習性は，小島のような環境では変化するのかもしれない．

江の島周辺の海にはきわめて良好な漁場があり，明治時代には1網で数万尾のタイをあげたこともめずらしくないという．タイの減少は瀬戸内海全般にわたっており，1960年ごろからほとんど漁獲はない．海水の富栄養化も著しく，両島周辺は1970年には赤潮被害を受け始めた．魚島村では1961年，不漁対策として江の島にミカン畑25 haを造成し，苗木3万本を植えている．こうした開発とミカンに使用する農薬がカワウソ生息に大きく影響した可能性もあろう．このような変化は四国海岸でも起こったのであるが，離島への影響は最後に訪れたのだろう．

3.3 愛媛県における保護努力

（1）1950-60年代における清水栄盛氏のカワウソキャンペーン

四国以外の地におけるカワウソがなんの保護努力を受けることなく絶滅してしまったのに対し，四国では戦後の早い時期から保護努力が始まっている．愛媛・高知両県のうち，1950-60年代の記録が多く残されているのは愛媛県側である（図3-10）．愛媛県における戦後初のカワウソ捕獲記録は，1945（昭和20）年に明浜町で発見された死体である．しかし報道の関心が集まり始めるのは，1948年に香川県の海でカワウソが捕獲されたころからである．このことに貢献したのは愛媛県東雲短期大学の清水栄盛氏（後に道後動物園

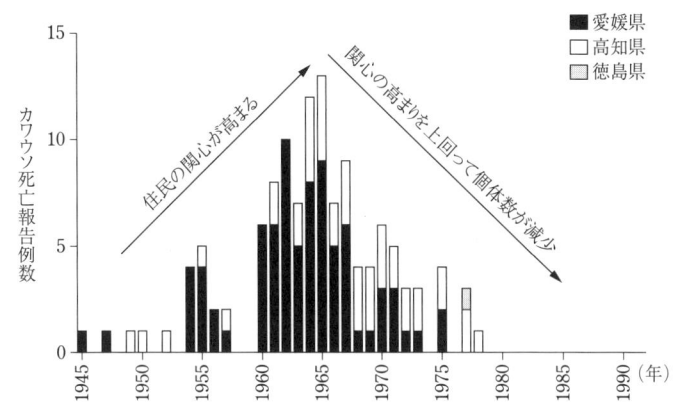

図 3-10 四国におけるカワウソ死亡報告事例の変遷（佐々木，1995 より改変）

長）である．清水氏は1953（昭和28）年という早い段階から愛媛新聞紙上で，カワウソ生息地発見を促すキャンペーンを行っている．戦後まもないこうした時期から特定種の保護キャンペーンがなされた例は，わが国では例を見ない．

清水氏はカワウソを天然記念物に指定する運動も積極的に行い，その結果，ニホンカワウソは1961年には愛媛県の天然記念物，1964年に国の天然記念物，そして1965年には特別天然記念物としての指定がなされている．キャンペーンの結果，愛媛県では1950年代からカワウソ死体発見などの情報がしばしば新聞に報道されることとなった．天然記念物については死体を発見した場合には届け出が必要であるが，それ以外の動物については定めがない．それにもかかわらず1950年代からの捕獲記録が残されているのは，キャンペーンの成果であろう．ひとつの動物種が絶滅にいたる40年も前からの個別発見記録が残されているのは世界的にも貴重な事例である．

さて届け出数を見ると，1950年代から特別天然記念物に指定された1965年までは増加傾向にあり，それ以降は減少に転じている（図3-10）．前半の増加は住民のカワウソへの関心が高まったことの反映であり，後半の減少は，関心の高まり以上に現実のカワウソ個体数が減少してしまった結果ではないかと思われる．

記録を見るとカワウソは高知県側でも捕獲されてはいるが，1960年代ま

での高知県にはカワウソに関する報道や保護の動きはなく，カワウソは愛媛の動物と思われていたようである．高知県でカワウソへの関心が高まるのは1970年代以降である．両県の違いは清水氏のような中心になる人物がいたかどうかであったようだ．

（2）行政の努力

愛媛県におけるカワウソ保護は，大きく分けて道後動物園と県教育委員会（県立博物館）の2つの系列のなかで行われてきた．前述したように，愛媛県では清水栄盛氏が1953年からカワウソ生息地発見を促すキャンペーンを行っていた（表3-1）．翌1954年2月，それに応えて大洲町の毛皮商から生息の情報が届けられている．動物園ではただちにカワウソ飼育繁殖の計画を立案し，1954年6月にはカワウソ6頭の捕獲許可を林野庁に申請している．清水氏は県教委に対してカワウソの県天然記念物指定の運動も行った．県教委では県立博物館の八木繁一氏などの調査結果をふまえて，1961年3月に県の天然記念物に指定した．さらに国天然記念物への指定運動を展開した結果，1964年には国天然記念物として，1965年には国特別天然記念物として指定されることになった．この当時，県内のカワウソは100頭前後と考えられていた．

県は1962年に愛媛全県を保護区とし，またとくに生息に適していると考えられた県内の3区（三瓶町の地の大島，巴理島および須崎）をカワウソ特別保護区として指定した．場所指定のやり方を見ると，当時はカワウソが広い行動圏内を動き回る動物であるという理解はなく，カワウソ発見場所をピ

表3-1　愛媛県におけるカワウソ死亡因
（今泉ほか，1977）

原因	割合（％）
漁網による溺死	36
生捕り	30
死体発見	24
撲殺	5
ワナ捕獲	5
計	81例

ンポイントで保全すればよいという傾向が見られるようである．これら保護地区も，1965年ごろより行われた護岸工事で損なわれてしまった．地の大島では，カワウソの捕獲は1965年が最後であり，1970年以降は痕跡も発見されていないが，対岸の三瓶町では，1972年にカワウソの死体が発見されている．

一方，林野庁は1960年に道後動物園にカワウソ捕獲を許可した．動物園では同年8月18日，地の大島に「カワウソ捕獲隊」を派遣している．捕獲の試みは27日まで続けられたが，捕獲には針金のくくりワナを使用するという生捕り方法としてはかなり強引な方法がとられている．カワウソは針金を切って逃げ（8月19日），またワナに毛を残して逃げている（8月20日）．これらの失敗を重ねた後，動物園ではワナを強化した．この結果，27日には捕えたものの，カワウソは死亡するという最悪の状態に陥った．この間の事情は連日愛媛新聞に「カワウソ騒動」として大々的に報道され，「カワウソ保護のあり方」をめぐって県下の世論は沸いた．また，結果的にはこのころから動物園と教育委員会との意見対立がめだつようになっている．

（3）保護方針の対立

動物園と教育委員会（博物館）との意見の対立は，つぎのように要約できる．動物園は，①自然環境の保全に悲観的であり，②したがって飼育下での保護育成を主張し，③カワウソ推定生息数をごく少なく見積もる傾向があり，④市民に対して動物園へのカワウソ持ち込みを歓迎したため結果的にカワウソの捕獲を奨励したことになる．清水栄盛氏は1970年の論文で，宇和海に生息するカワウソを最低5頭と推定している．他方，教育委員会は，①自然環境の保全に楽観的であり，②自然状態での保護を主張し，③カワウソ推定個体数を1960年代で70-100頭と多めに推定し，④飼育用のカワウソ捕獲に批判的であった．このように，両者の意見は具体的にはことごとく対立的であった．新聞にカワウソ事故捕獲などの記事が掲載されたときの両者のコメントは，前者はむしろ捕獲を奨励し，後者は厳しく取り締まるといった形であった．このため一般の人たちのカワウソ保護観は大きく混乱したものと思われる．動物園ではその後，捕獲を見合わせたが，1962年に持ち込まれたカワウソ雌雄各1頭を「弱った個体の保護」という名目で飼育に踏み切った．

一方，文部省文化財保護委員会では，1963年に国の天然記念物指定のための生息状況調査を行っている．この際，道後動物園のカワウソ飼育には批判的であり，より広い施設での飼育繁殖を勧告している．

(4) カワウソ村

昭和40（1965）年，南宇和郡旧・御荘町（現・愛南町）のあるハマチ養殖業者が，ハマチ養殖場に200-300万円の被害があったとしてカワウソを数頭捕獲している．駆除されたカワウソは，結果的にはこの地域における最後のカワウソであった．この業者からはさらにカワウソ捕獲飼育願が高知県教育委員会に提出された．通称「カワウソ村」たる飼育場をつくり，観光施設とするものであった．文化財保護委員会と林野庁はただちに保護増殖を許可しただけでなく，同町において8頭のカワウソを捕獲する許可を与え，さらに飼育施設経費として合計450万円を補助した．カワウソ村は1966年に開設され，道後動物園のカワウソが移されたりしたが，1971年まで数頭を収容したものの，いずれもまもなく死亡あるいは逃亡させ，飼育は完全な失敗に終わっている．逃亡の原因は，飼育施設に初歩的欠陥があったことによるらしい．

カワウソ村における飼育増殖が成功していれば，その評価は大きく変わったかもしれない．しかし，飼育繁殖技術が確立していない動物を，いきなり素人のしかも個人にまかせるというのは，いかにも非常識であった．まして獣医師と飼育係のいる道後動物園から，カワウソを移してまで，カワウソ村での飼育を強行したことの真意は不可解である．カワウソ村にかけた資金その他で，ある程度理想的な飼育舎は道後動物園にも十分設置可能だったからである．私が1990年に現地を訪問したところ，施設があったことを示す1本の標識が立っているだけであった．

3.4 高知県における保護努力

(1) 高知県における衰退（1970-80年代）

高知県でカワウソへの関心が盛り上がるのは1972年3月に中村市の海岸

で死体が発見されてからである．この当時，「幡多の自然を守る会」の辻康男氏らを中心とした調査，あるいは今泉吉晴氏らによる調査がなされているが，関係者間の協調体制がとられていたとはいいがたい．当時の組織間や人物間の関係については，1975年に雑誌『アニマ』に掲載された平沢政夫氏の記事「カワウソ騒動記」に述べられている．

　高知県では1974年に須崎市内の新荘川に1頭のカワウソが出現した．この個体は川に入って立っていた調査者の方に泳いできて，人の間をすりぬけようとして手づかみで捕獲されるほどたいへん人慣れした個体であった．その後，この個体は新荘川に定着し，1974年にはセメント会社の食堂に出現するなどの騒ぎを起こしている．騒動のせいではないだろうが，郵政省は1974年に自然保護シリーズとしてニホンカワウソの切手を発行している（図3-11）．この個体のことを各放送局が1979年に大きく取り上げたことから，須崎市ではカワウソフィーバーのような現象が発生した．多くの市民やカメラマンが見物や撮影に詰めかけたが，カワウソは平気なようであり，河口から上流20 kmほどの間を，1日平均2 kmくらい移動しながら，川を上下していたという．この年を最後に，新荘川から姿を消してしまった．現・よこはま動物園ズーラシア園長の増井光子氏が1979年に新荘川を訪れたときには，このカワウソは河口に向かって移動しているときであり，前日の行動から予測できる用水路に予測どおりに姿を現したという．人の存在を恐れ

図 3-11　1974年に発行されたニホンカワウソ切手

ている様子はまったく見せず，昼ごろから2時ごろまで悠々と魚を追った後に対岸のアシの繁みに姿を消し，翌日もさらに2km下流で姿を見せたという．河川を何日もかけて上下するというのは，まさに野生カワウソの生活様式である．

　当時の写真をみると，このカワウソは見物客のすぐ目の前を悠々と泳いでいる（図3-12）．私はこれだけ人慣れした野生のカワウソを見たことがない．韓国の河川に住む野生ユーラシアカワウソでは，人が近づいたことにカワウソが気づけば，まず確実にその場から逃げてしまう．見物の群衆が集まっている眼前に長時間とどまるような行動はけっして示さないし，まして人に手づかみされるなど考えられない．また，1979年時点ではこの個体の首にヒモがついているのが判明した．カワウソ監視員の方がカワウソに近づいて首についていたヒモを人為的にはずしたころ，稲刈り機で稲を束ねるときに使うナイロン紐と判明した．カワウソが首を突っ込んで抜けなくなったものだろうと当時は結論されたが，少なくともこの個体は二度までも人に手づかみされるほど人慣れしていたわけである．こうしたことから，私はこの個体が

図3-12　高知県須崎市新荘川で1979年に発見され，市民の前を悠々と泳ぐカワウソ（高知新聞，1997）

かつて人に飼われていた可能性が高いと考えている．野生の個体がこうした行動を示すならば，かつての愛媛県を含めて，過去にこのような出現例がないのはなぜだろうか．もしこれが野生個体でないとすれば，ほんとうの意味で最後の野生ニホンカワウソとして死体が剥製標本となって残されているのは，1977 年に高知県で発見された 1 頭である．この年には徳島県でもひょっこり 1 頭の交通事故死体が見つかっているが，後述するように，この個体についても出自には疑問の点が多い．

　高知県では 1976 年度から環境庁との共同によるカワウソ保護事業が始まった．遅きに失した感はあるが，この事業のなかにはカワウソへの小規模な給餌事業とともに，カワウソの生息状況調査も含まれていた．カワウソ調査員を選任して，カワウソの情報があれば調査員がときおりその場所に出かけて，痕跡の出現状況や環境条件の変化を調べるという方法が用いられた．メッシュ調査のように県下全域を均等に調べる調査ではないが，捕獲数以外にはじめて経時的な比較調査が可能となった．この記録は高知県自然保護課に保管されていたので，高知女子大学の古屋義男氏と吉村法子氏は 1977 年 4 月から 1987 年 12 月までの調査報告書をもとに，高知県におけるカワウソ生息状況の変遷を分析している．これをもとに当時の状況を推測すればつぎのとおりとなる．

　調査の始まった 1977 年には，カワウソの分布域はそれ以前に比して減少していたものの，高知県西南部にはカワウソが常時立ち寄る地点が，海岸にも河川にもかなりあった．そのような地点で糞，足跡，休み場などの痕跡を調査すれば，平均して 100 回中 74.3 回は発見された．しかし，10 年後の 1986 年には発見率は 15.3% に低下した．カワウソがまったくいなくなった地域もいくつか出現した．宿毛湾では 1979 年以後痕跡は発見されず，生息の情報も得られなくなった．足摺岬から佐賀町にいたる海岸でも，1982 年以後はほとんど痕跡が発見されなくなった．中村市・土佐清水市の海岸でも同様に 1982 年以後の痕跡はほとんどなくなった．カワウソ生体や死体の捕獲は 1979 年における須崎市新荘川で生きた個体が捕獲された事例が最後となり，その後は足跡や糞などの痕跡が生息を示す唯一の手がかりとなった．

(2) 高知県における調査努力

　高知県の調査が実質的に始まったのは愛媛県のカワウソがほぼ姿を消した1970年代に入ってからである．カワウソが天然記念物に指定される前年の1963年には文化庁が愛媛・高知両県を調査しており，指定時の1964年には宿毛湾が鳥獣保護区に指定されているが，それ以上の動きにはならなかった．高知県中村市では1972年にカワウソの死体が発見されたのをきっかけに，同年に幡多の自然を守る会が中心となった調査が行われ，翌1973年には高知県教育委員会による調査が行われた．行政レベルの調査としては，1976年以来，生息環境の調査，餌付け，生息確認調査を続けてきた．

　環境省は絶滅のおそれのある鳥獣について特定鳥獣保護管理事業を行っている．ニホンカワウソについては1979年に須崎市の新荘川でカワウソが目撃されたのを受けて，環境庁から高知県への委託事業として1980年から年間100-600万円台の予算規模で生息調査が始められた．平成2-10（1990-98）年度までは「ニホンカワウソ緊急保護対策事業」として展開された．この事業における1990（平成2）年からの調査は，九州大学の小野勇一氏や当時九州大学の研究生であった筑紫女学園大学の佐々木浩氏らが中心になって，痕跡分布調査や海岸における定点給餌などかなりの規模で行われた．このときの調査結果は1992年10月に公表されたが，カワウソらしき毛が発見されたりしたものの確実な同定はできず，確実な生息の証拠は得られなかった．前述の痕跡減少傾向から見ると，この調査はまさに痕跡が消滅する時点に行われたわけであり，タイミングとしては最悪であったといえよう．

(3) 調査が滅ぼした？カワウソ

　平成7（1995）年以降の調査でも成果は上がらなかった．このため高知県の調査費は1999年度には前年度の3分の1程度の75万円に減額された．平成12（2000）年以降は他生物の保護と合わせた「希少動植物保護対策事業」のなかにおける1項目としての「カワウソ調査費」に格下げされた．目撃情報に対応する調査員旅費などに充てられたが，情報が少なく20-30万円台で推移し，平成17年度にははじめて20万円を下回っている．

　両県におけるこれまでの保護努力を振り返ってみると，遅すぎたとはいえ，

生息状況調査は重ねられてきた．しかし，実効をともなった保護区設置や飼育下増殖の試みなど，本来の意味で保護対策といえる事業は，1960年代の記念物への指定（規制強化効果と啓発効果として）以外に40年間ほとんど行われていないことに気づく．高知県の調査努力は県民への啓発活動としては効果があったろう．しかし給餌と称して水辺の数カ所に魚を置いたところで，広い行動圏を持つカワウソの保護にどれだけの意味があったろうか．カワウソが発見されたら，どのように対応するかという方針すら合意されていたようには見えない．環境問題では調査が十分といえるまで待っていれば手遅れになるケースが多い．それぞれの時点でわかっている事実の範囲で，可能な対策をとってゆくことが求められる．関係者は調査をすることでなにか対策をしているような錯覚に陥ってはいけないのである．

（4）メディア各社による共同モニタリング

　従来の調査ではなかなか成果が上がらないことから，ニホンカワウソ緊急保護対策検討委員会は1993年に自動カメラ監視を提案し，高知県と環境庁は1994年にこれを実行に移した．モニタリング場所として佐賀町内の小河川河口の水溜まりが選ばれ，ウナギやモクズガニなどの餌が供された．温度センサー付き自動監視ビデオカメラと光源を設置し，無線で現場からおよそ85 km離れた高知市内に送り，24時間体制で1年間映像を記録する体制がとられた．

　平成6（1994）年のカワウソ関連予算は自動監視システム設置のために1420万円まで膨らんだ．撮影装置と現場までの配線の経費はこうした予算で確保できたが，電波の発信，中継，増幅，受信のための機材は概算で3000万円であった．そこで高知県は県内の3放送局に協力を求めた．NHK高知局，RKC高知放送，KUTVテレビ高知の3局はそれぞれ平等に1000万円の機材を調査のために提供した．当初，機材の貸与は1年の契約であったが，放送各社の厚意でさらに1年貸与が延長された．モニタリング期間中に撮影された動物の多くはハクビシン，タヌキやイタチであり，テンも現れたが，ニホンカワウソは残念ながら現れなかった．

　こうしたメディア各社は通常はライバルどうしである．シンポジウムを後援するような場合でもテレビ局どうし，新聞社どうしが名前を連ねることは

ないし，他社が支援した行事は小さな記事にしかならないのが常である．しかしこの調査が行われたころまでは，高知県内各社のカワウソへの関心はきわめて高かった．記者たちは「カワウソ発見の特ダネをねらいたい．せめて自社だけが報道できない特落ちだけはしたくない」という雰囲気であった．そうした状況のなかで，行政の保護・調査事業に複数のメディアが協力体制を組めた点で，この調査は画期的であった．残念なのは調査時期である．上述したように，調査の行われた1994年ごろはすでに痕跡がなくなっていた時期である．調査がこれより10年前に行われていれば，カワウソが撮影されて各紙の一面を飾ることができたかもしれない．四国におけるカワウソ保護対策の過程は，すべてにわたって「手遅れ」の連続であった．

（5）メディアが関心を持ってからでは手遅れ

メディアはカワウソをどのように取り上げてきたのだろうか．明治8（1875）年から現在にいたるまで，「カワウソ」あるいは「ニホンカワウソ」というキーワードの含まれる新聞記事を検索し，記事数と内容の変遷を追ってみた（図3-13）．一紙を同一条件で130年間を通じて追うことができなかったため，1874-1949年については読売新聞東京版の記事データベースを使

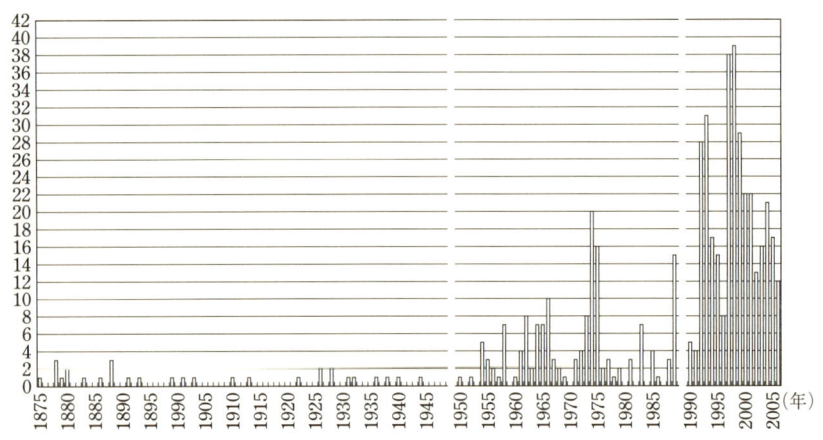

図3-13 カワウソ関連新聞記事数の変遷（1874-1960年は東京版読売新聞，1961-85年は愛媛新聞，1986-2006年は全国版の読売新聞の記事数から）

用した．1950-89 年については愛媛新聞から手作業で記事を拾った．1990-2006 年については全国版の読売新聞記事をとりまとめたデータベースを使用した．基準が異なるのでこれら 3 期間の記事数を直接比較することはできないが，記事数の増減傾向はある程度把握可能である．まず明治前半から第二次世界大戦のころまでのカワウソ記事数は年に平均 0.4 件程度であり，時代による記事数の大きな増減は見られない．

　つぎに 1950 年以降の愛媛新聞を見ると，年代によって記事数が大きく異なっている．図には示さなかったが，第 1 のピークは清水栄盛氏がカワウソキャンペーンを始めた 1953 年ごろにある．第 2 のピークはカワウソが特別天然記念物に指定された 1965 年ごろにある．第 3 のピークは愛媛県最後のカワウソが見つかった 1975 年前後である．この間の記事内容としては，カワウソ調査が行われたこと，保護のことなどが中心である．しかし 1975 年以降，愛媛新聞のカワウソ関連記事は急速に少なくなってゆき，社会の関心が薄れていったことを示している．興味深いのは，高知県で須崎市新荘川にカワウソが現れた 1979 年ごろに，愛媛新聞はカワウソのことをほとんど伝えておらず，隣県の大騒ぎがまったく伝えられていないのである．これは全国紙でも同様である．愛媛県でカワウソのことが大きく話題になった 1960 年代の朝日新聞東京版を見ると，そうした記事はまったく見られない．

　カワウソがほぼ絶滅状態になった時期である 1986 年以降の読売新聞を見ると，1992 年までは記事が増加傾向にある．とくに 1992 年の記事数が多いのは，このころに行われた環境庁の生息確認調査が扱われたためである．その後の記事数は減少傾向をたどっている．この 1990 年代はカワウソが絶滅したとは一般に考えられておらず，高知県に少数が生き残っているとの見方が強かった時期である．同様の傾向は朝日新聞にも見られ，2000 年以降になると全国版の朝日新聞上ではカワウソの話題も少なくなり，東京版ではまったく登場していない．この傾向を見る限り，愛媛における 1950 年代の第 1 ピークをのぞけば，新聞はカワウソの絶滅を防ぐために不可欠な早期警戒情報を発信していたとはいえないことがわかる．

　記事内容の変遷を見ると，明治から戦前にかけては毛皮や捕獲に関する記事が 60% を占めている（表 3-2）．生態に関する記述や希少な動物との記述は見られない．高度成長期になると保護に関する記事が約 40% を占め，

表 3-2 ニホンカワウソに関する新聞記事内容の変遷

[1874-1949 年（読売新聞東京版に掲載された記事 28 件から）]

	目撃	毛皮	捕獲	調査	獣害	生態	保護	環境	展示
割合（%）	21	46	14	0	11	7	0	0	0

[1950-89 年（愛媛新聞に掲載された記事 114 件から）]

	目撃	毛皮	捕獲	調査	獣害	生態	保護	環境	展示
割合（%）	0	0	15	14	1	25	41	4	0

[1990-2006 年（読売新聞全国版に掲載された記事 111 件から）]

	目撃	毛皮	捕獲	調査	獣害	生態	保護	環境	展示
割合（%）	0	0	0	29	0	4	40	10	17

1990 年代以降も同様である．他方，生態に関する記事は高度成長期には 25% もあったが，近年では 4% 程度しかない．カワウソがいなくなったことの反映であろう．

ところでカワウソはほかの動物と比べたときに，どの程度の露出度があったのだろうか．朝日新聞のデータベースから哺乳類名をキーワードとして，1985 年から 1994 年までの 10 年間の記事を検索してみたところ，イタチ 275 件，タヌキ 224 件，キツネ 69 件，カワウソ 27 件，ハクビシン 23 件，ムササビ 22 件という結果となった．件数のなかには「タヌキおやじ」といった動物とは関係のないものも含まれるので，件数が直接に関心度を示すものではないが，カワウソは忘れられた動物とまではいえないようである．

（6）1990 年代に絶滅

高知県における 1970 年代後半から 1990 年代までの痕跡発見数を見ると，年を追って顕著な減少傾向が見られる（図 3-14）．カワウソは 1990 年代になっても下ノ加江川に生息していたという情報もあるし，1990 年代に海岸で有力な足跡を発見したというカワウソ調査員からの情報もある．もはや生息しているとは考えられなくなった 2000 年以降も，高知県環境保全課には年間数件の目撃情報が寄せられているが，確度の高い情報ではないという．後述するようにカワウソは誤認されやすい動物であるし，痕跡についても間違いが含まれているだろう．しかし，痕跡情報が確実に減少してきたのは確かであり，1980 年前後の現象傾向をそのまま延長してみると，痕跡数が 0

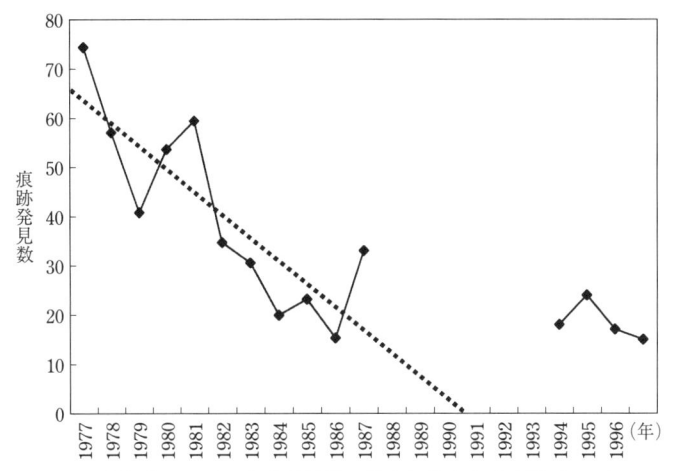

図 3-14　高知県における痕跡発見数の減少と推定絶滅時期 [1980 年代までの数値は古屋・吉村（1988）から，1990 年代の数値は新聞記事から]

になるのは 1990-91 年ごろである．このころには環境庁による大規模な生息調査が行われているが，それによっても生息は確認できなかった．

　カワウソはなわばりを持つ動物であり，1 頭のオスが広大な行動圏のなかで出会うことのできるメスはせいぜい数頭であろう．このため 1 年のうちで限られた発情日に雌雄が出会って交尾するためには，一定以上の密度でカワウソが生息することが必要である．高知県における 1990 年代以降の状況では，カワウソが継続繁殖できたとはとうてい考えられない．野生下における寿命を 10 年以下と考えれば，2000 年以降もカワウソが生き残っていたとは考えられない．カワウソは 1990 年代に絶滅したと考えるべきだろう．

　IUCN や環境省による希少野生生物の選定の考え方によれば，ある生物種が野生下で絶滅したとするためには，確実な情報がある種については「信頼できる複数の調査によっても，生息が確認できなかった」こと，情報量が少ない種については「過去 50 年前後の間に，信頼できる生息の情報が得られていないこと」が必要である．カワウソを情報量の少ない種と考えればまだ絶滅宣言は出せないわけだが，本種は人跡未踏の奥地にいる動物ではない．人里の水辺に生息する活動的な動物であって住民の関心も高いなかで，1 頭でも生息していれば何年も目撃されないとは考えにくい．環境庁自身による

継続調査までされている．ニホンカワウソについては21世紀まで生き延びた個体はいなかったと考えられる．

3.5　四国におけるカワウソ減少の諸要因

　四国におけるカワウソ捕獲記録を見ると，直接の死亡に結びついている要因は漁網による溺死と意図的な捕獲である（表3-3）．愛媛県・高知県におけるカワウソ死因には交通事故死（ロードキル）がない．この年代はモータリゼーションの波が地方におよぶ直前で，カワウソ生息地の海岸集落には狭い未舗装道路が通じているだけという場合が多かった．現在もカワウソが生き残っているドイツではカワウソ死亡因の第1位は交通事故死であり，それをどのように防ぐかがカワウソ保護における最大の問題となっている．これについては有効な対策が見つかっていない．

　環境悪化を通じて間接的にカワウソを追いつめていった要因は多くある．それらは大規模かつ複合的であるので，個々の要因の寄与程度を明らかにすることは困難である．今泉らは1977年の報告書において，間接的にカワウソに影響したと思われる要因としてつぎのような項目をあげている．

（1）道路建設・護岸工事

　磯タイプ生息地の物理的破壊に，もっとも大きく関与した要因は海岸道路の建設であろう．愛媛県における道路建設は1950年ごろより本格化し，1960年代には波打ち際に沿って走る海岸道路の集中的な新設が行われた（図3-15）．高知県でも同様な道路整備が行われている．これらの道路には，あわせて防波堤が設けられた．防波堤は波打ち際より高さ数mのコンクリートの壁を立ち上げる直立型であったため，カワウソの行動に大きな制約を加えたと思われる（図3-16）．

（2）岩石・砂利の搬出による磯タイプ生息地への影響

　港湾整備や埋め立てを行うときには堤防建設工事が必須であり，そのために岩石・砂利が必要になる．磯タイプ海岸では1930年ごろから海岸の岩石，砂利などを舟で採取，運搬することが始められている．瀬戸内海の漁業は

表 3-3　明治時代以降のニホンカワウソ関連年表

年代	全国・他地域	愛媛	高知
明治元年	カワウソは東京を含む全国の水辺に普通に生息		
明治初期	輸出のためのカワウソ乱獲が始まる		
明治 22	富山県におけるカワウソ捕獲数がピークに達する		
明治 39	北海道におけるカワウソ捕獲数がピークに達する		
明治-大正	各地でカワウソ激減傾向が顕著となるが、漢方薬目的の捕獲は続く		
大正-昭和	1923-27 には全国で毎年 34-120 頭の捕獲が報告されている		
1928（S3）	狩猟獣から除外される		
1930-40 年代	全国的な傾向に関する情報が途絶えた時期		
1948（S23）	香川県沖の瀬戸内海で 3 頭が捕獲され、生息が再確認される		
1955（S30）	斜里町で北海道最後のカワウソ捕獲		
1959（S34）	富山県朝日町で本州最後のカワウソ確認		
1960 年代	瀬戸内海を含む全国で臨海工業地帯の建設が活発化		
1950-60 年代		清水栄盛氏が中心となったカワウソキャンペーンが展開される	
1960 年代		宇和海側で海岸道路建設が本格化	
1960（S35）		県教委が八幡浜で生息調査	
1960（S35）		道後動物園が三崎半島・宇和海での捕獲作戦	
1961（S36）		県の天然記念物・文化財に指定	
1962（S37）		県がカワウソ特別保護地区を設定	
1963（S38）		文化庁が愛媛・高知両県で記念物指定のための生息状況調査	
1964（S39）	国の天然記念物に指定		
1964（S39）		愛媛県の県獣に指定	
1964（S39）		瀬戸内海最後の個体を魚島村で捕獲	
1965（S40）	国の特別天然記念物に指定		
1966（S41）		御荘町にカワウソ村が開設（71 年に閉鎖）	
1971（S46）			1971-72 に WWFJ の助成による幡多の自然を守る会や今泉吉晴氏による調査
1973（S48）			文化庁助成による県教委の全県対象の生息調査
1975（S50）		宇和島市で愛媛県最後の死体発見	
1975（S50）	ニホンカワウソの所管が文化庁から環境庁に移る		
1976（S51）			1976-79 の 4 カ年、高知県は環境庁の補助事業として給餌・監視・環境調査、カワウソ調査員も配置
1976（S51）		愛媛県は生息確認できぬまま生息調査を打ち切る	
1977（S52）	徳島県で唯一かつ最後の個体となる交通事故死体を小松島市で発見		

年			
1979 (S54)			県内にカワウソを念頭に置いた国設と県設の鳥獣保護区設定
1979 (S54)			須崎市の新荘川で1頭のカワウソが出現し,多くの人が目撃
1979 (S54)	徳島県教委が1979-81に緊急調査を行うが,手がかり得られず		
1980 (S55)			1980-85に環境庁委託事業および県単独事業として生息状況調査および給餌
1985 (S60)			県が生息状況アンケート調査
1986 (S61)			県単独事業として給餌および調査だけを継続し,監視員制度は廃止
1987 (S62)			給餌事業は廃止し,調査だけに縮小して2006年まで継続
1989 (H元)			環境庁が1989-91に生息調査実施(調査は九州大学の研究者が中心).県も単独で調査を実施
1989 (H元)	北海道旭川市でカワウソ死体が発見されるが,飼育下にあったものと判明		
1991 (H3)	環境庁編レッドリストに絶滅危惧種 *Lutra lutra whiteleyi* として掲載		
1991 (H3)			環境庁がニホンカワウソ緊急保護対策検討委員会を設置し,緊急保護対策調査を1991-92に実施.県も単独で調査を実施
1992 (H4)		愛媛県が1992-94に小規模な生息調査	
1993 (H5)			環境庁委託事業は再びニホンカワウソ生息状況調査との名称で継続されることとなる.県単独での調査も継続
1994 (H6)			海岸に誘餌場を設置し,TV局の協力による遠隔監視調査を実施
1995 (H7)			カワウソ研究グループなどによる日韓カワウソシンポジウムが高知市と韓国馬山市で開催
1998 (H10)	環境庁改訂版レッドリストに絶滅危惧IA類 *Lutra nippon* として掲載		
1999 (H11)			県単独事業は前年度の3分の1に減額され,ほかの保護事業の一部に縮小
1990年代後半	北海道東部に回遊するラッコが増加		
2000 (H12)			須崎市が「カワウソフォーラム in 須崎2000」を開催
2001 (H13)			須崎市使節団がカワウソを通じた交流を目指して初の韓国訪問
2002 (H14)	環境省は改訂版レッドデータブックに絶滅危惧IA類として本州以南個体群(*Lutra lutra nippon*)と北海道個体群(*Lutra lutra whiteleyi*)を掲載		
2005 (H17)	東京でラッコシンポジウム開催		

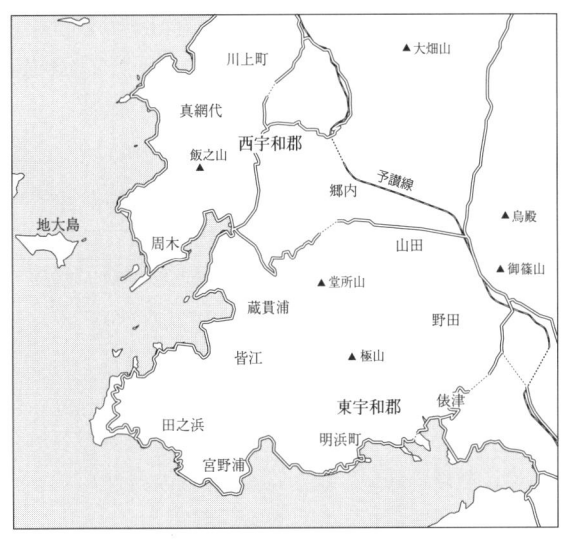

図 3-15　海岸道路で完全に取り囲まれた西宇和郡

図 3-16　カワウソの移動を妨げる海岸道路擁壁（高知県下の加江町）

1950年代から水揚げが落ち始めていたので、砂利運搬業は漁業にかわるものとして発達し、砂利運搬を専業とする舟が、このころ数十隻建造された。さらに1960年ごろからは、総合開発・建築ブームで急伸している。この結果、各地の磯海岸では海岸の大きな岩石が持ち去られ、カワウソの泊まり場あるいは休み場とされる磯の岩の間の隙間は、ほとんど消滅するにいたった。磯タイプの生息地では、海にそそぐ小さな川がカワウソの泊まり場として重要な地位を占めているが、これらも護岸工事や道路建設で利用できなくなった。

海中では砂利採取によって魚介類の産卵に重要な役目を果たす藻場もいためつけられた。かつては潜水すると岩礁と砂地の境目に貝やエビがたくさん見られたが、砂利採取の結果、この境目がはるかに深くなったという。こうした理由から1970年代には海岸線から30m以内の岩石・砂利の採取は禁止されていたが、それでも海岸の砂は急激に消えていった。

(3) 埋め立てによる潟タイプ生息地の消滅

四国の瀬戸内海沿岸における遠浅の海は、古く江戸時代から進められた干拓によって少しずつ埋め立てられていった。しかし水田を海水の浸入から守る汐止め水路が海岸沿いに建設された結果、かえって豊富な魚介類のかくれ場所となり、カワウソにとって好ましい生息環境を提供していた。高度成長政策のひとつである新産業都市構想によって、1962年に東予地区に壬生川=西条臨海工業地帯が建設されることになった。そして1970年までの間にこの地域は一気に石油化学コンビナートなど大規模工場の建ち並ぶ地域となった。この場所で1963年に捕獲された個体は、工場用地造成用の土管で発見されたものである。

第4章で述べるように、韓国においては典型的な潟タイプである西海岸にカワウソはあまり生息しておらず、広大な干潟が広がるような環境を好まないようである。こうしたことから見ると、愛媛県の海岸潟タイプ生息環境の核としての役割を果たしてきたのは中小の潟湖、池、汐どめなどだったと推測されるが、これらは当時の護岸工事や道路建設、埋め立てなどによって失われてしまった。潟タイプ生息地の減少は、カワウソの住み場を奪うだけでなく、餌となる魚類の減少を通じてカワウソに影響したと思われる。湿性植

物の繁った海岸は魚類の生育場として重要であり，東予市北条新田沖の埋め立てでは，近辺のクルマエビ，カレイ，キス，チヌなどの生息地が全滅している．海岸だけでなく，海砂利採取による海底の破壊，とりわけ藻場の激減は魚の減少に大きく影響したと思われる．

(4) 農薬の大量使用

化学物質の野生動物への影響は，ヨーロッパでは1950年代から始まっているようだ．内分泌攪乱物質の脅威を紹介したシーア・コルボーンらは著書『奪われし未来』のなかで，1950年代に英国各地でカワウソが姿を消したことを述べている．愛媛県ではポリドール，パラチオンなどの農薬使用が1952-53年ごろに始まった．これらは野生動物にただちに影響をおよぼし，ツバメなどは1954年ごろより激減した．潟や汐どめなどにおけるドジョウ，フナ，チヌ，貝，テナガエビなどがつぎつぎに姿を消している．このことは当然，カワウソの生活に大きく影響したことだろう．カワウソ生息地であった瀬戸内沿岸壬生川では，1954年に農薬禍のために池，河川での水遊びが危険な状態となり，「田園プール」なるものを子どものためにつくっている．八幡浜では川で泳いだ子どもがポリドールで中毒死したのをはじめ，愛媛県下で毎年100人を超す被害者を出すにいたった．

愛媛県では昭和20年代からミカン生産がさかんとなり，それまでのサツマイモ畑がミカン畑にかえられていったが，ミカンは農薬漬けといわれるほど多量の農薬を使用する作物であった．ミカン畑には5-6月を中心にほとんど毎月農薬が散布された．定期防除として年約12回，応急防除として年約10回，約25種類の農薬散布が行われた．ミカン畑は海岸にせまっているので，農薬が散布されると海岸につないだ生け簣の魚が死ぬほどの影響が直後に出たという．これは畑に散布された農薬が流出した結果というより，むしろ散布後に農家が農薬の缶や散布器を川で洗うためであるらしい．愛媛県の半島部には大きな河川はなく，川幅数十cmの小川しか存在しないが，このような小川は，カワウソが海から上がって休む場でもある．カワウソが農薬による急性中毒で死亡したことを示す直接の記録はないが，状況証拠からすると，農薬使用はおそらくカワウソに大きな影響を与えたと考えられる．

愛媛県と高知県における単位面積あたりの農薬使用量を見ると，両県とも

図 3-17 愛媛県（■）と高知県（□）における農薬使用量の年変化

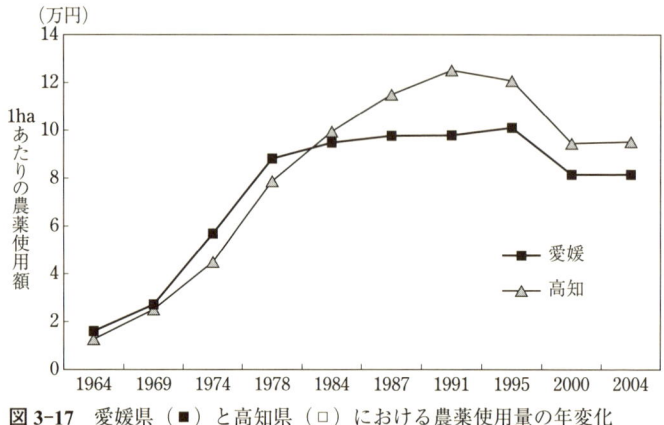

に1970年代の後半までは急速に増加している（図3-17）．使用量の伸びは1980年代に鈍化しながら1990年代前半にピークに達した．使用量は1990年代後半からは減少に転じているが，現時点における使用量についても，カワウソが実質的に姿を消した1970年代後半のそれよりは多いのである．このくらいまでならばカワウソが生存できるという農薬使用量の閾値が存在するのかどうかは不明である．

（5）工場排水

愛媛県瀬戸内側の八幡浜港と川之石港は，1972年に行われた「PCB汚染全国実態調査」の結果，「中程度」の汚染状態とされた．愛媛県の瀬戸内側は1970年代には工場排水や石油流出などの典型的な公害地帯となり，奇形魚の出現，アサリの斑点出現などが続出した．1971年，肱川河口の工場からの硫酸銅流出で，ウナギが全滅する被害が出ている．愛媛大学の沿岸環境科学研究センターは環境有害物質の分析で世界的な評価を得ている機関であるが，愛媛県でそのような研究が必要とされた背景には，かつてこのような公害漬けの状況があった．

スウェーデンでは，主としてパルプ工場の水銀汚染によるカワウソの減少および体内への水銀蓄積が明らかにされている．こうした毒物汚染においては農薬による急性中毒のような影響だけでなく，魚類などの餌動物に含まれ

る毒物濃度が生物濃縮によって高まるという慢性影響の側面もある．水辺の食物網において最上位を占めるカワウソは，生物濃縮による影響をもっとも受けやすい動物である．しかし四国のカワウソに工場排水がどのように影響したかは調べられていない．

(6) 魚介類の激減

瀬戸内海はかつて単位面積あたりの漁獲量で世界最高レベルを誇った．ザル1杯くらいのエビは裏の小さな川ですぐに獲れ，イセエビが1網に約40 kgも獲れるという状況であった．戦後（昭和20年代前半）の農地解放においては漁場，山地（開墾可能なもの）も解放されたが，愛媛県伊方町で支払われた補償金の例を見ると，当時はいかに漁場としての海の経済的価値が高かったかがわかる．

漁場(網代)	10カ所	20万円
畑地	3町(約3 ha)	8万円
山地	10町(約10 ha)	3千円

しかし埋め立てなどによる海岸地形の改変，栄養塩や有機汚濁物質の負荷，有毒物質の垂れ流しなどにより，1960年代後半から1970年代前半に瀬戸内海の環境は最悪の状態となった．現在はそのときより改善されているとはいえ，干潟や藻場が回復したわけではない．

瀬戸内海の漁獲量は必ずしも富栄養化の程度とは一致していない．漁獲量は戦後の復興期から1960年代前半まで徐々に増大し，1960年ごろの年間平均漁獲量は25万トンであった．その後，工業化の波が押し寄せて1970年ごろに海の富栄養化は一気に進んだが，漁獲量は増加し続け，見た目の汚れにもかかわらず，1970-80年代後半までは平均42万トンもの高レベルを維持し続けた．しかしそれ以後は漁獲量の低下が始まり，1998年には24万トンにまで減少した．

対象魚種にも大きな変化が見られ，1960年代まではアジ，サバ，マダイ，サワラ，ヒラメ，ハモなどの魚食性の強い中・高級魚が重要な漁獲物であった．富栄養化が顕著になった1970-80年代の高い漁獲量を支えたのは，イワシ類，イカナゴなどプランクトン食の低価格魚であった．これらの小型魚も獲れなくなってきたことが最近の漁獲量の低下をもたらしている．

愛媛県では瀬戸内海全体よりも変化が早く訪れ，漁獲高は1955年をピークに減少の一途をたどっている．海藻についても，たとえば1970年代の瀬戸内海側の伊予灘ではヒジキやワカメの生長が著しく悪化し，かつては年2回とれたヒジキがとることさえできなくなった．魚介類の激減は河川でも起こった．東予市の肱川はかつてアユなどの豊富な川であったが，1970年代には放流アユに依存するようになった．宇和海沿岸の漁協では1961年，疲弊しきった漁業の打開策として，「つくる漁業」すなわち真珠や海水魚（ハマチ）の養殖への転換を図った．これは成功をおさめ，所得水準も向上したが，養殖用の餌を大量投入することによる海の富栄養化や病気による大量死など新たな問題も引き起こした．

（7）漁網による溺死

四国におけるカワウソ死亡原因を見ると，捕獲記録の多くの部分は，①魚網，野ツボなどによる事故捕獲と，②意識的な人間による捕獲が占めている．魚網による溺死は，小さな湾の入口を横切って仕掛ける建て網によるものがもっとも多い．カワウソはこれによって，記録に現れた以上に捕殺されているらしい．とくに丈夫なナイロン網になってからが著しいといわれる．

（8）意図的な捕獲・密猟

カワウソの毛皮および漢方薬を目的とした密猟に関しては，かねてからうわさがあり，愛媛県における1954年のカワウソの再発見も密猟を通じたものであった．カワウソの肝を薬として売る者は宇和島市，松山市その他に何カ所か存在したという．このような風習は明治や大正にさかんだったものの名残であって，1960年代以降の個体数が大幅に減じてからの原因としては大きな役割は果たしていないと思われる．カワウソの希少性が知られ，一般の人びとの監視が厳しくなったこともあろう．有害獣としての捕獲もあった．愛媛県のカワウソブームといわれた1960年前後の新聞や動物園などは，カワウソの捕獲を奨励するともとれる動きを示しており，この影響は少なくともそのころには大きかったようである．

四国におけるカワウソ死亡例のうち生け捕りが3割もある．統計では自然死体発見とされているなかにも，人為的に殺害され放置された後，発見され

た個体が含まれている可能性があろう．密猟や害獣駆除はまだしも目的のある捕獲であるが，目の前に出てきたから反射的に捕まえてしまったというケースも多かったのではと思われる．もし現在，目の前にカワウソが突然出現すれば私たちはどのように対応するだろうか．餌をあげたりするのではないだろうか．これに対して 40 年前における人びとの反応は，見つければ捕まえるということだったのかと思う．

（9）観光開発

愛媛県におけるカワウソ捕獲記録のほぼ 3 分の 2 は宇和海南部に集中しており，県が指定した 2 カ所のカワウソ特別保護区もこの地区にある．海岸線はリアス式で，全体が典型的な磯タイプのハビタットである．風光明媚なことから 1960 年，全国第 1 号の「海中公園」として国の指定を受けた．県は 1962 年から 70 年代にかけてこの地に「南予レクリエーション基地」構想を展開し，道路，レジャーセンター，キャンプ場などの建設を集中的に行った．その結果，この地区唯一の潟タイプのカワウソ生息地が駐車場として埋め立てられる，カワウソ特別保護区に循環道路が建設される，カワウソの泊まり場は磯釣りとレクリエーションで消滅するなど，観光開発による影響は確かにあったが，影響の大きさについては不明である．

高知県でもレジャーブームやバブル経済期のリゾートブームに乗って，1990 年代まで「国民休暇県・高知」として観光立県を目指した施策がとられた．しかし 1980 年代以降にはカワウソの痕跡がほとんど見られなくなっているので，観光開発がカワウソにどの程度影響したかはよくわからない．

（10）海洋汚染

高知県海岸は 1970 年代には重油汚染に悩まされていた．船舶から排出された油が漂流する間にボール状になった廃油ボールが，海岸の岩の随所にベタベタとこびりつき，遠目にはカワウソのタール便のようであった．土佐湾沖では 1977 年 10 月にタンカー事故のためにドラム缶 3000 本分もの重油が流出する事故も起こっている．幸か不幸か油まみれになったカワウソの報告はない．船舶廃油の処理は規制によってその後改善されている．漁網のウキに用いるビン玉，発泡スチロール，木材などの漂着ゴミも 1970 年代にはす

でに深刻であった．これらは随所に波に打ち寄せられ，カワウソが泊まり場とする岩の隙間にもたまっていた．こうしたゴミがカワウソにどのように影響したかは不明である．

3.6 徳島におけるカワウソ発見例

　徳島県からはなぜかカワウソ情報がない．大正時代には毛皮商の店頭に毛皮が出回っていたというし，海岸や河川の地形からすると生息は可能と思われるのだが，死体など確度の高い情報は戦後にはまったくなかった．ところが，1977年12月23日に徳島県小松島市の道路上で，突然に1頭のカワウソ死体が発見された．高知県で最後にカワウソが確認された1979年の直前である．徳島県教育委員会は緊急調査を行い，1978年に報告書をとりまとめた．報告書では那賀川中流に生息可能性ありとされたが，具体的な生息痕を確認したものではない．小松島市のカワウソがなぜ現れたのか経緯は不明であるが，ヒントとなるのは死体発見の10カ月前である1977年2月に，高知県東端部の室戸岬に1頭のカワウソが突然現れ，しばらく岬に滞在して頻繁に地元住民に目撃されたのちに姿を消しているという事実である．私が室戸岬周辺で聞き取りを行ったところ，カワウソを目撃するのは年輩の地元住民にもはじめての経験とのことであった．

　前述のように，室戸岬を含む高知県東部は単調な海岸が続き，ほとんどカワウソ記録のない地域である．このことから，高知県西部に住んでいた1頭のカワウソが放浪個体となって室戸岬に現れ，さらに徳島県まで移動して事故死したのではないかとのストーリーを私は考えている．後述の1989年に旭川で発見されたカワウソのように，徹底した解剖調査を行っていれば手がかりがつかめたかもしれないが，今となっては確かめようがない．分散力は個体群の回復を図るときの重要なファクターである．カワウソは広い行動圏を有する動物であるが，1960年代以降に四国西南部以外に分散したという例は知られていない．人工化の進んだ海岸や砂浜海岸が移動の障壁となったためだろうか．

3.7 カゴ抜けしたカワウソ

　平成元（1989）年に北海道旭川市神居古潭の道路脇で体長 1.13 m，体重 8.1 kg のカワウソ交通事故死体が見つかり，旭山動物園に持ち込まれた．四国で絶滅寸前にあるカワウソが北海道にいたとあって関係者は驚愕し，動物園では北海道保健環境部自然保護課とともにカワウソを解剖し，北海道大学歯学部の大泰司紀之助教授（当時），同農学部応用動物学教室の阿部永助教授らに鑑定を依頼した．これら専門家 11 人は解剖検査結果をもとに，①血液タンパク質・DNA・脂質・頭蓋骨を用いた分類同定，②歯根を用いた年齢査定，③病理解剖・寄生虫・胃内容・細菌・水銀濃度による生息環境推定，などを調査し，道自然保護課はその結果を 1990 年に「北海道旭川市で発見された『カワウソ』の出自調査報告書」としてまとめた．すなわち，①飼育動物からしか検出されない薬剤耐性大腸菌が糞便から検出された，②歯に野生動物にはつかない歯石がついていた，③歯による年齢査定から年齢は 11-12 歳と思われ，野生個体とすればきわめて高齢だが，その割には歯の摩耗が少なかった．これらのことから「飼育下にあった個体である」と結論された．胃内容物はドジョウ，ウグイ属が主で，餌の淡水魚が飲み込んだと思われる昆虫類，餌と一緒に飲み込んだと思われる植物片，岩塩少量があった．胃腸内から石狩川にいるような寄生虫があまり見つからなかったことなどから，発見される 2-3 週間前に同地付近に放されたと思われた．DNA 検査ではきれいな結果は出なかった．種判別については比較標本がほとんどないことから，ユーラシアカワウソ（ニホンカワウソを含む）の仲間であることはわかったが，産地は特定できなかった．

　1 頭の個体をこれほどまで徹底的に調べるのは，日本ではまれである．四国における 1970 年代までのカワウソ死体については剥製がいくつか残されはしたが，こうした科学的な調査は行われないままに終わった．当時の技術では DNA 解析は無理であったし，生化学分析や年齢査定も一般化していたとはいえないが，いくつかの項目は調査可能だったろう．当時の高知県における調査では活動の主体は自然保護団体や行政であり，獣医師は関与していなかった．そのためにこうした分析が必要との発想が持ち込めなかったのかもしれない．

ところで上記の個体はどこで飼われていたのだろうか．上記調査もこの点には触れていない．ユーラシアカワウソはワシントン条約の付属書Ⅰに掲載されており，国際的な取引が厳しく制限されているので，一般の人が合法的にペットとして飼育することはできない．しかしカワウソは魚を与えれば飼育できるので，外航船の船員は船上でカワウソをペットに飼うこともあると聞く．そうした個体が港で逃げ出す可能性もあろうが，具体的な事例が知られているわけではない．飼育中のカワウソが逃げ出した例として，1993年にツメナシカワウソ1頭が三重県二見町の水族館から逃走した．この個体は翌月に5km離れた島で捕獲された．私たち自身も，和歌山県在住でかつて船員だった方がカワウソ剥製を所有しておられる事例を調べる機会があった．その結果，この個体はアジアコツメカワウソであったが，飼育個体を剥製にしたのか，剥製を入手されたのか，また入手場所自体も残念ながら一切不明であった．

3.8 誤認されやすいカワウソ

21世紀に入っても「カワウソらしき動物を見た」「糞や足跡を見つけた」「釣り人がカワウソにイワナを盗まれた」などの情報は，高知県に限らず日本各地から聞かれる．残念ながら多くは体型の似たヌートリア，ハクビシン，ミンク，イタチ，テンなどの見間違いである．事実，高知県では1983年に発見され最後のカワウソ死体とされていた標本が，10年以上経ってからハクビシンであると判明し，最後の死体発見時期が1980年代から70年代に繰り上がるという笑えぬ訂正もある．

もっとも多い誤認はヌートリアである（図3-18）．南米原産の外来種で，日本では1939（昭和14）年に軍用の毛皮獣として150頭が輸入された．第二次世界大戦中は，防寒用の毛皮をとり，肉は食用とするために多数飼育され，1944年には4万頭も飼育されていたという．第二次世界大戦が終わると需要がなくなって放逐されたり屠殺されたりし，生き残ったものが野生化した．岡山県をはじめとして，河口付近など流れのゆるやかな水辺を好んで生息するが，この動物自体を知らない人も多い．食べ物は水草やイネなど植物質であり，肉食のカワウソとまったく異なっているが，大きさはほぼカワ

図 3-18 カワウソと間違われやすいヌートリア

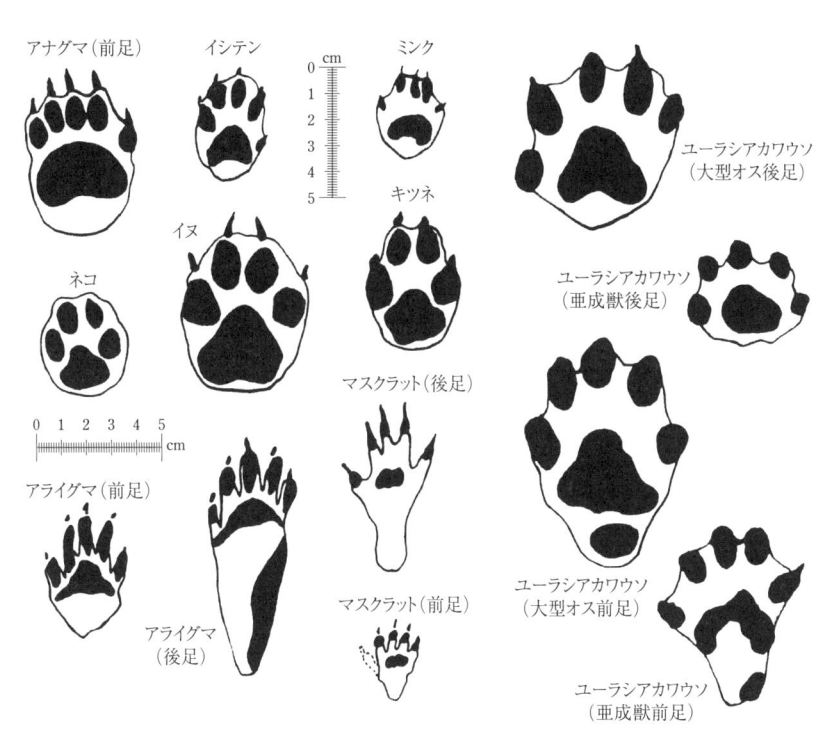

図 3-19 カワウソと足跡を誤認する可能性のある水辺動物

ウソ大である．ネズミの仲間なのでウロコ状の尾を持ち，カワウソの太い尾とは異なっている．しかし水中にいるときには尾は見えないし，水面をゆっくり泳ぐときの様子はカワウソそっくりである．マスクラットも水辺に生息するネズミ科の外来種であるが，個体数はヌートリアよりずっと少ないようである．両種ともに足跡は縦長で指が細長いというネズミ類に共通する特徴を示すので，足跡では明確にカワウソと異なっている（図3-19）．

　ハクビシンも江戸時代後期に持ち込まれたと推定される外来種である．水辺を好む動物ではないが，河川や海岸にも姿を現すし，近年各地で急速に増えている．高知県の海岸でも1970年代にはほとんど見かけられなかったが，1990年代のテレビモニタリング調査では出現した多くがハクビシンであった．足跡はかかと方向に長く伸びるのが特徴であり，カワウソとは大きく異なる．テンとイタチはカワウソと同じくイタチ科に属し，足跡のプロポーションはカワウソと似ているが，ずっと小さい．ミンクも毛皮獣として持ち込まれたイタチ科の外来種であり，北海道，東北，中部地方などで河川沿いに分布を拡大している．カワウソ同様に水辺を好み，魚食性なので北欧ではカワウソの競合種となっている．大きさはカワウソよりもずっと小さく，顔つきも少し異なっているが，カワウソのサイズを知らない人が間違えても不思議はない．

第4章　韓国のカワウソ
―― 自然保護の象徴種へ

4.1　カワウソの生息状況

　韓国の農村風景はわが国のそれときわめて似ている．山に囲まれた平地に水田が広がっている様子は，日本人がイメージする農村の原風景と大差ない．経済成長パターンや公害の発生状況までもが酷似している．韓国の国土面積は九州と四国を合わせた程度の 10 万 km^2 にすぎないが，かつては日本と同様に全国的にカワウソ生息に適した環境があったものと思われる．しかし韓国では朝鮮戦争など困難な時期が続いたため，1960 年代くらいまでの野生動物に関する生態研究や統計資料は乏しく，過去の状況を知ることは困難である．

　韓国のカワウソはヨーロッパからアジアにかけて広く分布するユーラシアカワウソである．天然記念物第 330 号として 1982 年に指定されているが，指定に際して本格的な生息状況調査がなされたようには見えない．その当時である 1982 年 6 月 22 日付の中央日報（韓国）の記事を見ると，「韓国野生動物保護協会のイ・ジョンウォン氏が智異山(チリサン)国立公園一帯の河川を調査したところ，乱獲によって餌も少なくなり，1979-80 年には 30 頭くらいいたものが現在は 10 頭くらいに減ってしまった」との記事が掲載されている．指定に際して個体数が推定できるほど精度の高い調査がなされた結果とは思われないが，当時は絶滅寸前の種と見なされていたわけである．

　私は 1982 年当時，韓国南部の馬山(マサン)市にある慶南大学校に勤務していた．そして学生実習で海岸の国立公園を訪れた際に，カワウソの糞を発見したのである．すでに四国ではカワウソ情報がなくなりかけていた時期だったので，これはたいへんなものを発見したという気分で，休日ごとに南部海岸を歩い

て糞分布を調査した. その結果, カワウソの糞はけっしてめずらしいものではなく, 大学の窓から見える海岸にも分布していることがわかってきた. 同じ年に武庫川女子大学の朝日稔氏らも韓国研究者と共同で南部を流れる蟾津江(ソムジンガン)を調査している.

(1) 海岸の生息状況

韓国におけるカワウソの全国的な生息状況が明らかになってきたのは, 韓国カワウソ研究センター所長である韓盛鏞(ハン・ソンヨン)氏の15年にわたる研究を通じてである. 韓氏は韓国全土のカワウソの生息する可能性がある大きな河川, 海岸など152カ所を2回以上訪れ, 糞や足跡の痕跡調査を行った. その結果, 70%の地点で痕跡が発見され, ソウルを中心とする京畿道(キョンギド)の平野部をのぞいて, カワウソは予想以上に広く分布していることを解明した (図4-1).

韓国海岸は地域によって様相を異にする. カワウソ生息情報のもっとも多いのは南部海岸である. この地域は四国の宇和海に似た風光明媚なリアス式海岸であって, 工業発展が著しい地域でもあるが, 島の多くは海上国立公園に指定されている. 黄海に面した西側海岸は潮の干満が7-8mにも達するという世界でもめずらしい干潟タイプの海岸であり, この地域の海岸におけるカワウソ情報は限られている (図4-2). 日本海に面した東海岸は平野部も少なくて経済発展の遅れた地域であり, 海岸は比較的単調であるが, カワウソの痕跡は見られる.

私が調査した韓国南部の馬山湾付近の糞分布を1982年と2002年で比較すると, カワウソ糞は明らかに減少していた. 急速な開発のなかでカワウソは急激に減っているようだ. 湾奥に大きな工業地帯をかかえる慶尚南道の馬山湾について, カワウソ糞の出現頻度の変化を1982年と2002年との20年間で比較すると, この間に著しく減少しているのがわかる (図4-3). それぞれのサインポストについて見ると, 最後まで残るような場所は調査のたびにつねに糞が発見されるのに対し, 市街地付近のサインポストでは新しい糞を発見できる頻度が数週間に1回程度にまで減少し, 最後にまったく訪問されなくなって分布域が縮小するというパターンが見られる. 全般的な減り方を見ると, 以前は砂浜や養殖生け簀の上などを含め, さまざまな場所で糞や足跡が認められていたものが, 湾内, 単調な海岸および人工海岸比率の高い場

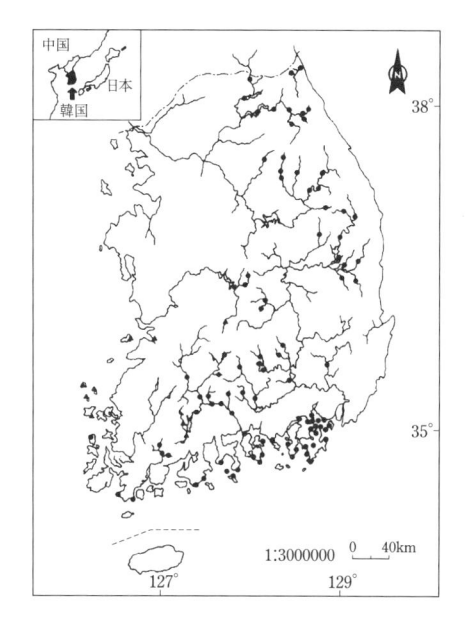

図 4-1　1990 年代後半における韓国のカワウソ分布状況（韓，1997）

図 4-2　宇和海を思わせる韓国南部海岸（左）とカワウソの少ない西部の干潟海岸（右）

所においてまずサインポストが減少し，自然が多く残されていた海岸，とりわけ岬や陸に近い小島などに最後まで残ることがうかがえる．

　馬山湾において糞の見られない地域は，1982 年には見るからに汚染の進んだ湾奥に限られていた．この 20 年間に同湾の水質は改善傾向にあるが

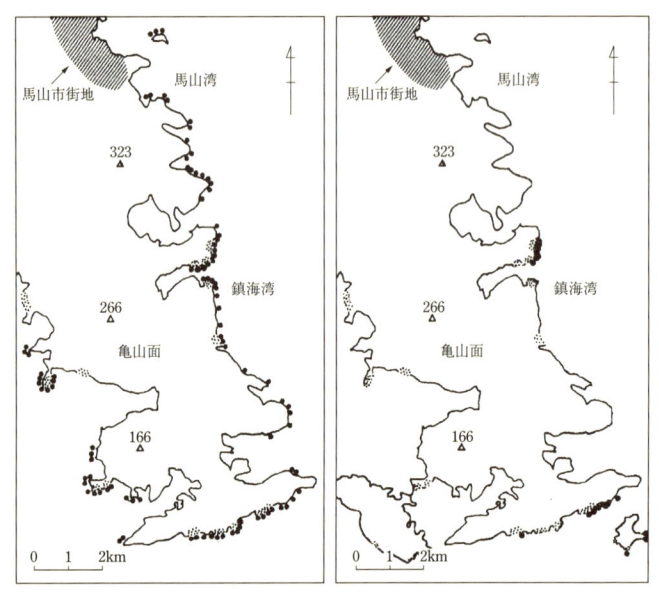

図 4-3 韓国馬山湾における 1982 年（左）と 2002 年（右）のカワウソ糞分布（安藤ほか，1985 より改変）

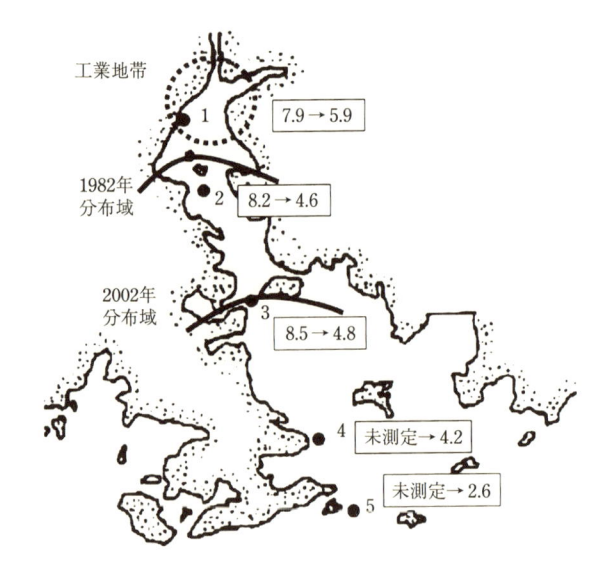

図 4-4 韓国馬山湾における 1982 年と 2002 年の水質（COD）とカワウソ分布域（Lee and Min, 1990 より改変）

(図4-4)．2002年におけるカワウソ分布は4kmほど後退している．同湾の2002年におけるCOD4程度の水域は韓国だけでなくわが国の河川中流や海域で一般的な値であり，この程度の水質はカワウソの生息を制限する直接要因とならないようである．

釜山にある慶星大学校の尹明熙（ユン・ミョンヒ）氏らのグループは，釜山付近の新港と巨大橋梁建設工事が海岸のカワウソに与える影響を2002年から2007年にかけて6年間モニタリングした．この調査地は人口400万人の釜山市の市街地から数kmしか離れていない場所も含まれている．調査は糞分布，自動撮影，直接観察を組み合わせて行われた．その結果，糞分布から見る限り2004年以降はむしろ増える傾向にあり，工事によって一部個体が移動する傾向はあっても，全体としてカワウソが減ったとはいえないことが知られた．加えて，工事が終わればカワウソがもどってくる傾向があること，小さな島が生息地のなかでコアエリアとなっている可能性が示唆された．

（2）河川の生息状況

河川におけるカワウソ生息状況はどうであろうか．私たちが韓国南部にある智異山国立公園周辺の河川における糞の出現頻度を1982年と1992年とで比較してみたところ，明らかに減少傾向が見られた．しかし私が2005年に久しぶりに智異山周辺の河川を訪れた際の印象は異なっていた．定量的に調べたわけではないが，河川における糞は1992年当時よりもずっと見つけやすかったのである．しかも排水口をサインポストとして使ったり，河川のコンクリート護岸の割れ目を出産場所に使ったりするなど，人工環境にも適応しているようであった（図4-5）．韓国国立環境研究院の元昌萬（ウォン・チャンマン）氏は2004年にソウルで開かれたカワウソワークショップにおいて，「近年のカワウソはむしろ増えているようだ」と述べている．韓国においてもヨーロッパと同様にカワウソが増加に転じたのだろうか．それとも調査が進展して，今まで隠れていた情報が出てきただけなのだろうか．私は1990年代には，内心では韓国のカワウソも日本と同様の運命をたどるのではないかと思っていた．しかし2000年以降の調査結果を見ると，ヨーロッパと同様に最悪の時期を脱したかのようにも見える．

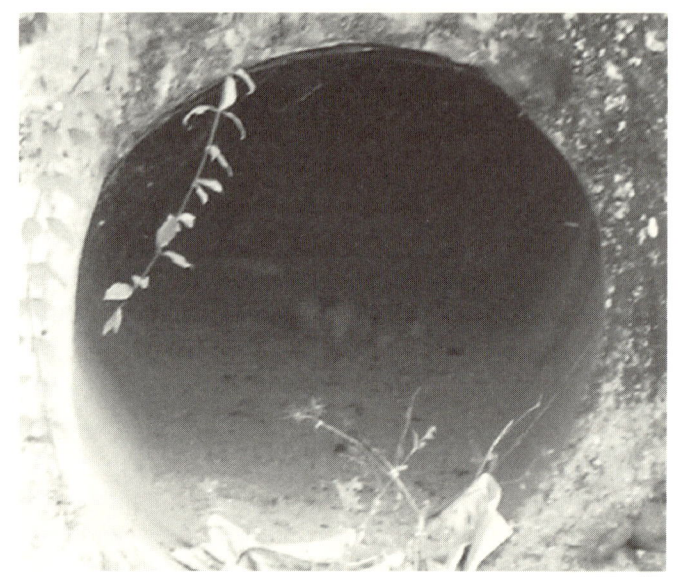

図 4-5 排水管のなかにあるサインポスト

4.2 カワウソの保護努力

(1) 日韓の交流

　私がはじめて韓国のカワウソを調査してから約10年後の1991年に，私と佐々木浩氏は慶南大学校の研究者とともに，再び調査を始めた．こうした調査に参加する同校の学生も少しずつ増加していった．地球環境基金の支援を受けて，1995年には日韓カワウソシンポジウムが高知市と慶南大学校で同時開催された．分布調査だけでなく，1995年からは巨済島の海岸や貯水池をフィールドにした生態調査も始められた．海岸域における発信器追跡調査も始められた（図4-6）．同校の大学院生であった韓盛鏞氏は1997年にカワウソ生態をテーマにして博士号を取得したが，これは野生哺乳類の生態研究としては韓国ではじめてのことであった．韓氏の指導のもとでカワウソを修士論文のテーマにする大学院生も2000年以降は何人も出現している．2002年には東京農業大学の学生3名が慶南大学校を訪問して韓国カワウソをテー

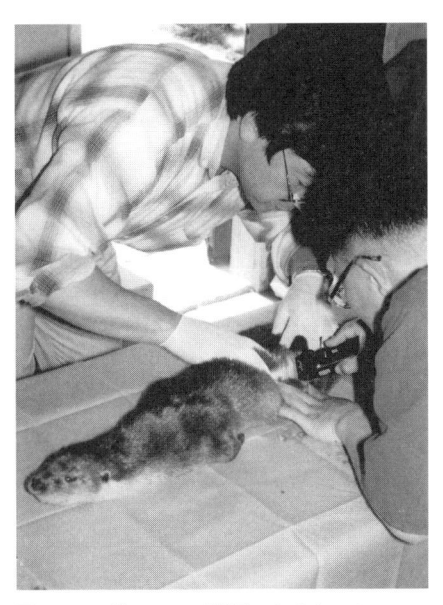

図 4-6　日韓グループ共同によるカワウソへの発信器装着作業

図 4-7　巨済島の農家に保存されていたカワウソ毛皮

マにした卒業研究を行った．

　「カワウソ友の会」など日本側 NGO グループの韓国訪問も 1990 年代中ごろから始まり，2000 年には高知県須崎市と韓国との間の交流も始まった．ニホンカワウソが最後に捕まった場所として知られる須崎市はカワウソを市のシンボルとしてさまざまな活動を行っており，交流当初にはいずれカワウソを再導入したいという意向もあったようである．韓国と日本との関係は人的な交流だけではない．ニホンカワウソが絶滅にいたった過程は教訓として広く報道され，四国において海岸沿いの道路建設がカワウソに大きな影響を与えたことなどが広く知られるようになった．

(2) カワウソ保護とメディア

　韓国でカワウソが天然記念物に指定されたのは 1982 年であるが，1990 年代前半までは具体的なカワウソ保全・啓発対策はとられなかったし，スダル（水獺）というカワウソの韓国語名さえ一般の人びとにはあまり知られてい

なかった．保護動物であるという事実もほとんど知られておらず，カワウソの毛皮や剥製が農家に保存してあったり（図 4-7），捕まえて食べたがまずかったという話を聞くこともできた．動物研究家の西原悦男氏は 1978 年にソウル市東大門市場で 7 枚のカワウソ毛皮が売られていたと述べている．しかし現在ではカワウソはわが国における猛禽類と同様に，自然保護のシンボル種ともいえる扱いを受けるにいたっている．こうした変化が起きた過程を少しくわしく紹介したい．

　韓国のメディアは 1980 年代からカワウソを扱ってきた．たとえば 1980 年代において，すでにテレビ局が江原道(カンウォンド)の河川でカワウソの夜間撮影に成功している．1995 年には地方新聞の写真部員が巨済島のダム湖に数日泊まり込んで撮影を試みるといったケースもあったが，ローカルニュースとして扱われるにとどまっていた．

　カワウソが全国レベルでテレビに大きく取り上げられたのは，KBS が「カワウソ死亡報告書」として 1997 年に全国ネットで放映したドキュメンタリー番組が最初である．違法なワナにかかったカワウソが死んでゆく姿は，環境保護運動にかかわる人たちに大きなインパクトを与えたが，番組の視聴率は 9% にとどまった．しかし，この番組がいくつもの報道番組賞を受賞したことはテレビ局のほかのディレクターや全国紙，地方紙の新聞記者をカワウソ報道に動機づけたようである．翌 1998 年，KBS は韓国のドキュメンタリー番組として異例の 12 カ月の制作期間と 1500 万円の制作費を投じ，もう 1 本のカワウソ番組を制作した．カワウソ家族群の生態を紹介したこの番組は 27% という驚異的な視聴率を獲得し，カワウソが危機にある動物であることが広く知られるようになった．この番組には後日談があって，映像の一部が「やらせ」ではないかという指摘があり，社長が陳謝会見をしてディレクターが停職処分になるにいたったが，結果的に番組が新聞社会面にも繰り返し登場することとなった．上記番組の後，新聞報道も活発になり，江原道において地元民がカワウソ密猟者と戦って密漁具を取り上げる様子などが取り上げられた．KBS は 2003 年にも韓・日・独のカワウソ状況を紹介する記念番組を制作している．気づく人はいなかったろうが（私の家内は気づいた），日本でも放映された韓流ドラマ「新入社員」では，カワウソのポスターが何気なく室内やエレベーター内のシーンで背景に登場していた．たまた

ま近くにあったポスターを貼ったら，それがカワウソだったというくらいに普及していたポスターなのだろう．

　カワウソテレビ番組が高い視聴率を獲得した要因には，時代背景も大きいように思われる．韓国の自然環境は 1970-80 年代の高度経済成長により大きく変化した．とりわけ影響を受けたのは水辺環境である．西部・南部の海岸地帯では国土の輪郭を書き換えるような大規模干拓事業が展開され，環境面からの計画修正もなされているが，かなりの部分は現在も進行中である．河川では工業化や都市化のために水質汚濁が進行した．韓国ではこれまで水質汚濁がもっとも人びとが関心を寄せる環境問題であったが，近年は野生生物への関心も高まっている．カワウソ番組はそうしたなかで放映され，加えてその年に発生したアジア通貨危機に巻き込まれて韓国の経済状況は一変していた．人びとは変わってゆく環境に潜在的な不安を覚え，水辺環境のシンボルともいえるカワウソに韓国の環境現状を投影したのではないだろうか．

（3）地方自治体によるカワウソ保護努力

　テレビ報道は地方自治体にも影響をおよぼした．KBS がカワウソ番組の撮影を行った慶尚北道の青松郡(キョンサンブクド チョンソン)では，1998 年の番組放映後に郡長の指示で郡内の道路脇にカワウソ銅像を建設することを決定した．同郡は自然環境に恵まれた地域として同国内では知られていたが，カワウソがきれいな水と優れた自然環境においてのみ生きられる動物であるというイメージを生かして，同郡のクリーンなイメージをアピールしようという意図であった（図 4-8）．

　釜山市の北に隣接する梁山市(ヤンサン)では 1999 年にカワウソ成獣 1 頭と幼獣 2 頭が網にかかって死んでいるのが発見された．報道がこのことを大々的に取り上げたことへの対応として，同市役所は 3 頭が捕えられた地域における保護策をとった．またカワウソを市のシンボル動物として，このマークは一般道，高速道，そして街のなかにも設置されている．釜山市近郊海岸の開発に関する環境影響評価では，10 年間のカワウソモニタリングを義務づける対策が盛り込まれた事例もある．

　江原道の片田舎といってよい華川(ファチョン)郡は，カワウソを地域振興の旗印にしようとしている．この地は韓国北部の非武装地帯（DMZ）に接しているので，産業による発展は期待しづらい．そのため華川郡は自然を売り物にした

130　第 4 章　韓国のカワウソ——自然保護の象徴種へ

図 4-8　慶尚北道青松郡のカワウソ銅像（写真提供：韓盛鏞）

地域振興を図ろうとしており，その一環として破虜湖（パロホ）というダム湖のほとりにカワウソセンターを設置予定である．このセンターはドイツのカワウソセンターをモデルとして，環境教育や環境復元も取り扱う地域のコアとなることをねらっている．センターの建設は 2008 年から始まる予定であるが，同郡が負担する費用も行政予算規模に比して心配になるくらい大きい．研究部門としてはすでに韓国カワウソ研究センターが廃校になった小学校を利用して設立されており，学生時代から私たちとともにカワウソ研究に取り組んできた韓盛鏞所長以下数名のスタッフが勤務している（図 4-9）．

　この小さな町では 2007 年 10 月に IUCN/SSC のカワウソ専門家グループ（OSG）による第 10 回国際カワウソ会議（10th International Otter Colloquium）が開かれた．開催地の華川郡庁は，会議の誘致から開催まで信じられないほどの意気込みを示した．皮切りとして同郡は 2004 年にソウルで大規模な国際カワウソシンポジウムを開催し，OSG 議長と開催に関する調印を行った．その後，町の職員が日本の学会を視察するなどの準備を行い，開発途上国参加者を補助するなど徹底した支援体制をとった．会期中における華川の街中には大会旗や横断幕があふれ，会場には外の広場にまで各種展示ブースや仮設レストランが設けられ，郡の職員多数が運営に投入されていた．

図 4-9　華川郡の韓国カワウソ研究センター（左）とセンター設立に向けた国際カワウソシンポジウムのレセプション（右）

図 4-10　壁面にカワウソの描かれた華川郡のアパート

送迎，レセプション，ナイトイベントも郡の支援によるものである．郡の施設だけでなく，ダム湖畔にある韓国水資源公社の展示施設にもカワウソ像が置かれ，アパート壁面にもカワウソが描かれるなど，地域をあげてカワウソ責めである（図 4-10）．

(4) NGOのカワウソ保護活動

カワウソのドキュメンタリー番組が大きな注目を集めた後，いくつもの環境NGOはカワウソ保護に大きな関心を寄せ，カワウソ保護を重要プロジェクトと位置づけるようになった．たとえば韓国南部の巨済島で活動する自然生態系保護グループ「グリーン・ピープル」は，自ら収集したカワウソ生息情報を活用して，小学生に自然生態系に興味を持たせるための教育活動を行っている．啓発活動として市民参加による河川の糞・足跡の痕跡調査，カワウソをキャラクターにした絵画コンテスト，車などに貼ることのできる各種カワウソステッカーの配布などを行っている．同グループは巨済島におけるカワウソが生息可能な河川づくりとして，魚道や堤防形状に関する行政への助言活動も行っている．傷病カワウソの治療も行っている．巨済島で活動している環境保護団体グリーン・ピープルのチョ・スンマン氏は同グループのカワウソ保全活動を紹介した．韓国の南部海岸では漁業がさかんであるが，カワウソがカゴ網にかかる溺死事故がある．他方，カワウソは養殖漁業への害獣でもある．漁民から見ると，高級魚ばかりがカワウソにやられるように

図4-11 「カワウソによる養殖魚被害を申告しよう」とのNGOによる横断幕（写真提供：チョ・スンマン）

見えるらしい．グリーン・ピープルは，政府による補償を求めるべきであるとして，「カワウソによる養殖魚被害を申告しよう」との横断幕を道路に掲げるような活動も行っている（図4-11）．韓国全体にネットワークを持つ環境団体である「韓国緑色連合（グリーン・コリア）」も小冊子の発行などカワウソについて積極的な活動を始めた．忠州環境運動連合など河川環境保護を行っているNGOの活動にもカワウソのロゴが使われている．

野生動物保護に関与するウェブサイトの数も増加している．たとえばカワウソ情報は社団法人韓国野生動物研究所のサイト（www.wildlife.re.kr）から提供されている．現在，同サイトは200名以上の有料会員を擁しており，会費はカワウソの給餌や同研究所に持ち込まれる傷病カワウソの治療費として用いられている．また，同研究所の別組織としてカワウソ保護NGOのための韓国カワウソ保護協会も設立された．

（5）出版活動

カワウソのことがテレビや新聞で報道されるようになった後，カワウソに関する出版物が大手出版社などから発行され始めた．とくに効果的だったのは全国の小学生が読む国定教科書1999年版にカワウソが登場する昔話が掲載されたことである．これは高潔さで知られる仏教聖職者ヘトンの幼年時代についての伝説であり，ある日ヘトンは子どもを亡くして悲しんでいるカワウソ家族の夢を見る．この夢に強く感じ入った彼は，自然を愛することの大切さを悟るのである．

韓国では1999年から2000年にかけて，大規模ダムである東江（トンガン）ダム建設が大きな社会問題となった．これに関して，韓国最大の出版社である大教出版は同川のカワウソを題材にした『コンダルにすみかをください』という創作童話を1999年に出版した．これは東江で平穏な生活を送っていたコンダルという子どもカワウソがダム建設によってすみかを失い，母親とともに世界を学んでゆくお話である．その過程でコンダルは友だちづくり，友だちの事故死，密猟者からの脱出，母親との別れなどの苦難を経験する．ある日，数人の人びとが来て東江に1頭のメスカワウソを放獣する．彼らは傷ついたカワウソを手当てし，生息地に返そうとする人たちだった．コンダルは新しい土地に不慣れなメスカワウソを助け，2頭は新しい未来のために川を離れる．

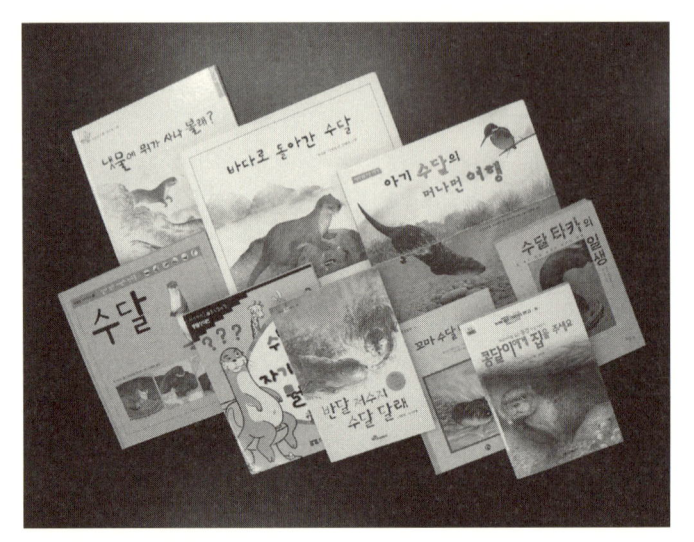

134　第4章　韓国のカワウソ――自然保護の象徴種へ

図4-12　韓国で出版されている各種のカワウソ関連書籍

この本は推薦図書に選ばれた．

　韓国の代表的環境 NGO である韓国緑色連合は，2000 年から小冊子『野生動物と友だちになろうシリーズ』の発行を開始した．カワウソはその第 1 巻のテーマであり，カワウソの生態や行動，カワウソへの脅威，つきあい方，子どもや老人のカワウソに対する理解をどのように深めるかといったことを紹介している．カワウソに関する一般向け書籍はほかにも多く出版されるようになった（図 4-12）．

（6）カワウソ研究の発展

　韓盛鏞（ハン・ソンヨン）氏のカワウソ研究を受けて行政も実態調査に着手した．環境部（日本の省に相当）は 1997 年に報告書「蟾津江（ソムシンガン）カワウソ生息実態調査と生息環境復元研究」を，1998 年には「巨済島カワウソ生息実態調査」をとりまとめた．文化財庁は 2000 年 5 月から 2001 年 4 月にかけて行った国内調査と海外事例収集の結果を「天然記念物カワウソの生息実態と保護方案研究」として 600 万円の予算でとりまとめた．国立公園管理公団は 2001 年にカワウソ調査を主体とした「五台山国立公園自然資源モニタリング報告書」をまと

めている．蟾津江カワウソ生息地生態系保存地域においては，2004年に管理基本計画に関する研究がとりまとめられている．韓国において特定の哺乳類種についてこうした調査が行われたのはカワウソが最初であった．カワウソは韓国において相対的に生息状況がもっとも明らかにされた哺乳類のひとつといえるだろう．

韓国でカワウソを研究しているのは，1990年代には当時慶南大学校に在籍していた韓盛鏞氏のグループに限られていたのだが，2000年以降は国立環境研究院野生物課，梨花女子大学工学部環境学科，慶星大学校，湖南大学校などさまざまな機関の研究者がカワウソ調査を開始した．2004年2月に建設サイドからの資金で開催されたカワウソワークショップでは，韓国水資源公社ダム環境部からも出席があり，江原道の東江ダム建設についてカワウソがダム建設中止の一因となったことが紹介された．とりわけ若手研究者や大学院生が取り組んでいることから，近いうちに多くの成果が出てくると期待される．カワウソについてはダム関係者も関心を払っている．韓国で開催された2007年の国際カワウソ会議では，韓国からは17件もの発表がなされた．米国で開かれた3年前の前回会議では1件だけだったのに比べて大きな進展である．会議における研究発表のいくつかをつぎに紹介したい．

韓国産カワウソの分類に関して，ソウル大学獣医学部のイ・ハン氏は2002年から運用を始めた野生動物遺伝資源銀行プロジェクトのサンプルを利用して，韓国産とヨーロッパ産ユーラシアカワウソのミトコンドリアDNAを比較した．分析に用いられた韓国産個体は，交通事故，漁網による溺死，撃たれたなどで入手された37個体である．両地域を比較すると，ハプロタイプは明確に異なっていた．また韓国とヨーロッパともに地域内の個体間ではミトコンドリアDNAの多様性はきわめて低いのが特徴であった．同氏はこの理由として，ユーラシア大陸における現存カワウソ個体群は約18000年前の最後の氷河期以降に1系統から急速に広がったか，あるいはほかのタイプを駆逐するほど適応的な突然変異が起こったのではないかと推測している．韓国産の個体における遺伝的差異をさらに詳細に見ると，南部・西部の個体群と，北部・東部の個体群に分かれることがわかった．中国の朴仁珠（ピャオ・レンジュ）氏らはユーラシアカワウソ基亜種とされる*Lutra lutra lutra*について中国産と韓国産の頭骨形態を比較し，計測値に有意な違いはないとした．

しかし，中国の亜種である *L.l. chinensis* と韓国の *L.l. lutra* を比較すると，頬骨弓幅をはじめとするいくつもの部位に差が見られた．こうした研究結果はニホンカワウソの分類にもたいへん重要である．ニホンカワウソを独立種と位置づけた今泉吉典氏と吉行瑞子氏の研究は，中国産ユーラシアカワウソを比較対象とし，韓国産は含まれていない．このため，日本ともっとも近い韓国産個体の情報が増えれば，ニホンカワウソの位置づけはより明確になると期待される．

生息環境研究として，江原大学のチョン・ヨンソク氏のグループは，韓国カワウソセンター建設予定地である華川郡の北漢江(ブッカンガン)において，河岸植生タイプとカワウソ糞分布との関連を魚の豊富さなどほかの環境要素とあわせて解析した．その結果，糞の出現頻度と水辺植物の繁り方とはあまり関連しないことがわかった．韓国南部の巨済島にある延草湖(ヨンチョホ)という貯水池において，同様にダム湖付近における糞分布とさまざまな環境要素との関連を調べた結果も発表された．ヨーロッパではカワウソにおける鉛やPCBなどの生物濃縮は改善傾向を示している．延世大学のイ・キュジェ氏のグループが韓国産37頭の重金属汚染の程度を37頭の毛を用いて調べたところ，汚染は全体的に改善傾向にあったが，成獣25頭における濃度は幼獣12頭よりも一般的に高い値を示した．

(7) カワウソ保護区と人工巣穴

韓国環境部は2001年に韓国南部の智異山国立公園付近を流れる蟾津江(ソムジンガン)の1.8 kmの区間を自然環境保存法にもとづく「カワウソ生息地生態系保存地域」に指定した（図4-13）．この区間では，一般人は堤防より河川敷側に立ち入ることができず，釣りもできない．岸には環境部の監視所があり，2名が常駐してカワウソの様子を監視している．私が訪問したときも，同行してくれた管理財団の職員が電話でたずねたところ，現在3頭が川で遊んでいるとのことであった．これだけ厳しい規制であるから，当然に地元の反対があり，1.8 kmを確保するのがやっとだったとのことである．農村地帯とはいえ韓国四大河川のひとつの中流部にこうした厳しい保護区を設けることは，わが国では考えられないだろう．

この保護区では2003年に河岸に石を積み上げた人工巣穴が6カ所設置さ

図 4-13 カワウソ保護区の河川に設けられた案内板（左）と石を積み上げて河岸につくられた人工巣穴（右）

れた．穴が設置された護岸の上は自動車道になっており，それほど静かな場所ともいえないが，毎月の利用状況を1年間モニタリングしたところ，糞は5カ所の穴で計1201個が確認された．足跡や食べ残しも含めると，すべての穴になんらかのカワウソ痕跡があったことになる．毎月の痕跡発見率は，巣穴によって8-50%であった．痕跡は設置1カ月後ですでに半分の穴で確認されており，カワウソはこうした環境をすぐに発見して利用することが知られた．繁殖用の利用は確認できなかったが，このような簡単な施設でも生息環境改善には大きな効果のあることがうかがえる．こうしたきめ細かい環境改善はオランダにも例がある．同国はカワウソ再導入にともなう環境改善として，カワウソ通路用の細いトンネルを2003年に設置した．設置場所付近に草が茂ったためにカワウソは入口を見つけられなかったらしく，長い間使われなかったが，草を刈り払ったところ，たちまち使われ始めたという．

蟾津江では上記保護区とは別の支流にも1998年に郡立カワウソ保護区が設定されている．河東(ハドン)郡のこの保護区は人の立ち入りを制限するものではなく，むしろ啓発効果をねらっている．設立時には中学校の生徒が魚を放したり，獣医師による保護セミナーが開かれたりしたが，継続的な活動にはいたっていないようである．

（8）ダム湖がつくるカワウソ生息環境

米国開拓局総裁ダニエル・P. ビアード氏が1994年，「米国におけるダム

建設の時代は終わった」と発言して，世界の水資源関係者に衝撃を与えた．これをきっかけに世界中でダム不要論が巻き起こった．建設を中止するだけでなく，ダム撤去の動きも広がりを見せている．それではすべてのダムがすべての場面において悪者なのだろうか．カワウソについて調べたところ，ダム湖はカワウソのよい生息地であることがわかってきた．韓国の巨済島における河川を調査したところ，カワウソの生息痕はダム湖周辺にしか発見されなかった（図 4-14）．たとえば延草湖と呼ばれる周囲 5 km ほどのダム湖の場合，湖辺を 1 周すると 300 個以上の糞が見つかるのに対し，ダム湖から 500 m 以上離れた場所に糞はほとんど見つからなかった．韓国内の他水系を調査しても，小さな川をせき止めた高さ 2 m もないような農業用ダムから巨大な発電ダムにいたるまで，面積の大小にかかわらず，ダム湖はカワウソ行動圏の核として機能していることが明らかになった．欧米の事例を見ても，河川における生息密度は 5 km に 1 頭であるのに対し，湖やダム湖では 2 km に 1 頭程度に増えることが知られている．

カワウソがダム湖を好む主要な理由は餌となる魚が細い河川と比べて豊富

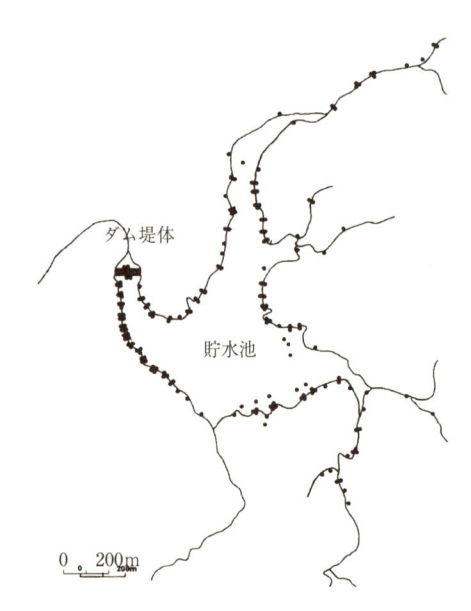

図 4-14 韓国延草ダム湖付近のカワウソ糞分布

であるためと思われる．さらに，貯水池における糞の分布は堤体付近に集中していた．堤体付近の深くて水の動きの少ない場所にはズナガニゴイのような動きの鈍い底生魚が豊富であるが，カワウソはこうした魚を好んで食べるからである．

（9）ダム湖をカワウソ保護に生かせないか

延草湖(ヨンチョホ)をはじめとする韓国のダム湖は，以前は釣りなどのレジャーも自由であったが，飲料水源保護の観点から，近年は一般人が立ち入れなくなっている．管理者の水資源公社は周囲に金網をはりめぐらせたりしている（図4-15）．ところが地元の人に聞くと，「この貯水池はできて20年ぐらいであるが，5年ぐらい前まではカワウソの話は聞かなかった．ところが3年ぐらい前からダムが立入禁止になって，人があまり行けなくなったところ，カワウソが現れるようになった」という．人が入れないということはやはりそれなりの効果があるようだ．

上記のような生態学的なメリットとは別に，行政施策上の理由からダム湖を野生動物保護に利用できる可能性もある．野生動物の生息環境を保全する基本的方法のひとつはゾーニングである．保護の中心となる地域にもっとも

図 4-15 水質保全のため周辺を立入禁止とした韓国のダム湖

厳しい規制を加え，これを取り巻いて外部からの影響を受けないようにする緩衝地域を設け，その外側を普通地域とするのが一般的である．国内法では自然環境保全法，自然公園法，種の保存法，鳥獣保護法，文化財保護法，国有林野法などにゾーニング制度が定められており，動物の捕獲や環境改変が規制されている．しかし人の立ち入りまで制限できる強い規制力を持っている自然環境保全法による原生自然環境保全地域や，鳥獣保護法による特別保護指定地域のように，強い規制の可能な場所は辺ぴな場所にしか存在しない．

ゾーニングによる野生生物保護がわが国で大きな壁にぶつかっている理由のひとつは，人口稠密なわが国では国土のほとんどがなんらかの経済活動に利用されていることにある．たとえば国内で絶滅のおそれのある野生動植物については，「種の保存法」によって保全に必要があると認める区域を管理地区として指定することが可能である．しかし「種の保存法」それ自体に「法律の適用に当たっては関係者の所有権その他の財産権を尊重し，住民の生活の安定に配慮し……」と財産権尊重の記載がある．ニホンカワウソのように広い行動圏を有する動物のために水系全体を指定することは現実的に無理なのである．イリオモテヤマネコやツシマヤマネコは1994年に同法の国内希少種に指定されているが，ニホンカワウソは生存が確認されていないという理由で指定されていない．

(10) 野生動物保全と水資源保全の連携

野生動物保護だけを目的としたゾーニングが困難ななかで，突破口のひとつは森林保全や水質保全など他分野の保全政策との連携を図ることだろう．森林についてはすでに国有林野法で各種の保護林制度が定められており，野生動植物保護を明確に目的のひとつとした森林生態系保護地域などの制度もある．水資源の分野では，従来の水源地域整備計画はおもに土地改良，治山，治水，道路，簡易水道，下水道など地域インフラの向上を目指していた．近年は自然環境の保全・管理を重視した整備を行うことも目的のひとつと認められるようになり，わが国では猛禽類に代表される貴重な生息種の保護，代償措置（ミティゲーション），ビオトープの整備などが進められている．韓国においては水質環境保全法によって，かつては出入自由だったダム湖周辺にフェンスがはりめぐらされ，立ち入りが禁止されるようになっている．こ

れを野生動物の立場から見ると，ダム湖周辺に保護区ができたことにほかならない．

わが国においてもダム湖の水質保全は水源地整備における重点項目のひとつであることから，ダム湖周辺の聖域（サンクチュアリ）化は十分可能と思われる．たとえば，東京都武蔵村山市と埼玉県所沢市にまたがる狭山丘陵は都心から遠くない場所であるにもかかわらず，トトロの里として有名になった広大な緑地が残されている．これは東京市の貯水池として1927-34年に建設された村山貯水池（多摩湖）と山口貯水池（狭山湖）を核とした緑地である．

韓国では水資源開発のため1960-80年代に数多くのダムが建設され，内水面漁業としてダム湖におけるコイの生け簀養殖も行われた（図4-16）．ダム湖における養殖は水質汚濁を引き起こすのでもはや行われていないが，養殖生け簀をカワウソから見れば，すばらしい餌場が出現したのと同じことである．このため，カワウソは頻繁に生け簀に現れる．湖面に浮かぶコイの養殖生け簀を訪れてみると，イカダの上には違法ではあるがトラバサミが置いてあったり，生け簀の上にカワウソ除けに番犬が飼われている光景も見られた．

図4-16　かつて行われていたダム湖におけるコイ養殖生け簀

海産魚の養殖でも同様で，生け簀の上にはしばしばカワウソの糞が残っていることがある．

本種はなわばりを持つ動物なので，餌条件がよくても1カ所に集まってくるカワウソはせいぜい10頭程度と思われる．何十羽が群れになって集まってくるカワウのように壊滅的な被害を引き起こす可能性は少ないと思われる．見方を変えて，こうした施設をカワウソへの人工給餌場として使えないだろうか．カワウソは大食漢であり1日に体重の2割，すなわち1-2kgもの餌を食べるが，1日に魚10kg分程度の被害補償を行うこと，あるいはより積極的に保護管理費を養殖業者に支払って保護することは，河川環境の改善に億単位の費用を費やすよりずっと効率的に思える．

(11) 島はカワウソの生存に重要な要素である

慶尚南道(キョンサンナムド)の海岸調査地に共通していたのは，海岸近くに点在する小島に定常的なサインポストが多く認められたことである．また，岸からかなり離れた小島にも糞が発見され，本種が島と本土との間を定常的に往来していることが知られた．以上のことから，安全な休み場として島が存在することは海岸における本種を保全するうえで重要な環境要素と思われる．

ダム建設にともなう自然環境への悪影響を緩和するために，すでに多くの方法が試されている．たとえばダム湖の水位変動の影響を受けない湿地を副ダムとしてダムの周囲に設ける，周辺の急傾斜地などに樹木や人工巣穴・巣箱を設けるなど生息空間をつくる，稚魚の生息場所として浮島を設置するといった方法などである．カワウソについて見ると人工小島を設けることはとくに効果的と思われる．韓国海岸におけるカワウソ生息地を調査したところ，海岸近くに点在する小島には定常的な糞場が多く認められ，人やほかの陸生動物が近づけないこうした場所は格好の休み場となっていることが判明した．また人やほかの陸生動物が近づきにくいという点から，希少猛禽類への人工給餌場として用いるといった使い方も考えられる．

(12) 北朝鮮におけるカワウソ

東京都小平市にある朝鮮大学校の鄭 鐘 列(チョン・ジョンヨル)氏は北朝鮮のカワウソ分布調査を何度か行っており，これまでの調査によって各地の河川54カ所で生息

が確認されている．名勝地である妙香山(ミョヒャンサン)のホテル前の河川においても生息痕が確認できるなど，調査が進めば韓国と同様に普遍的に分布していることがわかるのではないだろうか．痕跡分布からすると貯水池は重要な生息地のようである．カワウソによる養魚場の被害も発生している．同国にはわが国の鳥獣保護法に相当する法律はなく，カワウソは1995年に制定された景勝地天然記念物保護法によって保護されている．この法律は種を指定するのではなく，生息地を指定して保護するものであり，指定地は地元行政からの申請を受けて決定される．現在のところカワウソ生息地として3カ所が指定されているが，調査が進めば指定地も増えてゆくだろう．

4.3 なぜ韓国のカワウソは生き残り，日本で滅亡したのか

韓国南部海岸の風景は愛媛県や高知県のリアス式海岸のそれときわめて似ており，地形条件に大きな違いは見られない．そうであるのになぜニホンカワウソは絶滅に向かい，韓国のカワウソはなぜ回復の兆しまで見せているのだろうか．個別要因を検討してみたい．

道路建設・護岸工事について見ると，四国における道路整備が1960-70年代に大きく進んだのに対し，韓国では同様の現象が1980-90年代に起こった．現時点において両国の道路整備状況に決定的な違いがあるようには思われない．ただし，韓国における海岸道路は多くの場合に内陸の山間を直線的に通るようになっており，海岸の改変程度は少ないようである．河川改修については日本と同様な護岸工事が進んでおり，堤防上の道路建設もさかんである．しかし上・中流域については自然な河岸も多く残されている．カワウソの泊まり場に使える水辺や魚の豊富な淵は河川改修によってどんどんなくなっているが，カワウソはコンクリート護岸の割れ目で繁殖するなど適応力も持っているようである．

埋め立てによる自然海岸の消失程度については韓国の方がはるかに大きい．干潟の多い韓国西海岸における海岸改変は世界地図上における国の形を変えてしまう規模であり，1950-60年代の瀬戸内海埋め立てとは比較にならないくらい大規模である．こうした地域では魚種によって生産量が最大80%少なくなるなどの激減が見られ，魚種も大きく減っている．他方，かつての瀬

戸内海で問題とされた磯海岸からの岩石・砂利の搬出問題は，韓国では見られないようだ．

農薬の使用に関して，韓国における単位耕作面積あたりの農薬使用量は，1990年代中盤においてOECD（経済協力開発機構）加盟国平均使用量の4.6倍，日本は4.8倍であり，両国が農薬使用量の世界1，2位を占めている．この点でも両国に大きな違いがあったようには思われない．

工場排水に関して，ヨーロッパのカワウソではPCBの生物濃縮が大きな問題になっている．韓盛鏞氏の研究によれば，韓国のカワウソについても有機塩素や重金属汚染が懸念される．韓国河川の水質をBOD（生物学的酸素要求量）で見ると，1980年代から現状維持あるいはゆるやかな回復傾向を示す河川が多く，数値的には日本の地方大河川並みであり，ヨーロッパの河川よりも良質である．海洋における水質指標として韓国の赤潮発生件数を見ると，1982年の27件から1995年には65件に増加している．韓国南部のリアス式海岸はカキ，ハマチ，ノリの養殖がさかんである．これらは赤潮の被害を受けるが，韓国には瀬戸内海のような大規模な閉鎖性水域は少ない．ハマチのような魚の養殖ではカワウソによる食害があるというが，その程度は不明である．

漁網による溺死は，四国では死亡例の多くを占めた．韓国でもモントングリと呼ばれる袋網が違法に使用されることがあり，魚を追ってカワウソがそのなかで溺死する事例がある（図4-17）．意図的な捕獲については，日本の明治期と同様の乱獲が朝鮮半島にもあったかどうかは不明である．密猟については，少なくとも現在は個体数に大きな影響を与えるレベルとは思われない．

観光影響については海釣りが懸念される．カワウソ糞の多い岬の先端などにはたいてい釣り道具が散乱している．すなわち釣りのよいポイントは魚が多くてカワウソの好む場所でもある．とりわけこうした場所で行われる夜釣りは，時間的にもカワウソの活動時間帯と重なることになる．海洋汚染については，韓国海岸における漂着ゴミの多さは日本以上かもしれない．かつて高知県海岸に多く漂着していた廃油ボールは，規制によって韓国でも見られなくなっているようである．

こうして見ると，日韓の水辺環境に決定的な違いは見あたらない．韓国だ

図 4-17　網のなかのカワウソ白骨死体（写真提供：チョ・スンマン）

けの条件として，大陸と陸続きであることから流入や流出の可能性もあるわけだが，もっともカワウソ密度の高いとされる南部海岸は大陸ともっとも離れた場所であるし，こうした点が個体群維持にどれだけ寄与しているかは不明である．韓国海岸はスパイ侵入防止のため 1980 年代まで夜間立入禁止であったし，多くの軍事区域も存在した．こうした状況は結果的にカワウソの保護区を設けたと同様の効果があったかもしれないが，すでに過去の話である．

　こうしたことから見て，ニホンカワウソが現在まで生き残っていたとすれば，日本でも水質や河川の餌資源に一定の回復が見られて住民の理解も進んでいる状況から考えて，条件のよい地域ならばなんとか生き延びられるのではないだろうか．すなわち，1970-80 年代の環境最悪期を乗り切れたかどうかが，両国カワウソの運命を分けてしまったように思える．

第5章 世界のカワウソ保全活動
——教育と啓発

5.1 法的な保護

　世界的によく知られている野生動物保護のための条約としてワシントン条約（CITES）がある．この条約は絶滅危機にある野生生物の国際取引に強い規制をかけることでそれらの種を守ろうとするものである．もっとも希少性のランクが高い種は付属書Ⅰに，そのつぎのランクは付属書Ⅱに掲載され，異なる規制基準が設けられている．カワウソ類はすべての種が付属書Ⅰあるいは Ⅱ に含まれる．このうち付属書Ⅰには2007年時点でニホンカワウソを含む6種，ラッコの1亜種であるカリフォルニアラッコ，およびカメルーンとナイジェリアのツメナシカワウソ地域個体群が掲載されている．CITES における取り扱いは野生下における希少性をそのまま反映したものではなく，カワウソ類の場合は IUCN のレッドリストで普通種とランクづけされる種まで付属書に含まれている．これは国際取引の制限という CITES の趣旨に由来する．すなわち，ラッコをはじめとして多くの地域でカワウソ類が毛皮のために乱獲された歴史を持つことに加え，毛皮になってしまえば種の判別が困難になるからである．なお，ニホンカワウソ *Lutra nippon* については IUCN レッドリストと CITES で取り扱いが異なっており，前者ではユーラシアカワウソに含まれているのに対し，後者では独立種として付属書Ⅰに掲載されている．

　カワウソの密輸はわが国ではほとんど記録されていなかったが，なぜか2003年には名古屋空港で2月24日に3頭，関西空港で4月28日に9頭，5月17日に9頭，10月2日に6頭など計27頭もの密輸が見つかった．いずれもコツメカワウソあるいはビロードカワウソの生後1カ月程度の幼獣であ

り，貨物のなかに忍ばせるという劣悪な状態に置かれていた．空港のゴミ箱に3頭の死体が捨てられていたこともあったという．

　わが国におけるカワウソ類の法的保護状況を見ると，まず文化財法による特別天然記念物に指定されている．鳥獣保護法においても狩猟鳥獣リストから昭和3年に除外されているので，捕獲してはいけない動物である．上記のCITESに対応する国内法は，関税法と種の保存法である．関税法は輸出入という水際の行為しか取り締まれないのに対し，種の保存法は国内取引を規制できるだけでなく，国内希少種については生息地の保護も求められる．しかし種の保存法ではツシマヤマネコ，イリオモテヤマネコ，ダイトウオオコウモリおよびアマミノクロウサギが国内希少種として指定されているにもかかわらず，同程度以上に絶滅のおそれのあるニホンカワウソは指定されていない．指定されないのは生息地が特定できないため，あるいは広大な生息地保護が現実的には不可能なためとも聞きおよぶ．もっとも，種の保存法が制定された1992年は，今から振り返ればカワウソが絶滅したと思われる時期であり，たとえ指定されていても手遅れではあった．

　海外におけるカワウソの法的保護状況を見ると，韓国では文化財管理法による天然記念物であり，違法に捕獲した者は2年以上懲役が科せられる．北朝鮮では景勝地天然記念物保護法による生息地保護が可能である．中国ではユーラシアカワウソとアジアコツメカワウソは第2級保護動物に指定されている．タイでは同国に生息する4種のカワウソすべてが第1級保護動物である．マレーシアでもすべてのカワウソ種が野生動物法によって保護されている．他方，インドネシアではカワウソ保護に適用できる法律はない．バングラデシュでは国内外における取引は禁止されている．ヨーロッパではこれまでも各国で独自に保護動物とされてきた．ハンガリー，ノルウェー，フィンランドなど養魚場・孵化場における駆除を認めている国もあった．カワウソは欧州危惧種リストに掲載され，EU加盟国はEU指令による統一した取り扱いが求められるようになっている．他方，ロシアのカワウソは狩猟対象ではあるが，旧ソ連邦時代のやり方を受け継いで，前年までの個体数推定にもとづいて狩猟頭数が算出されて許可される．米国では27州でカワウソの狩猟が許可され，21州で禁止されている．カナダではすべての州で許可されている．アフリカ諸国については，地域を国立公園内などに限って保護動物

とする国が多い．もちろん上記は条文上の保護であり，それがきちんと守られているかは別問題である．

5.2 啓発・教育に関する研究が不足している

　一般の人びとの意識と保護に対する態度は，カワウソに限らずたいていの野生動物保全における鍵である．これからの野生動物保全戦略において啓発・教育活動の果たす役割はますます大きくなると予想されるので，こうした分野の費用効果も評価の対象としなければならない．啓発活動がなければ保護できない典型的な動物がカワウソである．広い行動圏を持つ動物を，狭い保護区を設けて保護できるはずもない．とりわけ人口密度の高い国では，良好な環境を保つだけでなく，地域の人びとに対する啓発活動も不可欠である．

　自然環境保全対策にはいくつかのタイプがある．これまでおもに行われてきたのは「○○をしてはいけません」という規制型対策である．これは行政の権威で行われるため即効性があるが，あまり厳しい規制は社会的な反発を招きやすい．河川の環境を回復するといった物理的な環境回復も広く行われるようになったが，大規模に行うためには巨額の費用が必要である．また住民は事業に無関心になりがちである．これに対し，啓発・教育を通じた保全は小規模からでも行えるため，NGO活動の多くはこのタイプである．関係者の理解も得やすいが，どれだけ効果があったのか測定困難であるし，子どもを対象とした場合，効果が現れるにはつぎの世代が成長するまで待たねばならない．

　これまで野生動物保全に関する研究というと，どのような環境を復元すればよいかといった研究が中心であった．他方，野生動物保護のためにどのような啓発・教育活動をすればよいのか，その効果をどのように測定すればよいのかといった研究は驚くほど少ないのが現状である．シカやアライグマなど特定鳥獣の保全計画を策定するときにも，個体数推定などについては詳細なシミュレーションが行われるのに対し，啓発・教育活動は中身が検討されないままで項目だけがあげられるといったケースが多いようだ．啓発パンフレットを作成するときに，パンフレットのできばえに気を配る人は多いが，

表 5-1 アジアにおいて望まれるカワウソ保護啓発活動の対象と手法

対象者	期待される啓発成果	啓発手法例
行政・立法(議員,幹部公務員,計画担当者,現場職員)	●政策,制度,保全事業の強化,保全予算確保,保全条約との連携,調査研究	●セミナー,研修,国際会議,啓発教材,ロビー活動,現地視察,助言活動,ウェブサイトなどによる情報提供
国際協力機関(国際機関,二国間機関,民間機関)	●湿地保全への予算分配 ●生息地の賢明な利用をする産業への投資 ●生息地に悪影響をおよぼす事業への融資回避	●事業評価ガイドライン策定,対話機会の創出,セミナー,メディア経由の情報提供 ●援助事業の監視
報道	●カワウソや湿地に関する報道の増加,ジャーナリストの知識向上	●資料提供,ワークショップ,ジャーナリスト向け啓発キット,イベントを通じた宣伝
保護/開発 NGO	●保護と社会開発との調和がとれたプロジェクト ●外部からの情報収集能力増加	●啓発教材,保護/開発 NGO 間のネットワーク(ウェブサイト,広報誌,定期会合など) ● NGO 活動助成機関への情報提供
民間(大企業,漁業,農業,観光)	●水質汚濁防止 ●持続可能な資源利用 ●適切な土地利用	●環境影響評価 ●セミナー,研修,カワウソ行動計画の普及 ●優遇税制
地域経済(猟師,漁師,現地観光ガイド)	●生息地の生態価値を損なわない賢明な利用 ●知識向上 ●社会行動の変化	●地域リーダー,地域行事,地域情報網を通じた活動 ●啓発教材の使用,草の根 NGO との連携
児童・学生	●知識の増加 ●保全を意識した社会行動	●学校教育(環境教育授業,現地訪問など) ●学校外の社会教育(保全活動キャンプなど) ●地域のキャンペーン(展示会,デモンストレーション,教科書,漫画,ビデオ,雑誌) ●テレビ番組 ●教師と保護者との連携
教員・教育委員会	●知識の増加 ●保全に役立つ授業	●セミナーなど教員の研修機会,現地視察,地域活動と学校教育との連携,テレビ番組
カワウソに関心を持つ人たち(研究者,動物園関係者,保護NGO)	●保護に役立つ研究 ●地域保全活動の核機能 ●保護増殖	●会議,保護に役立つ論文・記事
カワウソ生息地の住民	●知識の増加 ●保全を意識した社会行動	●地域キャンペーン(実演・展示会,教科書,漫画,ビデオ,雑誌,現地視察) ●子どもを通じた両親への影響 ●テレビ番組 ●教師と保護者との連携

どうすればターゲットとする人たちに届いて読んでもらえるか，どのような内容にすればもっとも啓発効果があるのかといったことは検討されずに大量に印刷され，使われずに倉庫に眠るといったことがしばしば起きる．

　啓発活動というと一般市民や子どもたちを対象にした活動というイメージがある．しかし啓発活動が対象とできる範囲ははるかに幅広いものである．たとえば研究者を対象とした啓発活動はほとんど行われていないが，どのような研究を行うことがカワウソ保護にもっとも有効であるかを研究者がよく理解しているわけではない．学校の教員は教える立場にあるが，カワウソに関する情報を十分に持っているわけではない．また啓発活動が効果を生むには一般的に長い年月が必要であるが，行政関係者に啓発活動を行えば，数年を経ないで実効ある対策に結びつくかもしれない（表5-1）．

5.3　啓発活動によって人びとの態度は変わる

　私が勤務する東京農業大学畜産学科の1年生に好きな野生動物名をあげてもらったところ，カワウソは日本産動物の30位というぱっとしない結果となった．インドネシアでもカワウソは，一般的には人びとがペットとして好む動物ではない．ところがヨーロッパやアメリカにおけるカワウソ人気はきわめて高い．それを示す好例は英国のBBCワイルドライフ・マガジンが行っている野生動物人気コンテストである．カワウソは1991年に英国産の動物ではなんと第1位，そして世界のすべての動物のなかでもライオンやチンパンジーに伍して第4位を獲得している．カワウソは2008年にも英国内動物でトップとなっている．米国でもカワウソはキュートな動物として人気がある．これらの国々には強力なカワウソ保護団体が多くあって何千人ものメンバーを抱え，各種の保護活動を展開している．

　欧米でも昔からカワウソの人気が高かったわけではない．欧米では動物愛護の思想こそ19世紀の英国あたりにたどることができるが，カワウソに古くから人気があったわけではない．ヨーロッパにおけるカワウソは毛皮目的の狩猟対象であっただけでなく，宗教的な理由から食用とされることもあった．このため一般社会のカワウソに対する態度も好意的ではなかった．カワウソに対する好き嫌いがもっとも顕著になるのは経済的な理由が加わったと

きである．漁師にとってカワウソは競合者であったため，カワウソ捕獲には報奨金が支払われていた．欧米だけでなくインド，インドネシア，韓国などアジア諸国でもカワウソは漁業害獣として漁民に嫌われている．インドではカワウソの通路にワナを仕掛けたり，見つければ棒で叩いて殺すという昔の日本人がやっていたような対応がなされている．すなわち，自然とのふれあいが少ない人びとほどカワウソを「かわいい動物」あるいは「ペット」として見る傾向があるようだ．動物愛護団体の多くが農家ではなく都市生活者を基盤としているのは，こうしたこともかかわっているだろう．

英国では，カワウソ狩りは1950年代まで人気のあったスポーツハンティングであった．猟期には週末ごとに小川の堤で狩りが行われ，カワウソが隠れていそうな土穴からテリア犬がカワウソを追い出し，それを猟犬が追いかけるという光景が各地で見られた．それが行われなくなったのは，おそらく環境汚染が原因で，カワウソ自体が激減したという理由であった．カワウソの激減からほぼ20年を経て，カワウソは保護の視点から注目を集めるようになった．

英国でカワウソへの関心が急速に高まったのは1971年に「オッター・トラスト」というNGOが英国に設立されて教育，研究，繁殖活動，出版活動を開始し，その活動が世間に広く知られるようになってからのことである．同様にドイツでは1988年にカワウソセンターが，オランダでは1994年にアクア・ルトラがNGOによって設立された．これら施設の運営方針は少しずつ異なっているが，それぞれ年間5万人，10万人，6万人の来訪者があって，それぞれの国におけるカワウソ保護の中心的な役割を果たしている．

5.4 専門家への研修が必要である

カワウソ野外調査技術の精度向上を図るため，私や佐々木浩氏を中心とする「カワウソ研究グループ」は地球環境基金の補助により，1998年に4日間の研修コースを開催した．タイのファイ・カ・ケン野生生物保護区で開かれたこのコースには16カ国から研究者やレンジャーなど約30人が参加した．調査を勘と経験に頼らず，科学的に行うことを強調したドイツのクラウス・ロイター氏の講義は参考になる点が多かったので，要旨を紹介したい．

ロイター氏の講義要旨

カワウソ調査は聞き込みアンケートや痕跡調査が中心になるが，こうした調査方法は通常考えられている以上に誤差が多い．分布調査は狩猟記録の検討や，ハンター・漁師・行政保護関係者・民間保護関係者などいわゆる「専門家」へのアンケートから始められることが多いが，これらには大きな問題がある．まず狩猟統計であるが，統計には捕獲頭数は記録されていても，狩猟がどの程度頻繁に行われたか記されていないのが普通である．たとえばドイツの狩猟統計ではハノーバー周辺で1900年ごろにカワウソ捕獲数が減少しているが，これは生息数が減ったというよりも，カワウソ捕獲の報奨金が減額された影響が大きいと思われる．アンケートにも同様の問題がある．たとえばドイツの一地方における1980年代の分布記録を見ると，広いカワウソ非生息の地域がある一方で，高密度生息域があるようにも見える．しかし，これは前者の地域にカワウソに興味を持つ人がほとんどいなかったのに対し，後者の地域では2人の科学者が熱心に調査をしていたことの反映にすぎない．

聞き込み調査に関する第2の問題は，野外痕跡調査に関する一般人の知識が不足していることである．ハンター，漁師，生物学者，保護関係者などはいわゆる「専門家」と見なされているが，じつは糞や足跡をはじめとする野外痕跡の識別に慣れていないことが多い．とりわけカワウソのようにめずらしい動物については「専門家」も慣れていない．このためドイツ・カワウソ保護行動会議は，「専門家」から寄せられた185例のカワウソ生息報告について徹底的な再吟味を試みた．すると，ほんとうにカワウソと確認できたのは驚くべきことに9%にすぎないという結果になった（表5-2）．また，多

表5-2 カワウソと報告されていた記録の例数（Reuther, 1993より改変）

確認方法	報告数	正解 カワウソ	誤認例 マスクラット	アライグマ	ミンク	イヌ	ネコ	他哺乳類	哺乳類以外（ガン・カモなど）
死体	4	1	2					1	
個体写真	15	1	12		2				
足跡写真	85	8	26	14	2	9	9	15	2
糞の写真	27	2	3					17	5
糞の実物	54	4	4		4			33	9
割合(%)	(100)	(9)	(25)	(8)	(4)	(5)	(5)	(35)	(9)

くのフィールドガイドはカワウソ足跡の特徴を「5本の指と水かき」としているが，実験下では指5本が確認できる足跡は6割程度であり，水かきが明瞭な足跡にいたっては2%にすぎなかった．

　野外痕跡調査における測定者誤差を低減する方法のひとつは，調査法を標準化することである．ヨーロッパのカワウソ分布については，英国の研究者を中心に下記のような標準調査法が確立されている．調査は国の定めた10 kmメッシュを単位として行われ，経験を積んだ常勤の調査者だけが従事する．メッシュ内に河川，湖沼，沼地，海岸など生息可能性のある水辺があれば，水辺に沿って8-10 kmごとに近寄りやすい場所を選んで生息痕を探す．生息痕としては足跡と糞だけを用い，1カ所につき最大600 mの距離を踏査して生息痕がひとつでも見つかると，それ以上の調査はしない．600 m内に痕跡が見つからなければ「生息せず」と記録する．この調査法では分布密度まで知ることはできないが，カワウソの分布状況を地域間で，あるいは同じ場所の過去と現在を比較するためには使える．たとえば英国における7年ごとの記録を検討すると，地域ごとのカワウソ増加，減少傾向がはっきり読み取れる．以上をまとめると，カワウソ分布調査で大切なのは，①カワウソの生息痕を正しく識別・分析できる調査者を養成すること，および②一定の方法にもとづいて調査すること，である．

5.5　地域振興と結びついた野生動物保護

　野生動物の保護には地域住民の理解と協力が不可欠である．野生動物保護区をつくるために住民を強制移転させるといったやり方もあるが，カワウソのように広い行動圏を有する動物にこうしたやり方は適用できず，地域住民がカワウソに理解を示しながら共存するしかない．地域住民の理解がもっとも得やすいのは，保護が地元の経済的利益にもつながり，両者が得をするという状況，いわゆるWin-Win戦略である．

　わが国でカワウソが最後に目撃された高知県須崎市は，目撃時の1979（昭和54）年には街全体がカワウソフィーバーのような状態になった．カワウソにふさわしい環境は人間にとっても住みやすい場所であるとの視点で，同市は1984（昭和59）年に「のこそう　かわうそのまち　すさき」との市

民憲章を定め，河川の土木工事における環境への配慮，パンフレットの配布，立て看板の設置，エサ確保のためのアユ放流など「カワウソの街づくり」がなされた．カワウソ保護運動を盛り上げようとカワウソのシンボルマークや親子でつくるカワウソ物語コンテストなども行われた．須崎市は 1993（平成 5）年に「須崎市ニホンカワウソ保護基金条例」を制定し，2000（平成 12）年には地域の中・高校生 600 名を招待した「カワウソフォーラム in 須崎 2000」が開催された．須崎市における努力の経済効果は不明であるが，ドイツには経済的にも明らかに成功した事例が見られる．

　海外における啓発活動がどのように行われているか，漁民やハンターなど特定グループの人びとがカワウソとどのようにかかわっているか，また保護活動が地域経済とどのようにリンクしているかについて，いくつかの事例を紹介したい．

5.6　ドイツ・カワウソセンターの成功

　ドイツ北部の片田舎，ハンケンスビュッテルに設けられたドイツ・カワウソセンターには年間 10 万人の入場者数がある．多摩動物園やよこはま動物園ズーラシアに年間約 100 万人が訪れるのと比較すればこれは大きな数字とはいえないが，イタチ科動物しかいない小さな施設であること，公共交通機関もない片田舎に位置していること，レジャー施設として設けられたわけでもないことにもかかわらず，これだけの人々が宿泊してまで訪れているのを見ると，明らかに成功したセンターといえる．

　この施設の所長であるクラウス・ロイター氏は 1979 年，29 歳のときにドイツ・カワウソ保全協会という NGO を設立した．会員数はセンターが開設された 1988 年には 1000 人であったが，2000 年には 10000 人にまで着実に増加している．ロイター氏は，勤務先のニーダーザクセン州森林局に対してはカワウソ研究ステーションの建設を提案し，2 年後，保護研究の成果を同州の 6000 km におよぶ河川管理に適用すべく努力を開始した．しかし実施に移そうとすると激しい抵抗が起こったため，森林局の予算は凍結され，研究センターも閉鎖されるという事態になってしまった．このためロイター氏は 1986 年に森林局を辞し，独自でカワウソセンターを設立した．このセン

5.6 ドイツ・カワウソセンターの成功

ターは20以上の大学と協力関係を持ち，予算は独立採算であった．西欧では，自然保護団体は寄付金で運営するという考え方が主流であるが，実際にはそうした収入で組織を維持することは困難である．このため同センターでは保護，野外研究，生息地管理，教育に関するノウハウを提供することで正当な市場対価を得ること，具体的には行政と契約を結んでこうした業務を行うことを重視している．このような努力を通じて同センターは60名以上ものスタッフを擁している．こうしたやり方を可能にするためには，センターは高い能力を備えていなければならない．センターは1987年以来，6名の研究チームでカワウソ生態の研究だけでなく，地域経済に関する基礎研究も行っている．

　この施設は生きた動物を用いて人びとの自然への関心を高め，生態系に関する情報を提供するための環境教育センターとして企画された．このセンターではカワウソだけでなく多様なイタチ科動物を飼育しており，「イタチ科センター」と呼んだ方がよいかもしれない．このセンターがイタチ科動物を扱う理由は，①カワウソもイタチ科であって近縁である，②うまく展示すればイタチ科は一般の人びとにとって非常に魅力的な動物である，③ドイツ人はイタチ科動物にあまりなじみがないため，である．もっとも大事な理由は，イタチ科はさまざまな生態系の食物連鎖最上位にいるので，各生態系のフラッグシップ種として扱うことができるからである．センターの教育エリアにはヨーロッパの典型的な自然環境を模した飼育場がつくられており，それぞれにつぎのようなイタチ科が飼育されている．池や湖沼：カワウソ，河川：カワウソ，生け垣のある田園（ヨーロッパの典型的な田園風景）：アナグマ，村落：イシテン，森林：マツテン，湿原：ヨーロッパケナガイタチ，泥炭湿地：ミンク，荒地：オコジョ，森の倒木や小枝の積み上げられた森：イイズナ．イタチ科動物は夜行性なので多くの動物園では不活発な姿しか見ることができない．このセンターでは昼夜逆転展示などはしていないにもかかわらず，動物たちは昼間も活発である．このセンターの動物たちは飼育下で生まれているので，人に慣れているのが理由かもしれない．

　このセンターの動物はつぎのようなポリシーにもとづいて展示されている．①各飼育動物種の行動学的要求を十分に満たす広さと環境の多様さを確保するとともに，人工物をできるだけ排し，野外の生息環境のように見せること，

図 5-1　ドイツ・カワウソセンターにおける展示と教育．上右と上左：イタチ科動物の地下トンネル展示とその裏側，中左：きわめて低いフェンスに囲まれた荒地環境の飼育場，中右：地面の保水能力があれば，人工護岸は不要なことを示す模型展示，下左：目の悪いカワウソになったつもりで車の音だけを手がかりに道路を横断してみる，下右：カワウソになったつもりで水面から鋼矢板の護岸にジャンプしてみる

②来園者自身が自然のなかで動物を観察しているように感じられること，そして③来園者と動物との間にできるだけフェンスを使わないこと，である．このポリシーは，つぎのような形（1-5）で実際の展示に反映されている（図5-1）．

1. カワウソの展示場にはU字型をした川が設けられており，左半分は直線化された人工的な川，右半分は自然の河川となっている．河川は地下からガラス越しにも観察可能となっており，水中でカワウソが巧みに泳ぐ姿を観察できる．
2. 穴居性動物であるアナグマやイタチの展示は地上からだけでなく地下からも観察できる．来園者はイタチが地下トンネルをすばやく通り抜ける様子を観察できるし，アナグマ飼育場ではトンネルの頭上4カ所はガラス天井となっているので，アナグマが穴掘りに適した爪を持っていることを下から見上げて確認できる．
3. ときには住家にも住み着くイシテンの展示場は，ドイツ農村の納屋そっくりにつくられている．ここに飼われているイシテンは2頭にすぎないが，農機具の置かれた納屋のなかをチョロチョロと動き回っているので，来園者はイシテンがどのように遊び，隠れ，においづけするかを観察することができる．納屋の屋根は一部が取り外されており，イシテンが太陽と雨を浴びられるようになっている．
4. 樹上性動物であるマツテンの飼育場はカシ林のなかに設けられている．来園者はフェンスの上に設けられた高さ3.5 mの観察台に上がり，樹上のマツテンになったつもりで観察することができる．
5. 荒地環境の展示場は驚くほど低く設計された透明アクリルやめだちにくい金網のフェンスによって仕切られており，飼育場は外の風景に完全に溶け込んで見える．動物が逃げ出さないためのフェンス高は，実験を繰り返して決定された．ここで飼育されているイタチ科はすべてこの地域で捕獲したものなので，万一逃走するようなことがあっても，外来種となる心配はない．

（1）環境教育施設としてのセンター

上記のような展示の工夫だけであれば，日本の動物園でも飼育環境を豊か

に（エンリッチメント）しようという動きのなかで，これを上回るような展示が各地で見られるようになっている．このセンターがいっそうユニークなのは環境教育センターとしての機能を重視している点である．まずこのセンターは職員と来園者との対話をきわめて重視している．日に2-3回行われる動物への給餌は，来園者の興味をひきつけるよい機会であるが，イルカショーのようなショータイムではないので，給餌係は動物に餌をやって「芸」をさせないように指示されている．係員のおもな仕事は，そうした機会を生かして来園者に動物の行動を説明し，質問に答え，来園者との対話を行うことである（図5-1）．

これによって来園者の興味を動物そのものにとどまらせず，生息環境や動物が直面している危機にも関心を払うように導いてゆくのである．こうした解説はしばしば飼育係の片手間仕事と考えられがちであり，バスガイドのような一方的なトークで終わりがちであるが，対話を成立させるためにはスタッフは対話技術も備えていなければならない．こうした対話だけでなく，センターには常勤の教員が複数勤務しており，小規模団体に対するガイド付きウォークや学校団体を対象とした授業がこうしたスタッフによってなされている．

しかし他施設の例を調べると，対話に参加したり，積極的に講義室で映画をみたり，説明版をきちんと読む来園者はごく一部にすぎない．こうした来園者に対してどのようにメッセージを伝えればよいかが検討された．「読んだことは忘れるが，したことは忘れない」というのは世界に共通する人間の性質である．このためセンターでは「遊びながら学べる」ことに力をそそいでいる．来園者は情報を得ようと思えばなにかの作業をしなければならない．たとえば「？」マークのついたフタをめくってみると，「生け垣には何頭の動物がいますか」といった簡単な質問が現れる．

地面の保水能力を比較するための模型展示もある．模型の片方は駐車場や道路が舗装された住宅，もう一方は土の庭があって屋上まで緑化された住宅である．ボタンを押して水が散布されると，前者の場合はたちまち排水溝に流れ込んで川まで達するのに対し，後者の水はゆっくりと川に達することがわかるようになっている．一気に増水するような川では，洪水を防ぐために川を直線化して水が多量に流下できるような河川設計が必要であるが，これ

はカワウソにとって好ましい環境ではない．都市や道路を舗装することは，間接的にカワウソの生息地を奪う行為になっていることを来園者は学ぶことができる．こうした展示を普通の動物園で見かけることはまずないだろう．

　自然体験プログラムも学校団体用に年齢層別に用意されている．たとえば「カワウソのように生き残る」と題したコースは 10-12 歳用のプログラムである．このプログラム用に，園内の 5 カ所に簡単な施設が設けられていて，野生のカワウソが直面するであろう問題のいくつかを直接体験できるようになっている．たとえば交通事故体験ステーションでは，ボタンを押すと子どもたちは車がつぎつぎに通り過ぎる音を聞くことができる．そして 1 台が通過してからつぎの車の通過音が聞こえるまでの間に道路を横断するように求められる．視力のよくないカワウソが車にひき殺されることなく道路を横断するためには，車の音だけを頼りに判断せざるをえないからである．

　そのつぎには小型定置網である袋網のステーションがある．子どもが入れるほどの巨大な袋網が用意されており，そのなかに入った子どもたちは，出口まで息を止めてたどりつくよう求められる．カワウソが袋網で溺死する危険を体験するわけである．ヨーロッパの運河では岸が垂直に打ち込まれた鋼矢板で護岸されていることが多いので，護岸ステーションではカワウソが人工の垂直護岸を登るのがいかに難しいかが体験できる．子どもたちは人工護岸を模した鋼矢板に飛びつくのであるが，「水面」をイメージして足下には柔らかいマットが敷いてあるので，子どもたちは「地面」を蹴って護岸にジャンプすることはできないようになっている．これら以外にも各種の体験ステーションが園内に配置してある．

　わが国の動物園においても，飼育環境に工夫をこらす環境エンリッチメントの努力がなされている．たとえば上野動物園ではカワウソ舎のプールにアクリルパイプをつなぎ，カワウソが水中を巧みに泳ぐ姿を観察できるような工夫がなされており，よこはま動物園ズーラシアでも大きなアクリルガラス越しに水中のカワウソを観察できる．環境エンリッチメントの目的のひとつは展示動物にストレスを与えないという動物福祉の視点であるが，来園者への教育という点からも大きな効果が期待できる．狭いケージの隅にうずくまっている姿しか見えない場合と比べて，来園者のカワウソに対する印象はずいぶん違うものになることだろう．動物観を変えるというのはこうしたこと

の積み重ねだと思う．

（2）地域観光のコアとして機能するカワウソセンター

　ドイツ・カワウソセンターが1988年にドイツ北部のハンケンスビュッテルに開設されると同時に，地元に旅行協会が設立された．農業地帯であったハンケンスビュッテルでは，それ以前は観光が大きな産業になるとは考えられていなかった．人口1万人に満たないこの地域では，いくつかの村落が以前から観光客を受け入れており，年間5-7万人の宿泊客と2-3万人の日帰り客が健康増進や田園風景を楽しむことを目的としていた．立ち寄り場所としては狩猟博物館くらいしか存在しなかった．

　カワウソセンターの開設後，ハンケンスビュッテルの知名度は大きく上昇し，日帰り客は年間11万人と急増した．そのほとんどはカワウソセンターを目的としていた．観光業が突然に地元の主要産業になったわけである．それまで観光客に関する諸用務は地元行政の観光担当部署で扱われていたが，1994年に地方議会は毎年かなりの額を地元の観光協会に助成することを議決した．常勤の観光専門家を雇えるようにして本格的な観光マーケティングを始めようというわけである．観光産業が重要であるとの理解はさらに進み，1999年には新たなツーリスト・インフォメーション・センターが建設された．

　それまで地元住民の目には，「観光客は地域をかき回す邪魔者である」と映っていたのであるが，観光業が成長産業であることは地元政治家や地域住民に理解されるようになった．近隣の2地区が観光協会に加えてほしいと申し入れてきたことも，そうした変化の反映であろう．協会は1997年には規約を大幅に改め，コミュニティレベルの協会から，より広範な地域を対象とした協会に衣替えした．

　アンケート結果に見られるように，観光客がこの地を訪れる主要因は優れた景観とカワウソセンターの存在であることがわかった（図5-2）．このため，観光協会はシンボル・ロゴマークとしてカワウソを使うことを決定した．こうしてカワウソは，宣伝パンフレットやウェブサイト（http://www.urlaubsregion-heidmark.de）の随所に登場することとなった．日帰り観光客の大部分はカワウソセンターが目的なので，ハンケンスビュッテルだけを

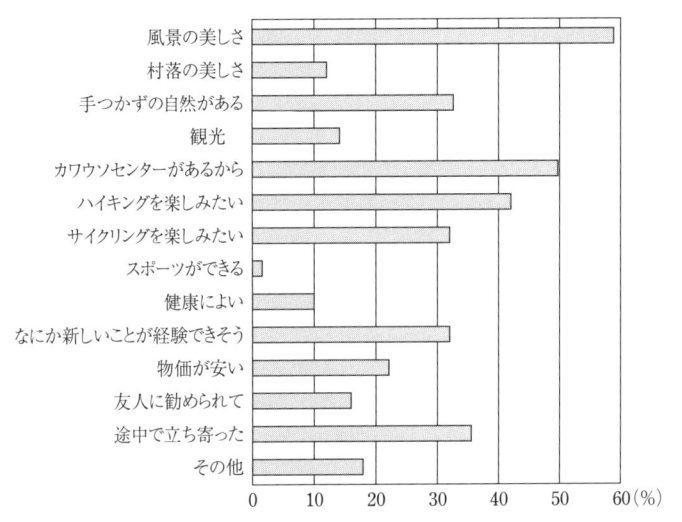

図 5-2 旅行者がハンケンスビュッテルを選んだ理由（230名へのアンケート結果）（Reuther, 2001b より改変）

訪問するのであるが，近隣コミュニティもカワウソを地域のシンボルマークとして用いることを積極的に支持している．

こうした片田舎ではカワウソセンターがなにを目的とした施設であるか，なかなか理解してもらえないが，地元民はカワウソセンターが怪しげな施設ではなく信頼できること，また信頼なくして施設の成功はないことを理解した．このセンターは自然環境教育施設なので，カワウソ展示という「お楽しみ」があるだけでなく，いくつもの保全プロジェクトが実施されている．

地域の人びとは現在，自然保護は利他的な行為ではなく，地元経済と地域発展の基礎であることをよく理解している．そのために保護活動家だけでなく，「普通の人びと」も自然保護活動を始めるようになった．また自然保護が政治の課題としても取り上げられるようになった．保全活動は地域発展の邪魔者ではなく推進剤であることが理解されるようになったのである．

5.7　チェコの養魚池におけるカワウソ基金の啓発活動

チェコ共和国のトレボン生物保護区と景観保護区では，コイ養殖が700年

以上も続けられてきた．このため地域には池，排水路，小川，沼地と湿性草原が入り交じり，カワウソが生息するために理想的な人工の湿地生態系ができあがっている．人工養魚池は460カ所もあって，700 km² におよぶ保護区面積の約10%を占める．トレボン漁業会社はこれら養魚池の8割以上を管理しており，内水面漁業は林業や観光業と並んで地域の主要収入源となっている．

チェコの人びとがカワウソといった特定種の保護や国際保護条約などに関心を払うことは最近までほとんどなかった．その背景として，国レベルにおいては社会主義の時代から保護よりも生産が重視され，市場経済に移行してからはその傾向がさらに強まっていることがあげられる．地域レベルにおいては，保護区が設立されて20年以上になるにもかかわらず，森と池沼に囲まれた自分たちの住んでいる場所が国際的にも重要な場所であるとの理解が地域住民のなかに定着しておらず，保護区としての規制はしばしば迷惑と見なされている．とりわけ漁師，釣り人，そして彼らの家族や友人らにとって，カワウやカワウソのように魚食性の鳥獣は厄介者と見なされている．

このトレボンに本拠を置くNGOであるチェコ・カワウソ基金は，カワウソの研究を進めると同時に，①一般の無関心な人びと，および②漁業関係者や釣り人などカワウソとの間に問題を抱えている人びと，への啓発活動を続けてきた．その目的は，トレボン湿地がたいへんユニークな環境であって，

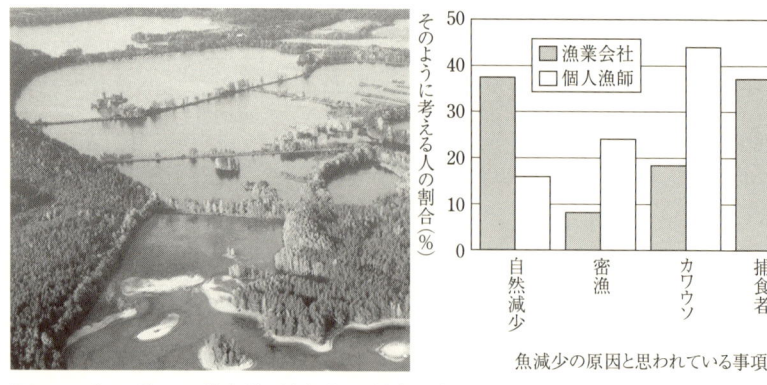

図 5-3　トレボンの養魚池（左）と関係者の考える養殖魚減少原因（右）（Roche and Kucerova, 2001 より改変）

世界に誇りうる遺産であることを地元の人びとに理解してもらうことである．同基金がコイ養魚場関係者に行ったアンケートは興味深い結果を示している（図5-3）．ここには2種類の漁民がおり，片方は漁業会社に勤めて毎月給料をもらっているサラリーマン漁師，もう一方は毎日の漁獲を自分で売って生計を立てている自営漁師である．この2グループに養魚場の魚が減っていく理由をたずねたところ，サラリーマン漁師では「なぜかわからないが自然の要因で減ってゆく」と他人事のような答え方をする人の方が多かった．ところが自営漁師には「密漁者のせいだ」とか「カワウソが来て獲ってゆくからだ」と理由を特定して答える人が多くいた．すなわち，動物の存在が自分の収入に直接影響すればするほど「敵」と扱われるわけである．同基金は「カワウソはフラッグシップ種として理想的な種である」という発想にもとづいてつぎのような活動を行っている．

（1）情報提供

研究結果や啓発のための書籍を地元の図書館，住民，関連団体などに送り続けること．カワウソの生態，脅威，生息の必要条件などに関するポスター，リーフレット，絵はがきセット，同基金自身の研究成果集などを作成し，またカワウソ関連の出版に対する資金を援助することで，カワウソ保護にかかわる人を少しでも増やそうとしている．これら成果物は地元の図書館だけでなく地元民や関連機関にも配布されている．とりわけ，漁師や釣り人を対象にして，カワウソの生態，保護対策，被害補償などに関する具体的な情報を掲載した資料も作成している．これらすべての資料はチェコ語だけでなく可能な限り英語版やドイツ語版も作成され，より広い範囲の人びとに情報が届くよう配慮されている．

（2）展示

同基金はカワウソが分布する諸地域のさまざまなイベントにおいて，湿地に関する展示活動を行ってきた．トレボンのサイクリング・ロードや散歩道の途中にも，カワウソが生態系のトップにいる動物であること，また危機にある動物であることを示すボードを多く掲示している．

(3) 教育

これまでに同基金は児童や学生だけでなくあらゆる年齢層の人びとと 150 回以上の対話集会，スライドショー，現地視察などの機会を提供してきた．スライドショーの教材は学校や環境団体からリクエストがあればいつでも提供できるようになっている．この企画は大成功であり，同基金はその業務のために 1 名の職員を雇い入れねばならなかったほどである．教員と学生を対象とした「カワウソと環境」というタイトルの教材セットも作成されている．

(4) メディア

カワウソに関する記事は数え切れないほど，地元や全国規模の新聞，テレビ，自然雑誌などに登場してきた．とりわけ重要なのは，釣り関係の雑誌にもこうした記事が掲載されていることである．同基金はそれらに協力してきた．ウェブサイトの利用も当然行われている．

(5) 協力

漁民の考えをよりよく理解するために，同基金はアンケート調査も行っている．結果はきわめて興味深いものであり，同じ漁業関係者であっても，少し立場が異なるだけでカワウソに対する考え方が相当に異なることが明らかとなった．こうした結果を活用すれば，ターゲットグループごとに，より効果的な活動を行うことができる．同基金が得た情報は原則として公開される．たとえば河川の魚種調査のために電気漁法を行うときには，地元の釣りクラブをつねに招き，その結果を見てもらうことにしている．さらに，同基金は地元の漁業団体が政府補償を請求する際の公認コンサルタントとして，無料で顧問活動を行っている．このような努力を通じて同基金と漁民との信頼関係が構築され，交換される情報量も増加している．トレボン漁業会社は社内に 1 名のカワウソ連絡員を置き，同基金は釣り団体が催す諸行事に定期的に招かれるようになっている．

同基金の活動をわが国の状況と比較すると，類似点と相違点の両方が見えてくる．湿地の「国際的な価値」を地元住民になかなか理解してもらえないのは，世界共通のようである．わが国において，ある湿地をラムサール条約

の登録湿地に指定しようとするとき，行政担当者が「ここは国際的に価値のある湿地だから」と説明しても，すぐに納得してもらえることはまずない．見慣れたものの価値を認識することは意外に難しい作業なのである．

英語やほかの外国語による海外への情報発信のレベルはEU諸国とわが国で極端な違いがある．わが国でも世界のどこに出してもはずかしくない環境保全活動が多くなされているにもかかわらず，英語出版物を作成している団体はきわめて少ないし，英語のウェブサイトもないか，あってもたいへん貧弱である．海外から見ると，日本はなにをしているかまったくわからない国と映っていることだろう．啓発活動を行うときのターゲット選定にも大きな違いが見られる．わが国の啓発活動は一般の人びとを対象とすることが多く，利害関係者（ステークホルダー）に対象を絞り込んだ活動はまだまだ少ないし，さらに信頼関係を築けるほどの活動を継続できている例は少ない．

5.8 漁網規制によるデンマークのカワウソ保護

デンマークのカワウソは1967年以来保護されているが，個体数は1980年には約200頭にまで減ってしまった．このため全国的なカワウソ保護キャンペーンが1984年に始まり，カワウソ死亡記録や目撃記録を一元的に管理するシステムができあがった．同国では湖沼や浅い水域に仕掛けられた袋網に入って溺死するカワウソが多く，とりわけ亜成獣が多く死亡するようだった．このため漁網や袋網によるカワウソ溺死を防ぐための交渉が漁業省と始められた．

袋網へのカワウソ侵入を防ぐため，袋網の内部に十字格子を装着することが提案され，1987年にはユトランド半島の一部河川で袋網に十字格子を義務づける最初の条例が制定された．十字格子が義務づけけられた河川は1988年から1989年にかけて拡大され，1991年にはカワウソの生息するすべての淡水域において，若干の例外をのぞいて十字格子が必要となった．デンマーク政府は1996年にカワウソ保護行動計画を公表するとともに，カワウソ生息の有無にかかわらずすべての淡水域と一部の海域において十字格子使用を義務づけた（図5-4）．カワウソの分布域は拡大傾向にあるので，それにともなって規制海域を拡大することが必要と思われ，そのための交渉も始

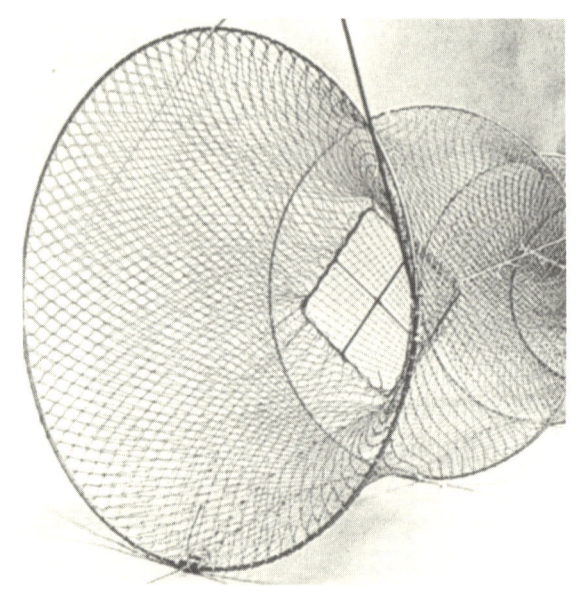

図 5-4　十字格子を入れた袋網（写真提供：A.B. Madsen）

められている．

　十字格子を装着することの効果程度はいくつかの研究が異なる結果を示しているが，十字格子はカワウソだけでなくホオジロガモ，ウ，ヌートリア，ビーバーなどの溺死を防ぐためにも有効であった．カワウソ死亡記録数を 1979-99 年の 20 年間について見ると増加傾向にある．これは国民の関心が高まって報告が増えたため，あるいはカワウソ個体数が増えたためと解釈されている．しかし 1990 年以降の袋網による溺死数について見ると減少傾向が見られ，これは十字格子の導入の成果であると考えられる．政府は十字格子付き袋網の配布を行っているが，漁民が積極的には使ってくれないという問題もあるようだ．

5.9　ラトビアにおけるハンター参加型の個体数モニタリング

　バルト海に面したラトビアは面積や人口が北海道より一回り少ない小国で，国土の大部分は平坦で農地，牧草地，森林で占められる．この国はヨーロッ

パ諸国のなかでは野生動物が豊富な国であり，国土の約9割がハンティングに適している．ビーバー42000頭，カワウソ6000頭，オオカミ500頭，ヨーロッパヤマネコ600頭といった生息数が2000年時点で推定されている．この国のカワウソは，ソ連領であった1980年代までは毛皮を目的とした経済獣であったが，独立後は経済価値をなくしたために狩猟圧が減少し，個体数は漸増傾向にある．またEUではカワウソは保護獣とされているため，2004年のEU加盟にともなって同国でもカワウソは保護獣になった．

わが国では，狩猟は自然保護と相反する行為というイメージが強いが，ラトビアにおけるハンティングはたんなるレクリエーションというより国の文化として深く根付いており，ハンターの数が約35000人（全人口の約1.4%）にのぼっている．ハンティングを趣味としている環境省の役人も多い．地域のハンティングクラブに入会を許されることは大きなステータスシンボルとなっている（図5-5）．

狩猟適地は多くの猟区に分かれており，多くの猟区はそれぞれ特定のハンティングクラブによって管理されている．クラブのハンターはエリア内の野生動物個体数をモニタリングするだけでなく，ときには給餌などの増殖活動を行うこともある．クラブのハンターは自分の狩猟区域内において，目視ないしは捕獲した動物の数を国家森林局に報告する．森林局は当該地域における個体数調査を独自にも実施し，ハンターによる申告数とクロスチェックを行って生息数を推定する．各猟区には最適個体数があらかじめ定められており，生息数が最適個体数より多ければ，狩猟許可数を増やし，下回れば制限するという繰り返しにより個体数が管理されている．たとえばアカシカでは，推定個体数が最適個体数の90-109%にある場合は推定個体数の20%を狩猟許可数とし，推定個体数が最適個体数の70-89%であれば15%に減らすといったルールが定められている．

野生動物を管理するうえで基礎となる情報は個体数である．たとえ正確な個体数はわからなくても，継続したモニタリングを行って増減傾向さえ把握すれば，対策の講じ方はある．そのために大事なのは継続性である．ニホンカワウソでは昭和3年に狩猟獣からはずされたことによって，まったく情報のない時代が長く続いた．高知県で1970-80年代にカワウソが絶滅していった様子がつかめるのは，まがりなりにも調査員制度ができて，なんとか比較

168　第5章　世界のカワウソ保全活動——教育と啓発

図 5-5　ラトビアのカワウソ保護パンフレット（上）と出発前の注意を受けるハンターグループ（下）（写真提供：U. Bergmanis）

に耐える痕跡情報がとりまとめられるようになったからである．思いつきのように不定期かつバラバラな方法で調査を行っても，それらの結果を比較することは困難である．

　ハンターによるモニタリングが有利なのは，少ない費用でできることである．森林局は現状でさえ，財政不足により十分なクロスチェック用の個体数調査を行えない状態にある．モニタリングをすべて行政の責任で行おうとすれば，たいへんな費用がかかってしまうだろう．このシステムが成り立つた

めにはハンターによる個体数推定が正確であること，たくさん撃ちたいために水増し報告がなされたりしないことが必要である．このシステムが第二次世界大戦前から大きな変更なしに安定して続けられていることから見て，個体数推定については大きな誤差があるようには思われない．またハンターが高い社会的地位を持っていることは水増し報告を防いでいる．なによりもハンター自身が個体数管理の意味を理解していることが，ハンター参加型の野生動物管理を可能にしている．カワウソが狩猟獣からはずされた今後も，ラトビアのハンターが高い関心を払い続けてくれるか，未知の点がある．

5.10 アマゾンのオオカワウソとエコ・ツーリズム

　世界最大のカワウソであるアマゾンのオオカワウソは，ほかのカワウソ類と系統的にかなり異なる種である．本種はかつて南米の広い範囲に分布したが，1940年代から1970年代にかけては国際的な毛皮取引のために多数が捕獲され，現在の分布域は開発の遅れた奥地の熱帯雨林や湿地に限られる．現在の生息地である低地熱帯林についても，入植者の増加という問題を抱えている．このカワウソを保護するため，ドイツのフランクフルト動物園協会は1990年に研究・保護長期プロジェクトを開始した．生息個体数を把握し，本種がペルー南東部で生き残れるようにすることを目的として，クリストフ・シェンク氏やジェシカ・グローネンディク氏をはじめとする同協会プロジェクト・スタッフが現地で活動を続けている．その保護対策のなかで啓発活動は大きな比重を占めている．

　具体的な啓発・教育活動として，このプロジェクトではつぎのようなプログラムを観光客，ツアー会社，あるいはオオカワウソ生息地の管理にかかわる諸機関に向けて行っている．①保護区行政官，公園レンジャー，観光客，地域住民，保護団体，ツアー会社などと個人的な対話に努める．②研究論文を出し，新聞にできるだけ多くの記事を書く．③公式，非公式を問わず，できるだけ多くの講演を行い，会合に出席して最新の情報を伝える．④オオカワウソのことを平易な言葉で説明した小冊子を発行する．⑤カワウソ・ウォッチングにはどのような責任がともなうのかを説明したリーフレットを観光客と地域住民向けに配布する．⑥ロッジや観察タワーなどに説明ボードを設

置する．⑦ツアー・ガイドや公園レンジャー向けの研修コースを開催する．⑧啓発ポスター（スペイン語），ビデオ，Ｔシャツなどを制作する（図5-6）．⑨国の保護機関やツアー催行業者向けにプレゼンテーション・キットを作成する．⑩ネットワーク誌として『オオカワウソの友』を年2回，英語およびスペイン語で発行する．⑪ウェブサイトを設ける．

オオカワウソは体が大きく，開けた水面で昼間に活動し，単独生活ではなく何頭かが集まって暮らし，声を発するといった特徴を持つ．ペルー南東部で拡大しつつある熱帯雨林観光（エコ・ツーリズムであると理解されている）にとって，こうした特徴を持つオオカワウソは目玉動物として恰好の存在である．また本種は，蛇行しながら穏やかに流れる河川とその周辺の三日月湖が組み合わされたような環境を好み，三日月湖と河川との間を往来しながら生活している．こうした環境は手つかずの自然にあこがれる観光客がぜひ訪れてみたいと思う場所でもある．

オオカワウソは敏感な動物なので，観光は彼らにとって大きな脅威となる可能性もある．河川を突っ走るエンジン付きボートによってカワウソの群れはパニックを起こすかもしれない．また三日月湖ではオオカワウソが観光客

図 5-6　背中に注意事項を書いたオオカワウソ観光ガイドのＴシャツ（写真提供：C. Reuther）

のカヌーに接近してくることがある．カワウソはボートから2-3 m離れた水面から顔を出し，警告のために鼻をならす．これを見て，カワウソが慣れて近づいてきたと誤解する観光客も多いが，この行動はオオカワウソがワニと出会ったときに示す反応とほぼ同じなのである．こうして出会った場合，観光客はカヌーを静かに立ち去らせず，かえってカワウソにさらに接近しようとすることがある．その結果，カワウソは逃げ去り，ときには三日月湖を放棄してしまうことさえある．さらに，こうした経験をしたカワウソは，ボートが遠くに見えただけで逃げ出すようになる．

このような影響は，オオカワウソの子育て期においてとくに問題になる．マヌ国立公園における子育て期は乾期の始まる5-6月であるが，この時期は熱帯雨林観光のピーク時期でもある．巣穴近くにいるオオカワウソとその子どもたちは，こうした攪乱にとくに敏感に反応する．飼育下における観察では，子育て中の母親をストレスにさらすと，乳が出なくなって子どもが飢餓状態になることがわかっている．

オオカワウソの個体群動態をコンピュータ・シミュレーションしたところ，個体群が維持されるためには，性成熟に達して単独行動している個体がとくに重要という結果になった．2頭の雌雄が1年のごく限られた発情日に野生下で出会って交尾できる可能性は，どれくらいの数の単独行動個体がその水系にいるかによって大きく変化する．単独個体の数が一定数以下に減少すれば，雌雄が遭遇できる可能性は減少し，負のスパイラルによって地域個体群の絶滅を招くかもしれない．繁殖可能なオオカワウソグループが数群しか残っていないマヌ国立公園では，1カ所の三日月湖で繁殖阻害が発生しただけで，地域個体群全体の生き残りが危険になるかもしれない．

オオカワウソがボートに乗った人間に出会ったときに示す反応と，岸辺の固定した場所で出会ったときの反応とは大きく異なっている．オオカワウソは高い知能を持つので，人間との遭遇状況に応じてどれほどの危険があるかを判断し，それに応じた行動をとることができる．特定の岸辺における出会いは，同じ場所で定常的に起こるのでカワウソにとって予測可能であり，時間をかければそれに慣れることも可能である．それに対し，ボートとの出会いは突然に，ときには巣穴のそばでさえ発生するので，しばしばカワウソをほんとうに驚かせてしまう．

観光は一面ではオオカワウソの生活を攪乱する要因であるが，きちんと管理されるならばこのような絶滅危機にある動物の保護に役立てることもできる．オオカワウソはカリスマ的な要素を持った動物なので，本種をアンブレラ種として利用すれば，この国立公園における多様な動植物も同時に保護されることにつながるだろう．オオカワウソに配慮した観光を実現するために，フランクフルト動物園協会はつぎのような提案をしている．

1. オオカワウソだけに頼る観光には無理があるので，それ以外の観光要素を開発する．
2. それぞれの場所ごとに管理計画をつくる．
3. 湖岸の歩道など観光用施設を制限する．
4. 各観光業者が個別に施設を設けるのではなく，共同施設化を図る．
5. ボートの台数制限を行い，エンジンボートのかわりに手こぎボートを使う．
6. 可能であれば岸辺の固定観察場所から観察する．
7. 観光ガイドや公園レンジャーへの研修を改善し，証明書を発行する．
8. 繁殖場所では歩道を岸辺から 100 m 以上離す．
9. 近づいてはいけない距離を具体的に示す．
10. 三日月湖に立入禁止地帯を設けるなど，重要繁殖場所には観光ゾーンを設置しない．
11. 関係者の意識レベルを上げ，各種調査結果を公開する．
12. モニタリングを続け，必要なときには対策をとれるようなメカニズムを導入する．

このプロジェクトの成果であるかどうか不明だが，現在のところオオカワウソの減少は止まっており，人の住んでいない地域ではわずかながら増加傾向も見られる．この保護管理プロジェクトはペルー政府の公認するところとなり，新たなオオカワウソ保全プロジェクトも動き出そうとしている．プロジェクトを通じて，つぎのような教訓が得られた．①啓発活動においては個人間の対話がたいへん重要であり，こうした方法でしか伝えることのできないメッセージも多い．②このプロジェクトがきっかけとなって，レンジャーがオオカワウソ歓迎のサインボードをつくったり，学生が保護プロジェクトを始めたりと，いろいろな人が保護プロジェクトを行い始めた．地域住民の

参加は持続性につながるので，きわめて重要である．③思いつきのプログラムではなく，戦略的な計画を持つことが成功の鍵であるが，個別のプロジェクトについては柔軟に随時見直すことが必要である．④プロジェクトが波及効果を生み出すためには，教師，大学教員，保護管理行政の幹部，ツアー会社の幹部は重要な役割を果たす．たとえば先住民に働きかけるためには教員の助けが必要である．⑤印刷物は複数の言語で作成する必要がある．⑥規制措置（カヌー・ツアー規制など）よりも積極性のある措置（観察塔の建設など）の方が好ましい．⑦情報は受け手が頭で理解するだけでなく，心に達しなければならない．そのためには正直であり，情報を公開し，科学的な知見にもとづいた提案をしなければならない．

5.11　バングラデシュにおけるカワウソ漁法の危機

第1章で述べたように，カワウソを用いた漁法はかつてインド，マレー半島，インドネシア，中国などアジアにも広く見られたが，バングラデシュをのぞくほとんどの国で姿を消した．しかしバングラデシュでもこの漁法は消滅の危機にある（図5-7）．このことを保全の章で紹介するのは，こうした

図 5-7　バングラデシュのスンダーバン湿地におけるカワウソを用いた漁（写真提供：A. Islam）

漁法が存在するために，現地のカワウソが野生下，飼育下を問わず伝統的に保護されてきたためである．飼っていたカワウソが死ぬと，葬式を行い，水葬にして弔うこともある．これは湿地に関する条約であるラムサール条約が強調する，湿地の賢明な利用や，伝統的な知恵の利用の好例といえよう．

バングラデシュのベンガル湾に面した地域には，スンダーバンと呼ばれる世界最大級のマングローブ湿地が発達している．この地域にはカワウソを用いる漁法を受け継ぐマロ・ジェレと呼ばれる漁民コミュニティがある．漁は冬季には湿地内で行われ，暑いモンスーンの季節には内陸の河川に移動して行われる．この漁法のためにはまずカワウソを入手しなければならない．この漁法に使われるのは同国に生息するカワウソ3種のうち，ビロードカワウソだけである．漁民たちは野生個体を捕獲するか，あるいはカワウソを保有している別グループから飼育中の親を借りてきて，飼育下繁殖させる．飼育下繁殖は容易である．繁殖は季節を問わず起こり，交尾は水中で行われる．妊娠期間61-78日で体重約200gの子が生まれる．新生児の体重は最初の2週間は増加しないが，その後は月に1kgくらいのペースで増す．生後4-5週で開眼し，7-8週で固いものを食べるようになる．一腹子数は2-5頭であり，3頭以下であればほぼ全頭数が無事に成長するが，4頭以上であれば育つ子は8割以下に落ちる．生まれたカワウソが3-4カ月になるとトレーニングが開始され，これには5-6カ月かかる．訓練時には1頭の未経験の亜成獣に訓練ずみの2頭の成獣がつけられる．

訓練は昼間に行われ，漁師は水中にいる亜成獣に向かって「捕まえろ」という意味の言葉をかけながら魚を投げる．これを繰り返すことで，カワウソはこの声を聞くと水中にあるものをなんでも追いかけるようになる．この漁はおもに夜間に行われ，毎夜8-12回の追い込みが行われる．毎回の手順はつぎのとおりである．

1. 小舟に3人の漁師が乗り込み，2頭の訓練されたカワウソと1頭の亜成獣が用いられる．
2. 漁師は水中に2本の竹棒の間に網をはった四角い漁網を用意し，それを船から少し離れた場所に垂直に立てる．
3. 2頭の成獣カワウソは棒に1頭ずつヒモでつながれ，水中に放される．
4. もう1頭の亜成獣は自由に網の前を泳ぎ回れるようにされる．

5. 準備が終わると漁師は「捕まえろ」との声を発してカワウソを興奮させる．
6. カワウソはいろいろな方向から魚を網に追い込み始めるが，魚をくわえてしまうことはない．
7. 漁師は魚が網に近づいたら，すくいとるようにして網を引き上げる．

　この漁は魚だけでなく小エビも対象である．スンダーバン湿地以外の場所ではおもに魚が対象であるが，湿地内ではエビが対象となる．この漁による一夜の漁獲高は 4–12 kg であり，エビの場合は 2–7 kg である．この漁獲高は同地で行われているほかの漁法よりも多く，水揚げは仲間内で均等配分される．カワウソにも餌を与えねばならないが，魚を獲っている時期には 1 頭あたり平均 1.1 kg/日の餌が与えられる．常食として与えられるのは種類を問わない魚，数種のカニ類，そしてヒキガエルである．無毒のヘビもときに餌となる．場合によっては水揚げされた魚を与えることもある．

　現在，この漁法を行う漁師は 12 の村に 46 グループ，約 300 名おり，間接的には 2000 名近くの人びとがこの漁の恩恵を受けている．飼われているカワウソは 176 頭であり，このうち 138 頭は成獣，ほかは成獣に達していない個体と漁ができない老齢個体である．しかし 10 年前の 1996 年には 110 のグループが存在し，約 350 頭のカワウソが飼われていた．

　衰退の主因は，教育を受けた子どもたちがこうした職に就きたがらないことである．それにはつぎのような背景がある．まず近年の生活費上昇や人口増加があげられる．国民の 9 割近くがイスラム教徒であるこの国にあって，彼らはヒンドゥー教徒であり，社会的に抑圧された状態にある．耕作用の土地を購入することも許されず，収入のすべてを漁業に依存しているために経済的に困難である．暴力や差別の問題にもさらされている．水質汚濁や湿地における河川からの土砂堆積が問題であり，漁場の質が低下している．ほかの漁法を行う漁民たちと漁場をめぐる競合もあるし，漁期についてほかの漁民が年間を通じて魚を獲り続けていることも問題である．漁業許可や税金をめぐって地方行政との軋轢がある．湿地帯のなかでは盗難の問題もある．

5.12　国際協力

（1）研究協力

　スマトラカワウソの研究はこの10年で大いに進展した．タイ王立森林局のブサボン氏がタイ南部で1999年に再発見するまで，本種は29年間も情報の途絶えていた幻の種であった．その後，佐々木浩氏が東南アジア各国の研究者と連携研究することによって，本種は現在もベトナム，ラオス，カンボジア，インドネシアなど東南アジアに広く分布することがわかってきた．スマトラカワウソについては，カンボジアでは2006年からプノンペン大学の大学院生らも参加した調査が始まり，トンレサップ湖をはじめ広く分布していることが確認された．ベトナムの農業地帯にあるウ・ミン・トン保護区でもスマトラカワウソ研究が行われている．再発見者のブサボン氏自身も生態研究を続けている．同氏がスマトラカワウソの生態を同所性のアジアコツメカワウソのそれと比べたところ，スマトラカワウソ糞の8割近くがメラルカ林と呼ばれるタイプの林内で発見されたのに対し，コツメカワウソの糞はメラルカ林で3割，水田や道路脇の林などで各2割が見つかるなど，幅広い生息環境に分布していることがわかった．食性についても，前者では餌の80％以上が魚，10％がヘビであり，きわめて魚食性が強かった．他方，後者はカニが3割程度，魚とカタツムリが2割程度，そしてヘビが1割程度であり，食餌の内容は相当に異なっていた．すなわち，前者は地表の多くが水に覆われて人が入りにくいタイプの森を好んでいることが，見つかりにくかった理由のようである．さらにサインポストにおけるビデオ撮影結果からは，昼間も活動していること，魚用の網カゴから上手に魚を取り出す様子，ワナに出くわしたカワウソがびっくりして後ずさりする様子なども明らかにされた．カワウソのように特定のサインポストに出現する種では，ビデオ調査による行動解析からもいろいろな情報が得られそうである．ブサボン氏の調査地であるナラティワット県は宗教対立などによる治安の悪化が深刻であるが，日常のチェックは現地の協力者に依頼し，月に1回程度の訪問をすることで調査を続けている．現地の協力者をどのように確保するかが，ほかの野外カワウソ研究においても研究の成否に大きく影響するように感じた．

（2）資金協力

　資金確保は研究者にとって最大の苦労ともいえる．とりわけ開発途上国では，資金確保は死活的である．わが国の研究ではひとつの研究にはひとつの資金源というケースが多いが，近年における開発途上国での研究を見ると，国際カワウソ保護財団（IOSF）やWWFをはじめ，各種の財団や基金など複数の助成機関から資金を得ているケースが多い．助成機関が息の長い支援をしているのも特徴である．たとえばフランクフルト動物園協会はオオカワウソのエコ・ツーリズム利用と保全にかかわるプロジェクトを資金と人材の両面から17年にわたって支援してきただけでなく，アルゼンチンなどほかの南米諸国の研究を支援してきた．南米に若いカワウソ研究者が増えてきたのは，こうした息の長い支援の成果とも考えられよう．わが国の支援と異なるのは，同協会をはじめ助成機関が資金だけでなく，人材も長期に現地へ投入していることである．カンボジアにおけるスマトラカワウソの調査も，資金提供者のNGOであるコンサベーション・インターナショナルが資金提供だけでなく，スタッフを調査に参加させて指導にあたっている．

　アジアにおけるカワウソ保護については，日本の地球環境基金もかなりの貢献をしてきたと考えている．すなわち，私や佐々木浩氏が中心になったカワウソ研究グループを通じて，同基金の助成はつぎのとおりアジアのカワウソ啓発活動や研究に寄与してきた．1995年：日韓カワウソシンポジウムを高知市と韓国馬山市において同時開催した．1996年：バンコクでカワウソ専門家会議を開催した．1997年：タイの保護区においてアジア各国の研究者やレンジャーを対象としたカワウソ調査法研修を行った．1999年：台湾においてカワウソ保護に向けた啓発手法に関するワークショップを開催した．2000年からは3カ年計画でアジア各国のカワウソ保護に関する普及・啓発活動を支援することとした．2001年：スマトラカワウソの実態調査を行うとともに，世界のカワウソ保護啓発活動事例集を発行した．2002年：インドとベトナムにおいてカワウソ保護ワークショップを開催した．こうした支援の成果は目に見えにくいが，このような活動を通じて，たとえば韓国の韓盛鏞氏のような人材育成に寄与できたといえるだろう．

（3）地域内協力

近年におけるヨーロッパのカワウソ保全は，EU の枠組みのなかで行われるようになっていることも特徴である．EU の自然と生物多様性政策の中心に位置づけられ，希少種の生存を長期に保証しようとするのが「ナチュラ（Natura）2000」である．これは 1992 年に定められた EU 生息環境指令にもとづく域内の自然保護エリアのネットワークである．各国は生息環境指令にもとづいて生息場所を結ぶ回廊や保護区を設定するが，この保護区は人の立ち入りを許さないようなタイプではなく，生態系が持続可能な経済活動も土地の私有も認められる．獣害に関する行動計画も EU プロジェクトとして進行中である．各国が陸続きであり，それぞれの国土が広くない欧州では，こうした連携が不可欠である．わが国の場合にあてはめれば，ニホンカワウソ保護において愛媛県と高知県の連携がなかったことなどが思い起こされる．

具体的な例として，スロベニアの東北端にある面積約 460 km² の地域を対象にしたアクア・ルトラ・プロジェクトはこうしたネットワーク構想のなかで位置づけられている．このプロジェクトの対象地域では，プロジェクトの主目的は河川環境を回復することによってコリドーを確保することにある．そのためにカワウソの個体数，分布状況，齢構成などを調査するとともに，生息地のなかでとくに問題となる場所を選び出して対策をとろうとしている．観察用の小道などを備えた環境教育施設としてカワウソセンターを建設することも，主目的のひとつである．

（4）南北協力

2007 年の第 10 回国際カワウソ会議では，「カワウソ保護に関する南北共同調査」の合意文が調印された．日本の諸報道を聞いていると，北朝鮮に関しては悪い印象しか持つことができない．しかし韓国内の雰囲気はかなり異なっている．共同調査のアイデアは韓国カワウソ研究センターの調査から生まれた．同センターが郡内を流れる北漢江(ブッカンガン)のユーラシアカワウソに発信器をつけて追跡してみると，一部の個体は南北を遮る幅 4 km の非武装地帯にまで入り込んでいることがわかった．現在のところそれ以上の追跡はできていないが，今回の共同調査は，南北をまたいで生活しているカワウソを平和の

シンボルとして位置づけようという発想である．華川(ファチョン)郡も平和活動にはカワウソ以上に力を入れている．非武装地帯の外側も一般人の立ち入れない区域になっているので，こうした調査には軍の協力も不可欠であるが，軍はこのような調査に協力的である．

　合意文への調印者は，華川郡のチョン・カプチョル郡守，朝鮮総連朝鮮大学校の鄭鐘烈(チョン・ジョンヨル)教授，(社)韓国カワウソ保護協会の韓盛鏞(ハン・ソンヨン)氏および(社)韓国野生動物研究所の韓尚勲(ハン・サンフン)氏の四者である．後二者は実質的には韓国カワウソ研究センターを指している．この合意では2010年までの3年間を調査期間とし，北朝鮮側では同郡を流れる北漢江の上流部分を調査するだけでなく，臨津江(イムジンガン)や大同江(デドンガン)なども調査地として，生態や生息に影響する要因を探る計画である．北側の調査は朝鮮大学校野生生物研究室が行い，他三者はその調査に予算や装備を支援する．南側の調査は韓国野生動物研究所と華川郡が行う．鄭教授は今回の合意とは別途に，平壌を訪問して希少固有動植物研究センターと研究合意を交わしているので，在日の朝鮮大学校を介したブリッジ形式での南北調査が可能だろう．こうした共同調査の形は，日本野鳥の会も協力した過去の渡り鳥共同調査における経験にもとづいている．

　韓国側関係者には，いずれは非武装地帯をはさむ南北の北漢江水系を保護区に指定し，ラムサール条約の登録湿地にしたいという希望もある．非武装地帯に将来的に保護区を設けることは，ツルの保護にかかわる団体などからも提案されている．今のところこうした動きは韓国側の片想いという側面が強いようだが，状況は私が想像するよりずっと速く動いているのかもしれない．南北交流というと国家レベルの話と思われがちであるが，こうしたプロジェクトレベルの交流方法もあることを認識させられた．

第6章　再導入を考える
——教訓に学ぶ

　再導入には飼育下で繁殖した個体を野外に放す方法（captive breeding）と野生個体を捕まえて別の場所に放す方法（translocation）がある．放す場所についても，現在その種がいない場所に放す場合と，既存の野生個体群に追加する形で放す場合がある．さらに，前章で紹介した環境を改善して自然個体群を拡大させるドイツのやり方（habitat restoration）も広義の再導入と考えることができよう．英国では国内産個体を飼育繁殖させて放す方法が用いられている．自国に自然個体群がいなくなったオランダは，東欧産の個体を持ち込む努力を続けている．米国には安定的な自然個体群も多く生息するので，カワウソのいなくなった地域への移入努力が各地で行われており，欧州の場合と比較して規模も大きいのが特徴である．野生個体群への追加は中国のトキなどで行われているが，カワウソについての事例はないようである．

　カワウソの再導入に関して，ドイツとオランダの考え方には対立がある．たとえばドイツでは遺伝的変異の問題を重視している．ヨーロッパでは過去の生息域後退によって孤立個体群があり，それらに遺伝的な変異があるという立場であるのに対し，オランダの関係者はそうした違いは無視できる程度であるとの立場である．IUCN 種の保存委員会カワウソ専門家グループ（IUCN/SSC/OSG）は，現時点では後者の立場である．

　イタリア南部には，ヨーロッパの他地域とは孤立した個体群がいるが，同国の関係者は再導入には消極的である．理由のひとつは，イタリア南部の個体群は遺伝的に異なっている可能性があることである．またイタリア国内ではカワウソ生息密度の高い場所がないため，導入個体の捕獲場所もない．飼育下の個体を放野することについては，遺伝的に問題があるとされた．ドイ

ツの場合と同様に同国は，生息地の質を改善し，分断環境をつなぐことに優先順位を置いている．もうひとつは交通事故死対策である．

6.1　ヨーロッパにおけるカワウソの分布回復

ヨーロッパに生息するユーラシアカワウソでは，カワウソの回復傾向が明確になっている．カワウソは19世紀末までは欧州全域の湿地環境に分布していたが，狩猟，水質汚濁，生息環境破壊，河川直線化などさまざまな要因によって減少を続けた（図6-1）．西欧では西ドイツ，オランダ，フランス，イギリスなどの経済活動の活発な地域からは姿を消し，英国スコットランド地方，スペイン，デンマーク，イタリア南部，東欧など周辺地域に残存するだけとなった．しかし1980年代後半からヨーロッパにおける分布は回復を始め，たとえばオーストリアにおけるカワウソの分布域は，1990年には全土の半分以下にすぎなかったが，1996年には全土に広がった．英国でもウ

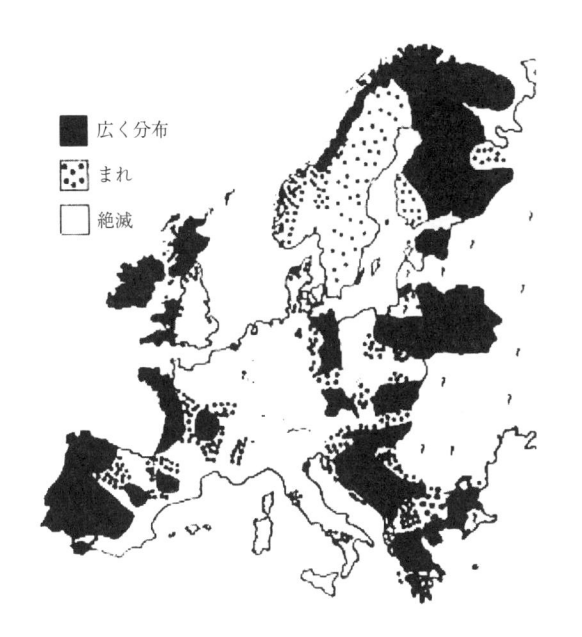

図6-1　1980年代における欧州のカワウソ分布（旧ソ連地域は情報なし）（Macdonald and Mason, 1990 より改変）

ェールズやスコットランドの辺ぴな場所から回復が始まって，首都ロンドンのあるイングランド地方にも相当の広がりを見せ，1990年代後半にはテムズ川にもどってきたことが確認されるようになった．ドイツ・カワウソセンターのあるハンケンスビュッテルでは，1991年と比べて2004年の生息域は2.6倍に増えている．こうした回復の最大の理由は水質改善にあるようだが，カワウソ関係者の努力によるところも大きい．

しかしこのことは新たな問題も起こしている．たとえば，道路の発達した場所にもどってきたカワウソは交通事故にあう確率が高くなる．ドイツにおけるカワウソ交通事故死亡例はこの10年間増え続けており，年間200件以上に達している．報告されなかった死亡がどれだけになるのかはまったく不明である．またファイク・ネットと呼ばれる魚獲り用網カゴによる溺死も問題である．養殖漁業への被害も深刻なレベルに達しており，そのため養魚場の周囲にどのような電気柵を設ければよいかといった応用研究も始められている．たとえば，電気柵が降雪や雑草の繁茂によって埋もれて効果をなくす，他動物の移動も制限してしまう，あるいは漁業者がめんどうくさがって使わない，などの問題に対する研究である．

6.2 自然環境改善によるドイツのカワウソ回復

ドイツでは生息環境改善によるカワウソ回復が成功をおさめている．同国北部の片田舎にあるイセ川はカワウソ自然個体群の分布域近くに位置しているが，過去100年間に河川の直線化や周辺の農地化が進み，肥料や農薬による汚染も加わって，この川のカワウソは1960年代に姿を消してしまった．そこでドイツ・カワウソ保全協会は1987年以来，この川の環境回復を試みてきた．このプロジェクト資金は連邦政府から得られたものであるが，実施にあたったのは保護団体や農民などの関係者である．

自然環境回復のポイントは，河川ぎりぎりまで使われていた農耕地を幅20 mで買収して河川から後退させ，買収地を放置して植生を回復させたことだけである．費用のかかる河川内や護岸の土木工事はともなわず，川を昔のように曲がりくねった状態に復帰させようともせず，保護区の設定も行われなかった．現在のところ約500 haの耕作地が放牧地に転換され，20 km

以上の河畔林が新たに生まれ，その結果，50 km 以上の河川や道路が緑の回廊でつながることとなった．すなわちプロジェクト開始7年目（姿を消して20年目以上）というだれも予想しなかったほど早い段階で，カワウソがもどってきたのである（図6-2）．加えて，植物の多様性が増し，希少鳥類が増えるなどの副次効果も見られた．生息環境を改善することで孤立個体群を再度連結することが可能なことが証明されたわけである．

　このプロジェクトが生んだ最大の社会的影響は，地域農民とドイツ・カワウソ保全協会が協力して有機農産物の販売システムを確立し，カワウソ保護と地域経済発展を両立させたことである．その結果，このプロジェクトでは損失を被った関係者がだれもいなかった．耕作地を後退させることは農民にとって大きな経済的損失であるが，環境保全地区の生産物であることを証明する「イセ・ランド産」のマークをつけることによって，通常の価格より高く売ることが可能になった．これによって農畜産業は新たな市場を獲得したし，BSE問題が発生したにもかかわらず地域からの牛肉出荷額は増加した．

図 6-2　ドイツ，イセ川の環境回復過程（Reuther, 2001a）

観光産業についても，自然を体感できる自転車道を整備した結果，とりわけサイクリングによる観光客が増加した．こうした地域経済への効果は16億円程度と見積もられた．さらにプロジェクトを通じて，景観が向上した，農民や水理技術者自身も河川周辺環境の保護復元努力を開始した，農林業関係者・水理技術者・政治家などが自然保護を支援することに積極的なイメージを持つようになった，河川維持作業の回数を減らすことで支出も減らせることを地方議会や行政が理解した，など経済価値に換算しがたい効果ももたらされた．

こうした物理的な環境改善に加えて，広報と教育活動に多大の努力が払われた．広報活動の一環としてプロジェクト広報誌が年2回，地域住民に郵送される．この冊子には保護論者の意見だけでなく，問題点を指摘する人が意見を述べることもできるようになっている．イセ川プロジェクトの背景とねらいを説明するシミュレーションゲーム型CD-ROMも作成された．このゲームでは，ユーザーは農民，水理工学者，または環境保護論者のいずれかの役を演じて，土地利用をさまざまに変化させたときの状況（肥料を減らした場合，川の手入れ頻度を変えた場合，川岸に樹木を植えたときの影響など）をシミュレーションできる．このゲームはいずれかの立場の人が勝利したときに終わるのではなく，生態系保全と地元経済とのバランスがもっとも釣り合ったときが勝利になる．

イセ・プロジェクトの成果で大事なのは，カワウソの回復が可能なことを示しただけでなく，生息地管理を通じて地域にもメリットがあったことである．環境を保全することと地域経済の双方にプラスになる状況が生まれたわけである．たとえば地元にはつぎのようなメリットがあった．①地域経済に2000万マルク（約15億円）の貢献があった，②農業生産物の販売が促進されることで，農場への投資が可能になった，③農民，食肉業者，農産物加工業者は販路を広げることができた，④BSE問題が発生したにもかかわらず，農民や食肉業者の牛肉販売から得る売り上げは増加した，⑤地域住民や観光客はいっそう魅力的な景観を手に入れた，⑥自然体験型自転車道を整備したことによって，観光客が増加した，⑦農民自身や水理技術者自身による川辺生息地保全活動が始まった，⑧地域農民，水理技術者，政治家などが環境保全活動を支援することを通じて，そうした活動にプラスのイメージを持つよ

うになった，⑨地方議会や地方行政官は河川維持活動を減らすことで支出を減らせることを理解した，⑩自然環境保全は地域のなかで重要なステータスを獲得した，⑪生物の住める環境が保護・復元され，多様な動植物が住める環境が生まれた，などである．

6.3　英国における再導入

（1）オッタートラストの成功と終焉

　英国にはカワウソ保護にかかわっている団体が多くあるが，1971年にウェイア夫妻によって設立されたオッタートラストは，英国で最大かつもっとも歴史あるカワウソ保護団体であり，再導入や啓発事業を行ってきた．しかしオッタートラストの放獣事業や一般公開は，2006年をもって終了した．放獣計画地域にカワウソが十分に増え，もはや再導入が必要なくなったからとの判断である．現実には関係者の高齢化などさまざまな問題もあったようだが，再導入計画がうまくいった場合は，こういう形で閉じることになるのだろう．英国のコーレイ氏は1994年時点において，「世界の再導入計画でほんとうにうまくいっているのは5件程度にすぎない．オッタートラストによる再導入は数少ない成功例のひとつである」と述べている．この成功は偶然ではなく，四半世紀以上にわたって準備や研究に非常な努力と多くの資金を投入した結果である．オッタートラスト（以下，トラスト）のこれまでの取り組みを下記に紹介したい．

　イアシャムにある本部は1975年に設立され，そこで飼育されているカワウソ数は世界一である．トラストはカワウソ保護に役立ちそうな法制度の制定を支援したり，学校団体を重視した教育活動に力を入れてきた．トラストが対象とする動物はカワウソに限らず，湿地に生息するすべての野生生物とカワウソ生息地のすべての動物を含んでいる．このためにトラストは5カ所の野生生物保護区を自前で所有するだけでなく，ほかの適当な場所が売りに出されたときにはいつでも購入できるよう準備している．

　英国のカワウソはほかのヨーロッパ諸国と同様に，1970年代と80年代にもっとも危機的な状況にあった．この時期のカワウソ分布は英国西部（イン

グランド西端部やウェールズ地方）や北部（スコットランド地方）だけに縮小した．21世紀の現在，カワウソはそうした危機を脱したようであり，回復基調にある．西部の個体群はゆっくりではあるが増加傾向にある．北部のカワウソ分布は広く，とくに西側海岸や離島はよい状態にある．イングランド東部でも，一時は絶滅に近い状態であったが，個体数は増加傾向に転じ，西に向かって分布を広げている．

　トラスト設立当時，英国のカワウソは情報不足の状況にあった．個体数に関するデータはなにも存在せず，減少を示すもっとも信頼できる情報はカワウソ狩り関係者から得られた．英国では伝統的なキツネ狩りと同様にカワウソ狩りも行われていたが，彼らによると発見数，捕獲数のいずれも低下しており，あまりに数が減ったのでカワウソを追いつめても，もはや殺さないと話すハンターもいた．あまりに獲れない日が続くことを理由に，一部の地域では1957年時点で早くもカワウソ狩りが行われなくなっている．こうした状況悪化の原因は，生息地破壊，19世紀から始まった河川水質汚濁，河川周辺の生息環境消失，狩猟などの複合影響であった．このためにカワウソ個体数は18世紀からゆっくり減り続けていた．

　英国南部や東部で急激な減少が始まったのは1970年代のことである．有機塩素農薬の使用は1955年に始まり，1962年にはすでに部分的な使用禁止が始まっている．それが有害であることを示す証拠集めに時間がかかり，完全禁止が実現したのは1981年になってからである．カワウソ狩りが禁止されたのは1978年のことであり，西部のカワウソ個体数はこの後すぐに増加を始めた．東部の個体数は生存に必要な最小個体数を割り込んでいたようで，生息に適した河川があるにもかかわらず個体数は回復しなかった．東部生息地と他生息地との間には広いカワウソ空白地帯があって，自然にカワウソが東部に移動してくることは考えられないため，このままではカワウソは絶滅すると予想され，そのために東部地域への再導入が計画された．放獣に必要な個体数は予想よりずっと多く必要とわかったので，適切な飼育場所も見つけねばならなかった．

（2）再導入の技術的側面

　トラストに最初のカワウソが到着したのは1976年であり，最初の放獣は

1983年に行われた（図6-3）．最初の到着から，放獣に必要な数にまで増殖して放獣されるまで7年を要したことになる．トラストの設立から数えれば，最初の再導入まで11年も要したことになる．こんなに時間がかかるのはカワウソの繁殖率が低いためである．メスは2歳で繁殖可能になり，野生下の寿命は5-6歳である．妊娠期間は2カ月で，1回の出産で1-3頭が生まれ，幼獣は1年程度母親とともに過ごす．このためメス1頭が一生涯に産める子どもの数は最大6頭ということになる．野生下では子どもの死亡率が高いが，飼育下では大きな問題ではない．また飼育下の個体は野生下よりも長生きし，13歳で出産した例もある．飼育下で餌を十分に与えれば，カワウソは年間のどの季節にも繁殖可能である．

カワウソ減少要因のひとつは生息適地の消失であることから，トラストのスタッフは放獣場所の選定に時間をかけている．カワウソは河川に12-15 kmのなわばりを持ち，なわばりには川への流入水路も含まれる．放獣場所は静かで人間やイヌの影響がなく，交通の便がよく，川の近くにあって，草丈70 cmくらいの茂みに覆われた平地であることが望ましい．餌としては冷凍魚が与えられるので，冷凍庫が近くに置ける方がよい．一番大事なことは，地主が協力的であることであるが，一般に地主はたいへん協力的である．

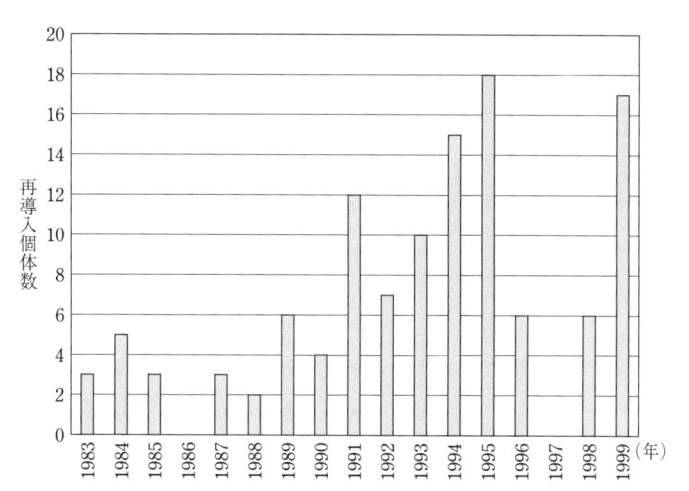

図6-3 英国のオッタートラストが再導入した個体数（The Otter Trust, 2000から作成）

放獣河川の水質は良好である必要があるし，汚染物質が流出する心配のない河川が望ましい．魚類，できればウナギが多く生息していて，地元の釣りクラブが放獣に賛成していることも条件である．

　カワウソは強い好奇心と警戒心をあわせ持つ動物である．展示動物として人目にさらされるのに慣れてしまえば，警戒心をなくして放獣時に困った事態が生じるかもしれない．このため放獣予定の幼獣は10カ月齢くらいで母親から離され，人がいなくて植生も管理されていないようなケージで育てられる．給餌はなされるが，それ以外の管理はほとんどなされない．彼らは休み場として置かれた箱に入らず，自分で選んだ休み場や，自分で掘った穴のなかで休む．放獣個体は餌がだれからもらえるかは知っているが，人慣れしているという状態にはない．

　英国では，飼育下のカワウソに生き餌を与えることは禁止されている．このため放獣予定の個体は川から飼育場に偶然迷い込んだ魚を獲る以外に，生きた餌を獲る経験を積むことができない．しかし，放獣された個体はただちに巧みに魚を追いかけて捕えるようである．以前は放獣地点に魚を置いておき，放獣個体が夜間にもどってきてそれを自由に食べられるようにしていた．こうした作業は放獣個体がもどらなくなるまで続けられていたが，実際には2-3日でもどらなくなっている．

　放獣に際しては，まず皮下にマイクロチップが埋め込まれる．交通事故死などの場合に個体識別可能にするためである．血液も全放獣個体から採血され，DNA分析と保存がなされる．放獣個体はいつも休み場に使っている木箱に入れられ，通常は一度に2-3頭が選ばれる．彼らは放獣予定地に運ばれる．木箱の周囲に臨時のアナウサギ用の電気柵が設置され，給餌は継続される．これは新しい場所の景観，音，においなどに慣れさせるためである．この後，箱の蓋が開かれて，カワウソはほんとうに野外に出ることになる．

　カワウソが新しい環境になじめなかったら問題なので，モニタリングがなされる．初期の放獣個体には6-7週間で脱落するような首輪型発信器が装着され，行動が追跡された．追跡結果を放獣個体と野生下捕獲個体との間で比較しても大きな違いは見られなかったので，以降の放獣では発信器は使われていない．発信器を装着すること自体が個体に影響する可能性があるし，多大な研究情報が得られるとも考えられないからである．こうしたデータの分

析から，放獣個体はうまく定着しており，隣接水域へ分散していることもわかっている．トラストによる再導入はおもにイングランド東部各地で行われており，1983 年に開始して以来，計 117 頭の飼育下繁殖個体が放された．オッタートラストのある東アングリア地方では，本来の個体数にまでもどっているといえる．

　カワウソは橋のある場所を好む．とりわけ橋と水面との間に広い空間がないような場所を好む．こういう場所はマーキング場所としても使われ，糞も多く見つかる．このような場所は多くのボランティアによってモニタリングされている．1990 年代に入って，糞の出現場所数は大幅に増えている．また英国では，国全体を 50 km 方形区に区切った分布調査が 7 年ごとに行われているが，そうした調査でもカワウソの増加傾向は明確である．カワウソの増加は再導入をしていない地方でも起こっているため，再導入プロジェクトが個体数増加にどの程度寄与したか正確に評価することは困難である．しかし 1980 年代半ばにはほぼ絶滅状態にあったノーフォーク地方で復活したカワウソ個体のかなりの部分は，1984-96 年に行われた再導入個体に由来するとされ，サフォーク地方でも同様とされる．再導入は効果的であったと考えてよいだろう．

6.4　オランダの再導入における諸問題

　佐々木浩氏がオランダの状況を調べたところ，オランダのカワウソは 1988 年には絶滅したとされている．ニホンカワウソは 1990 年代前半に絶滅したと思われるので，オランダとほぼ同じころにカワウソを失ったことになる．同国では 1992 年にカワウソ再導入計画がスタートし，1997 年に政府レベルでカワウソ再導入が正式に決定された．同国では再導入を実施する前に，再導入したらどうなるかという個体群と生息地の存続可能性に関する評価（Population and Habitat Viability Analysis；PHVA）を行った．その項目には再導入予定地における①水質改善，②生息環境回復，③湿地面積拡大，④回廊による孤立湿地間の連結，⑤橋や道路などの交通事故死対策，⑥マスクラット用トラップの混獲対策，そして⑦漁網対策，などが含まれる．オランダはこのために 10 年以上を費やした．

再導入予定地の諸問題がほぼ解決できたという判断から，放獣作業が2002，2004，2005，2006および2007年に行われた．しかし実際にはいろいろな問題が生じている．オランダ再導入チームのアディ・デジョン氏は，2004年および2007年の国際カワウソ会議においてその問題点を紹介した．こうした会議では一般に成功例だけが発表されることが多く，失敗事例の分析が行われること自体がめずらしい．加えて会議議長が基調報告でオランダの取り組みを明確に批判するなかで，自分たちの再導入計画における失敗や困難を包み隠さずに語る同氏の態度には敬意を払うべきと感じたので，少し詳細に問題の内容を紹介したい．

（1）個体の入手

近親交配を避けるためにはある程度の数を放獣する必要がある．第1回の2002年における放獣にはチェコで幼獣として保護された4頭の飼育個体，6頭のベラルーシ産野生個体，5頭のラトビア産野生個体，計15頭のカワウソが放獣された．動物園のカワウソを放獣することも検討されたのだが，ヨーロッパ各地の動物園で飼育されているカワウソには，同じユーラシアカワウソでも過去にアジア産の系統が混じってしまっている可能性が高く，また近親交配の影響も出ているようなので，このアイデアは実施されなかった．ラトビアにおける本年度の捕獲作業は，ビーバーの混獲を避けるためにビーバーのいない場所を選んで4月から2カ月間行われ，2週間で12頭が捕まった．ラトビアでは捕獲作業のことが広く報道されて，市民にカワウソ保護に関する啓発効果を生む結果ともなった．第2回（2004年）の再導入にはラトビア産とポーランド産の15頭が用いられた．ベラルーシとEU諸国との間には政治的な問題が起きているので，同国は対象国からはずされた．ポーランドでは養魚池付近で捕獲しようとしたのだが，そうした作業は養魚場経営者にカワウソが害獣であるとの印象を与えかねないと判断された．

第3回（2005年）と第4回（2006年）の放獣では適切なカワウソが入手できなかったために，飼育下で生まれて人慣れしすぎたカワウソもトレーニングなしに放された．その結果，1頭は再回収せざるをえず，1頭は死亡し，再導入プロジェクトへの世間の評判を低下させてしまった．放獣は2007年にも行われたが，放獣予定個体には同じ母親から生まれた2頭も含まれてお

り，近親交配への配慮が十分でないといった問題があった．飼育下繁殖に用いるためのつぎのカワウソもいまだ用意されていない．人慣れはカワウソに限らず，再導入における大きな課題である．たとえば韓国国立公園管理公団は同国南部の智異山国立公園でツキノワグマ再導入を行っているが，第1回放獣では6頭中3頭が，第2回放獣では8頭中1頭が人慣れのために回収されている．

（2）動物福祉

再導入作業では死亡事故を皆無にすることは困難である．これまでの捕獲にはソフトキャッチというゴムを巻いたトラバサミが用いられてきた．こうしたタイプにも，2007年から施行される国際人道的ワナ基準に合致しないものがある．米国の再導入事例では，捕獲作業途中におけるカワウソ死亡率は15-30%に達している．ある放獣事例では，ワナにかかった個体のうち18%が逃げ出しているが，おそらくなんらかのケガをしていることだろう．

ワナによるケガや死亡を防ぐためには，ワナにかかったカワウソをできるだけ早く取り出すことが大事である．そのためには携帯電話を改造した発信器が有効であった．36回の捕獲では，平均22分以内にワナから取り出すことができた．オランダチームは予算がなかったので，市販の携帯電話を改造した自作発信器を開発した．しかしマイナス8℃以下になる寒冷地でうまく動作しないなどの問題があった．うまく信号が送られなかった10例では，ワナから取り出すまでに24時間近くかかった．ケージ内におけるケガの深刻さについても，前者ではISO10990による負傷基準で平均5.5であったのに対し，後者では中程度以上の負傷が多くて77.7に達した．捕獲された個体が受けるストレス程度は移送用ケージの形状によっても異なるが，捕獲個体は飼育期間中の最初の3日間程度で，捕獲されたことのストレスから立ち直るようである．また捕獲時に傷の深かった個体も，2週間ほどの飼育期間中には治癒している．

第1回目の放獣は，捕獲個体を動物園で1-3週間ほど飼育した後に行われたが，飼育ケージがIUCNの飼育基準に照らして狭すぎるうえに，飼育ケージが他個体との接触を許すような構造になっていた．このことはカワウソのストレスを高めてしまった．このため最近の放獣ではできるだけ速やかに

放すよう配慮されているが，今度はあまりに早すぎるという問題もある．加えて，行政はカワウソの一時飼育を人目につく公開ケージで行うことを望んだが，十分な知識がないままに飼育されたために，そこを逃げ出して死亡した個体もいた．飼育期間中にカワウソは発信器装着のためと DNA・ホルモン・PCB 蓄積などの調査のために麻酔されるのだが，飼育個体で用いられる麻酔薬（ケタミンとドミトールの混合液）が野生個体には適さなかったようで，麻酔中に 3 頭が死亡した．カワウソの場合は腹腔内に発信器をインプラントすることが多いが，発信器のサイズが大きすぎるなどの問題もあった．

（3）放獣

オランダの場合は放獣に際しても多くの問題があった．まず放獣場所としてオランダの田園的な環境にある面積 3500 ha の保護区が選ばれたのだが，カワウソ 1 頭の行動圏が水辺沿いに 10 km 以上にわたることを考えると，十分な広さとはいえなかった．溺死防止用のストップグリッド付きの網カゴも地域に配られたのだが，保護区とその周辺 5 km に限られており，配布域は十分ではなかった．また，以前に放獣した個体と行動圏の重なる場所に放したために，おそらくその影響で前の個体が再導入地域を離れてしまい，2 頭は交通事故死した．次回の放獣予定地とされている地域は，現在の場所から離れすぎている．

放獣後のポストリリース・モニタリングについては，初回放獣の際には糞をうまく発見できず，モニタリングが不十分であった．予算が不十分なために放獣後の生息状況調査が不十分であり，多くの個体は行方不明になってしまった．放逐個体に装着する発信器の電波は 1.5-2 km の距離まで届き，電池は 1-1.5 カ月持続するはずだったが，発信器の脱落や発信停止が多かった．追跡する調査者がこのような作業に習熟していなかったため，カワウソをあまりに近い距離から追跡してしまい，1 頭は交通事故にあってしまった．放獣された個体が自然下で繁殖に関与できた例は若干確認されているが，死亡例が多いために再導入された個体の数は減り続けていることが糞分布調査から判明している．再導入地域で生き延びているカワウソは，2007 年時点において数頭にすぎないと思われる．

(4) コミュニケーション

技術的な問題以上にやっかいなのは関係者間の合意形成である．国家レベルについて見ると，再導入は隣接国にも関係する事項であるにもかかわらず，オランダ政府は近隣国に通告することなく再導入計画を進めた．関連行政機関が権力を用いて強引に進めた面もあった．再導入地域の漁民と話し合いを開始することは何年も前から約束されていたにもかかわらず，実際の話し合いは行われていない．計画途中までは IUCN/SSC カワウソ専門家グループとの相談もなかった．カワウソ専門家グループ内の意思疎通にも問題があり，とりわけ意見の異なるメンバーが疎外されがちであった．研究者どうしがジャーナリストに対してほかの関係者を非難するような発言をする場合もあった．研究者が地元民や利害関係者に対して傲慢な態度をとったり，NGO の努力を軽視するような発言をしたりすることもあった．報道に関しては，カワウソ専門家グループがメディアに述べたコメントは，たとえば「もっと再導入すべきである」など事実と異なって報道された．政府側の報道資料提供にも問題があり，はじめはすべてがうまくいっているという趣旨の資料が提供されたのだが，つぎの資料提供では導入個体が消滅寸前であると記されていた．

(5) 再導入の見直し

デジョン氏の意見では，再導入地域であるオランダ北部における環境は，カワウソを再導入可能にするレベルまで回復している．しかし現在のプロジェクトでは導入個体の管理に不適切な点が多すぎ，死亡の多いことが問題である．とりわけ網カゴによる死亡対策が必要である．フリースランド地方をはじめとする同国の他地域では，網カゴ対策の不足に加えて水辺付近の交通事故死対策も十分ではないので，再導入ができるまでにはなっていない．IUCN/SSC の再導入ガイドラインは遵守されておらず，再導入にかかる社会の印象も悪化している．

つぎの放獣予定地であるアルデ・フィーネン地域は狭すぎるし，現在の放獣地から離れすぎている．このようなことから，同氏は死亡因を減らす対策がとられない限り，これ以上他地域にまでカワウソを導入することは中止す

べきであると強調している．今のところ再導入計画は公式には中断されていないが，このプロジェクトを所管するオランダ農業・自然・食料品質省は再導入計画を延期する考えのようである．

6.5　米国における再導入

　米国に生息するカナダカワウソの生息密度は州によって大きな違いがある（図6-4）．安定的に生息して狩猟獣として扱われている州もあれば，まったく姿を消してしまった州もある．姿を消した地域で1976年にコロラド州における事例を皮切りに，20州以上で再導入が行われてきた．同国における再導入は規模の大きさが特徴である．ノースカロライナ州カワウソ復活プロジェクトでは計467頭が捕獲され，ニューヨーク州カワウソプロジェクトでは，1995年から2000年にかけて279頭が15地点で放獣されている．しかも後者における1カ所あたりの放獣数は，死亡率を考慮して当初の20頭から30頭に変更されている．米国におけるこうした試みに問題がないわけではない．同国のカワウソ放獣数はこれまでに約4000頭に達しているが，そのうち約3000頭はルイジアナ州で捕獲された個体とされる．遺伝子レベルでの問題が懸念される．

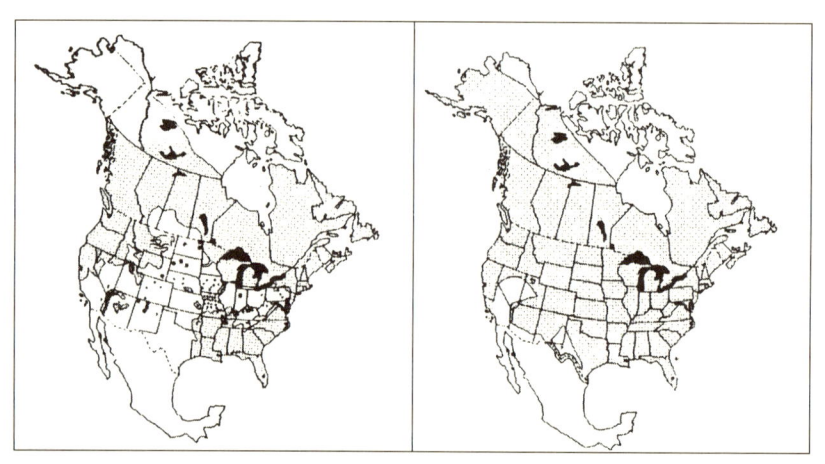

図6-4　カナダカワウソの過去の分布（右）と1988年ごろの分布（左）（Polechla, 1990）

つぎに個別再導入プロジェクトの成否について見ると，多くのプロジェクトで導入当初の定着は確認されている．しかし長期にわたるモニタリングでは，導入地における分布が23年経ってもあまり拡大していない例も報告されている．コロラド川上流のカワウソ個体群がグランドキャニオンにまで分布を拡大するには91年かかる（年間死亡率22%，1産3子，1頭の分散距離50 kmと仮定）と試算した発表もある．ニューヨーク州の例では放獣個体のうち13%が生きて再発見，16%はワナにかかって死亡，ほかは不明となっている．死亡要因や導入後の管理技術については，研究すべき要素が多く残されているようだ．

計画的に行われた再導入ではないが，南米ガイアナからも放獣個体の生存率に関する報告がある．同国では1985年から2003年にかけて，親からはぐれたオオカワウソ幼獣34頭が保護された．うち27頭は無事に飼育下で成長して放獣されたが，完全に野生化するまでに3-7頭が人間によって，3頭が野生カワウソによって殺された．残りの16頭は無事に野生個体群のなかに入ってゆき，うち13頭は2-4年後にも目撃されている．

技術的な問題について見ると，米国における捕獲は1頭あたり400-800ドルで猟師に依頼することが多いようである．ある事例では，1頭をワナ1個で捕獲するには平均26.3夜を要したとのことである．ワナにかかった116頭のうち21頭が逃走し，再導入の過程で死亡した捕獲個体の62%はワナによるものであった．ノースカロライナ州の事例では，捕獲された個体の80.4%がワナのために足に軽いケガをしており，歯をケガした個体は7.5%であった．しかし比較的傷の深かった個体も，放獣前の2週間の飼育期間中には治癒している．捕獲個体は飼育期間中の最初の3日間程度で，捕獲されたことのストレスから立ち直るようであった．また移送用ケージの形状によってもカワウソのストレス程度は異なった．

米国における市民・企業参加型再導入プロジェクトとしてニューヨーク州の事例を紹介したい（図6-5）．ニューヨーク州中西部にはこの100年間カワウソが記録されていないが，同州環境保全局が1990年代にこの地域の水環境を調査してみると，カワウソが生息できるだけの質を備えていることが判明した．そこで同局はこの地域にカワウソを再導入することを決定し，270頭のカワウソを6年がかりで放獣するという計画を立案した．同局が

196　第6章　再導入を考える──教訓に学ぶ

図 6-5　市民参加によるニューヨーク州の再導入
(Money, 2001)

　1994年にこの計画に関する公聴会を開催した結果，多くの野外レジャー団体や環境グループがこの提案を支持していることが明らかとなった．しかし同局の予算では，少なくとも30万ドル（3500万円）と見積もられるプロジェクト費用の一部しかまかなうことができない．
　このため同局は企業や環境グループにプロジェクトへの参加を呼びかけ，非営利会社（日本のNPO法人のような存在）としてニューヨーク・カワウソプロジェクト会社が設立された．この会社にはガス・電気会社，法律事務所，大学，ワナ猟協会，鳥類保護グループ，動物救護センター，動物園など多くの機関が参加している．まず市民にこのプロジェクトを知ってもらうため，シンボル・ロゴがつくられた．つぎにこれらメンバーはプロジェクトを始めるのに必要な当初資金を集めるために活発に動き，開始数カ月後には同州の山地で最初の再導入用個体2頭を捕獲するところまでこぎ着けた．その後，年2回の放獣を報道に公開して市民参加で行うというやり方がしだいに定着していった（図6-5）．プロジェクトを進めるなかで，多くの若者がこ

のプロジェクトに強く参加したがっていることがわかったので，学校向けのキャンペーンが強化され，対象地域内の 800 校以上に対して，カワウソが環境中に生息しているということがどのような価値を持つのかを解説した資料が配布された．このことを授業に組み込んだ教師も多く現れ，放獣前の飼育に必要な古タオル回収も行われた．小学校，幼稚園，ボーイスカウトなどで行われたピザや T シャツなどの販売活動は資金集めという側面もあったが，自分がほかの生物とともに生きているということを子どもたちに自覚させる教育的な要素が重要と考えられた．

6.6 国内希少種の保護

現在，わが国の野生下に生存してもっとも危機にあるとされる絶滅危惧 IA 類にランク付けされている哺乳類は，センカクモグラ，ダイトウオオコウモリ，エラブオオコウモリ，オガサワラオオコウモリ，ミヤココキクガシラコウモリ，ヤンバルホオヒゲコウモリ，ツシマヤマネコ，ニホンカワウソ，ニホンアシカ，セスジネズミ，オキナワトゲネズミの 11 種（カワウソを本州以南と北海道に分けた場合）である．もっとも歴史のある保護制度である特別天然記念物については，地域を定めずに指定されている哺乳類はアマミノクロウサギ，ニホンカモシカ，カワウソ，イリオモテヤマネコの 4 種である．野生鳥類ではライチョウ，トキ，タンチョウ，コウノトリ，アホウドリ，メグロ，ノグチゲラ，カンムリワシの 8 種が対象とされる．種の保存法（1993 年施行）による国内希少種に指定されている哺乳類はダイトウオオコウモリ，アマミノクロウサギ，ツシマヤマネコ，イリオモテヤマネコの 4 種であり，カワウソについては生息地が確認されていないとの理由で含まれていない．

希少種の保全策としてまず思い浮かぶのは人工増殖である．ニホンカワウソ（1965 年指定）より早い時期に特別天然記念物に指定されているコウノトリ（1956 年指定）とトキ（1952 年指定）は，カワウソと同様に水中の餌に依存する種であり，農薬の大量使用による影響を受けて減少したが，人工増殖への多大な努力が払われている．ニホンカモシカ（1955 年指定）についても増殖技術は確立されている．アマミノクロウサギ（1963 年指定）や

イリオモテヤマネコ（1977年指定）の人工増殖については，まだ研究段階にある．

これら希少種のうち，コウノトリ，トキ，そしてカワウソは普通種から野生下絶滅にいたるまでのパターンが酷似しているだけでなく，湿地の生物である点でも共通する．まず3種ともに，明治のはじめまでは日本各地に見られる普通種であった．そして明治維新以降に旧来の狩猟ルールがなくなって新たな狩猟ルールが確立するまでの間に，乱獲されて大幅に数を減じた．カワウソは毛皮目的に獲られ，トキは美しい羽毛は羽箒に，肉は冷え症の薬として食された．第2の危機は3種ともに，農薬が大量に使用されるようになって河川や水田の餌動物が激減した1950年代である．野生下絶滅の時期がおよそ1970-80年代であることも共通する．野生下でほぼ絶滅状態になって以降の保全努力をつぎに紹介したい．

（1）コウノトリ

国内希少野生鳥獣の人工繁殖が成功して野生復帰にまでこぎ着けられた事例は，今のところコウノトリだけである．コウノトリは1971年に野生下に残った最後の1羽が飼育下へ移され，野生コウノトリは日本の空から消えた．豊岡市のコウノトリ保護増殖センターでは1965年から飼育下増殖への努力が始められたが，個体が死亡する，相性が難しくてペアが形成されない，産卵しても無精卵である，などの理由でなかなか繁殖にいたらなかった．しかし中国やロシア産のコウノトリを受け入れるなどの努力を続けた結果，1989年に初の飼育下繁殖に成功した．いったんノウハウが獲得されると，その後は毎年順調に繁殖するようになった．より本格的な増殖・展示施設である兵庫県立コウノトリの郷公園が1999年には開園し，放鳥への具体的準備が始まった．飼育下で十分な数のコウノトリが確保され，放鳥コウノトリを受け

表6-1　飼育開始から飼育下繁殖や野生復帰までに要した時間

	飼育下繁殖まで	最初の放獣・放鳥まで
コウノトリ	24年	40年
トキ	22年	31年
ニホンカモシカ	15年程度（推測）	必要がなくなる
ユーラシアカワウソ		7年（英国）

入れる地元の協力体制も整ったことから，2005年に初の試験放鳥が行われ，現在は放鳥後の行動に関するモニタリングが続けられている．2007年には放鳥個体が野外での繁殖に成功した．この成功はじつにたいへんな道のりであった．時間としては飼育開始から飼育下繁殖までで24年，さらに放鳥まで16年，合計40年を要している（表6-1）．コウノトリの郷公園の池田啓研究部長によると，現時点における兵庫県のコウノトリ関連年間予算は1億2000万円（うち餌代は3500万円）であり，現在にいたるまでに兵庫県が投入した累積費用は70億円（土地購入費用40億円を含む）に達している．

（2）トキ

トキは1952年に特別天然記念物に指定され，1977年には佐渡の新穂村（現・佐渡市）にトキ保護センターが設立されて飼育が開始された．1981年には，野生下に残った5羽もすべてセンターに収容された．国産トキによる飼育下増殖の見込みが薄いことから，1985年には中国から個体を借用した飼育が始まり，1999年には初のヒナが人工孵化で誕生した．その後の繁殖は順調であり，2004年には5つがいから19羽のヒナが育っており，1羽については自然繁殖に成功している．環境省は，2000年には野生復帰に向けた取り組みの検討を開始し，2003年には「およそ10年後の2015年ごろに，小佐渡東部に60羽のトキを定着させる」という目標を立てた．この数は，50年後でも絶滅を回避するためには初期に30羽が必要とのシミュレーションから算出されたものであり，安全率を見込んでその2倍とした数である．環境省はこのための施設整備を行うとともに，2006年には3名の職員を佐渡に増派するなど体制を強化している．そして飼育下で十分な個体数が確保できたことから，2008年からは試験放鳥が始められる予定である．しかしこの例でも飼育開始から初の飼育下繁殖まで22年を要しているし，試験放鳥までは30年を要したことになる（表6-1，図6-6）．

トキの人工繁殖は中国でも行われており，同国で2005年に人工繁殖したトキは28羽，野外で繁殖に成功したトキは126羽にも達している．中国に生息するトキは，1981年にはわずか7羽しかいなかったため，中国政府は1993年にトキ救出プロジェクトをスタートさせた．陝西省と北京に繁殖飼育センターを3ヵ所設立するとともに，野生のトキが生息する地区に保護区

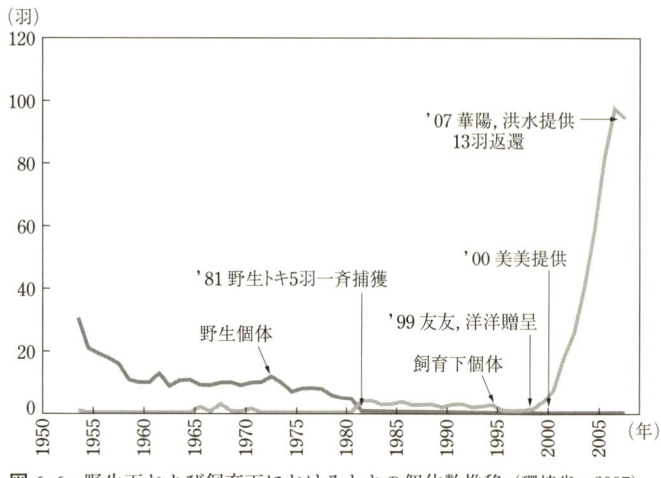

図6-6 野生下および飼育下におけるトキの個体数推移（環境省, 2007）

を設置してきた．現在，トキ飼育数は周至県楼観台トキ繁殖飼育センターだけでも200羽近く，中国全体の生息数は750羽近くに増え，絶滅の危機を一応脱したといえる．

（3）ニホンカモシカ

ニホンカモシカは山奥で単独で生息するため，カモシカを捕獲するためにはたいへんな体力，技術および訓練された猟犬が必要であり，明治以前は大量捕獲を免れていた．しかし明治中期に命中精度の高い村田銃が普及するとともに，ニホンカモシカを含めた多くの動物が激減していった．特別天然記念物に指定された1955年当時には，約3000頭しか生息していなかったという．各地の動物園はニホンカモシカの増殖を目指したが，ニホンカモシカはストレスに弱い動物だったため，輸送中の死亡事故も多かったし，成獣は餌になじもうとしないことが多かった．若い個体の餌付けに成功しても，ストレスから消化器系の障害を起こしたり，抵抗力が衰えて肺炎を起こしやすかった．1963年時点でニホンカモシカ飼育は42例を数えていたが，飼育することだけで精一杯という状況であった．

こうしたことから1963年に文化財保護委員会，林野庁，日本動物園水族館協会などの代表者が集まって会議を開催し，これは後に「カモシカ会議」

として定着した．この会議では全国の飼育施設が協力して共同捕獲・共同飼育を図るという方針が打ち出され，過去の飼育状況や死因などの調査報告が分析された．その結果，都会地でのニホンカモシカの飼育を一時中止し，生息地に近い施設で飼育繁殖を推進することになった．そうした努力の末，1965年にはじめてニホンカモシカの飼育下繁殖が成功した．本種の場合も飼育ノウハウがいったん確立された後は安定した繁殖成績が得られるようになり，大町山岳博物館（当時）の千葉彬司氏は「飼育するだけできゅうきゅうとしていた15年前と比べると隔世の感がある」と述べている（表6-1）．他方，野生下における個体は明らかに回復しており，現在は特別天然記念物でありながら害獣駆除されるという状況になっている．ニホンカモシカ増殖の牽引役となってきたのは，初期には長野県の大町博物館であり，その後は三重県御在所岳の日本カモシカセンターであった．しかし日本カモシカセンターは2006年に経営難のために閉鎖され，標本などの資料は三重県に寄贈された．英国のオッタートラストとは別の意味で，歴史的な役目を終えたといえるだろう．

6.7　ニホンカワウソの絶滅に学ぶ希少種保護の5W1H

　ニホンカワウソが日本から絶滅して自然復活の可能性がない以上，国内でできる保全策といえば海外からの再導入しかない．これはほんとうに意味のある保全なのだろうか．再導入に関してまず問題となるのは，なにをどこから持ち込むのかということである．ニホンカワウソが別種であるとすれば，他種を海外から導入することに意味はあるだろうか．分類学的な研究とともに，その意義に関する論議が必要である．つぎに実現可能性の問題がある．従来の再導入に関する論議は，どのようにしてそれを実現するかという技術的側面（How）ばかりが強調されてきた傾向がある．しかし再導入を含めて保全成功させるためには，When, Where, Who, What, Whyを検討することも同様に必要である．そのためにはニホンカワウソの絶滅がほんとうに避けられないものだったかを今の機会に検証しておくことは，大いに意味のあることである．たとえば前章までに述べた事例は，多くのことを教訓として教えてくれる．

(1) 教訓——カワウソを保護する価値について論議がなかった

　四国におけるカワウソ論議は，人に追われゆくかわいそうな動物というとらえ方であり，人との軋轢が表面化することはなかった．しかし，歴史的に見るとカワウソは害獣であり，現在でも韓国，チェコ，インドなど世界各地の漁業者からは嫌われている．そうした場所では「かけがえのない1種類の生物種が失われる」というだけでは説得力に欠ける．難しい作業であるが，保全することの意味を利害関係者に理解してもらわねばならない．とりわけ行政関係者は人事異動が頻繁であるために，保全の必要性まで勉強する余裕がない．利害関係者との対話においても，「これ以上の規制はないのだから保護に協力してほしい」といったいい方になりがちである．

　利害関係者との論議や保全活動には直接には役立たないが，野生動物を生物多様性の維持という側面だけでとらえるのではなく，人の生活を経済的，文化的，精神的に豊かにしてきた野生動物の多様な価値を理解することも背景知識として必要であろう．国連機関が行ったミレニアム生態系評価プロジェクトの2005年の報告書では，生態系は食料や燃料の供給など物質的な面だけでなく，人間の肉体的・精神的な健康や良好な社会関係を築くためにも貢献していることを強調している．これまで生態系は自然科学として，健康・文化は医学や社会科学として扱われてきたので，両者の関係を探る研究はほとんど行われていない．人間の健康や文化と生態系とのかかわりに関する研究は，始まったばかりである．

(2) 教訓——対策は早期に必要である

　保全には長い年月が必要であることは，ニホンカワウソの絶滅から学べるもっとも大事な教訓である．歴史に「もしも」という言葉はないが，いつ，なにをすればニホンカワウソは救えたのだろうか．1980-90年代には死体さえ発見されなくなっていたのだから，組織的な保護活動は無理だったろう．偶然に捕獲された個体を飼育することはできたかもしれないが，死ぬまで飼育してDNAを保存するようなことしかできなかったろう．高知県では1970年代であれば数頭の捕獲（全頭捕獲とほぼ同義か）は可能だったかもしれないが，その程度の数で飼育下繁殖が困難なのは他国の例から推し量る

ことができる．トキでは野生個体が5羽にまで減少した時点で全個体の捕獲が行われたが，結果的にはこれらの個体からの繁殖は成功せず，中国産トキの助けを借りねばならなかった．

そうすると野外で複数頭数の個体を捕獲して，若干の失敗も許容しながら飼育繁殖を試みられた最後の機会は1960年代であったろう．少なくとも愛媛県ではこの時期にカワウソに関して地域が盛り上がっているし，1965年には特別天然記念物にも指定されているので，大きな試みをするには適した時期であった．他方，1950年代までさかのぼると，野生下にカワウソ個体数は十分であったろうが，戦後の復興期でもあるこの時代では社会条件の方が未成熟だったと思われる．1960年代は最後の機会であるとともに，最初の機会でもあったと思われる．

すなわち，ニホンカワウソの絶滅を1990年代とすると，飼育下増殖の努力はその四半世紀前から始めねばならないことを示している．コウノトリやトキの例が典型的に示すように，飼育下繁殖から開始して再導入を実現しようとするためには10年単位の時間と10億単位の予算が費やされている．他種における再導入の経験が蓄積されれば時間と費用はもっと縮小することも可能だろうが，初期の飼育繁殖技術確立の段階は，予算を投入したからといって短期間で実現できるものではない．毎年の失敗を翌年に改善するという努力を何年も積み重ねることが必要である．この意味でも四半世紀程度の時間が必要である．まだ野生下にたくさんいると思われている時期，あるいは増加傾向にあると思われている時期にこうした対策を開始することは確かに困難であろうが，だからこそ他種の事例に学ぶことが必要といえる．

（3）教訓——カワウソは四国の動物と誤解されていた

コウノトリが兵庫県の鳥，トキが佐渡の鳥としばしば誤解されるのと同様に，カワウソも四国の動物と思われがちである．四国は確かにカワウソ終焉の場所ではあったが，ほんの数十年前までは日本全国に分布していたのである．再導入場所の選定にあたっては，生息環境要件や，地元の協力体制などが満たされれば，日本のどこが再導入の候補地となってもかまわないはずである．

カワウソを四国の動物にしたいというのは誤解ではなく，地元の願望であ

ったのかもしれない．ツシマヤマネコの人工繁殖についても，個体を島外の施設に持ち出すことについては地元に大きな抵抗がある．トキについても地元には同様な感情があるようだが，これまで見てきたように，希少種の復活はローカルレベルで取り組むには大きすぎる課題である．全国レベルの協力や国際的な交流も必要になろう．

（4）教訓──行政区画をまたいだ連携・情報共有が不足していた

　ニホンカワウソ保全対策の歴史を見てもっとも特徴的なのは，1960年代に愛媛県でさまざまな努力が展開されているのに対し，高知県ではまったく動きがなく，高知県の動きは1970年代に入って始まっていることである．カワウソは昔から高知県に生息していたはずだが，1960年代にはカワウソは「愛媛の動物」と思われていたために，高知県ではまったくカワウソへの関心が払われず，生息していることさえ知られていなかった．この10年は，今から見れば高知県で有効な保護策を講じられる最後の機会であったかもしれず，きわめて大きな損失であった．カワウソ保護の歴史全体を通じても，愛媛・高知両県が連携して保護に取り組んだり，情報交換の場を設けたりした形跡は皆無である．

　行政区画をまたいだ連携が困難なのは現在でも変わりがない．たとえばカワウのような鳥では，1日のねぐらと採餌場が2つの県にまたがることはめずらしくない．アライグマのような外来種も県境とは関係なく分布を拡大させる．しかし複数県が連携してこうした問題に取り組んでいるケースはほとんど見られない．県をまたぐ問題は国の仕事という発想だからである．

（5）教訓──関係者間の協力体制が組めなかった

　ニホンカワウソの保護に関しては，愛媛県と高知県のいずれにおいても関係者間の不協和音がめだつ．愛媛県では動物園と教育委員会あるいは行政とがことごとく対立的であった．動物園と唯一の飼育下増殖への試みともいえる愛媛県の「カワウソ村」についても，なぜ飼育実績のある道後動物園を活用せず，ずさんな計画と飼育経験のない事業者に任せたのかは不明である．カワウソ同様にストレスに弱い動物であるニホンカモシカの飼育下繁殖が1965年に成功していることから見て，「カモシカ会議」のような協調メカニ

ズムを通じて資金や飼育技術を道後動物園などに結集できれば，当時の技術でも飼育下繁殖を成功に導けたかもしれない．しかしカワウソについてはそうした協力体制をつくろうという動きは見られなかった．高知県においても自然保護団体，行政，そして研究者の間で感情レベルともいえる対立が見られた．NGO と行政が協力したり，利害が関係するいろいろなセクターが一堂に会して話し合うという形態がわが国に定着してきたのは 1990 年代である．1970 年代にこうした連携を求めるのは，無理だったのかもしれない．

(6) 教訓——保護対策にかかわった人が自然保護関係者に限られていた

北海道で 1985 年に発見された 1 頭のカワウソ交通事故死体については徹底した解剖調査がなされ，多くの情報が得られた．獣医学，遺伝学，生態学，分類学など多様な分野の専門家のこのような調査が 1960-70 年代の四国で行われていれば，カワウソの生態についてずっと多くのことがわかっていただろう．

(7) 教訓——ひとりの人間が状況を大きく変えることができる

愛媛県で 1950-60 年代という早い時期にカワウソが話題になったのは，清水栄盛氏がひとりで始めたカワウソキャンペーンがきっかけであった．ドイツのカワウソセンター創設や地元経済と共存可能な生息地保全については，クラウス・ロイター氏を抜きには考えられない．同氏が進めた地域経済にもプラスとなる Win-Win 戦略はほかの希少種保全にも広く使われるようになっているし，ブランド農産品という発想は，わが国でも豊岡のコウノトリ米，片野鴨池のトモエ米，佐渡のトキ米など広く使われるようになっている．普及しすぎて希少価値がなくなりそうに思えるほどである．

少人数による交流が大きな影響につながる典型的な事例は国際協力である．カワウソをめぐる日韓の協力もそうした結果につながった例といえるだろう．韓国と日本との関係は人的な交流だけではない．ニホンカワウソが絶滅にいたった過程は教訓として広く報道され，四国において海岸沿いの道路建設がカワウソに大きな影響を与えたことなどが広く知られるようになった．アジア地域では台湾で糞 DNA 分析による分布調査が成果を上げるなど，カワウソに関する関心と技術の向上が顕著である．国際協力はもはや技術の高いと

ころから低いところへという一方通行ではなく，文字どおりの相互経験交流になろうとしている．

（8） 教訓——コアになる施設・組織が必要である

英国でカワウソへの関心が急速に高まったのは，1971年にオッタートラストが設立されて，教育，研究，繁殖活動，出版活動を開始し，その活動が世間に広く知られるようになってからである．ドイツでも1988年に設立されたカワウソセンターが地域振興のコアとなった．韓国では韓国カワウソ研究センターがそのような役割を目指している．わが国の希少種保護においても，コウノトリでは豊岡のコウノトリの郷公園が活動の中核となっている．ツシマヤマネコでは1997年設立の対馬野生生物保護センター（通称ヤマネコセンター）やトキに関する佐渡トキ保護センターがそうした役割を担おうとしている．しかしニホンカワウソの場合には，コアとなる組織が存在しなかった．上記の国内外の各種施設が機能し始めるのは，多くは1990年以降である．ニホンカワウソは，そのころには手の打ちようのない状態になっていた．新しい組織だけでなく，動物園も大きな役割を果たすことができるだろう．とりわけ動物園の環境教育センターとしての機能は，わが国では未開拓の分野である．

（9） 教訓——カワウソ保護では啓発とメディアの役割が重要である

水辺という人間活動の活発な場所で生活し，広い行動圏を持つカワウソを保護するために，立ち入りを制限した保護区を設定するだけでは不十分である．地域住民の理解と協力が必要である．そのためには直接的な啓発活動だけでなく，メディアを通じて関心を高めることが必要である．韓国でカワウソへの関心が盛り上がった背景には，メディアへの露出度が高かったことがあげられる．他方，ほんとうに保全対策の必要な早い段階でメディアがキャンペーンに取り組むのは困難なことだろう．

（10） 教訓——カワウソの生態が誤解されていた

愛媛県では当初，カワウソは川の動物であるという思い込みがあったので，海岸のカワウソは川を追われてやむをえず移動したものと解されていた．高

知では四万十川が清流のシンボルであったので，カワウソはしばしばそれと関連づけて説明されたが，カワウソは大河よりもむしろ中小河川に残っていた．こうした誤解は保護策にも反映されてくる．たとえば愛媛県ではスポット的に狭いエリア数カ所をカワウソ特別保護区として指定したが，カワウソは広い行動圏を有する動物であることが理解されていても，同じような指定をしただろうか．

(11) 教訓——調査を保全と間違えてはならない

調査は保全対策の入口として不可欠ではあるが，調査をすればカワウソを救えるわけではない．研究者は調査をすることが好きであるし，調査会社はそれが仕事なので，調査報告書には「さらなる調査が必要である」といった調査が調査を生むような結び文句がしばしば使われる．ニホンカワウソについては，1960年代に愛媛県で行われた保護努力には，問題はありながらも飼育増殖など具体的な対策が含まれていた．それに対し1970-80年代の高知県では，捕獲が困難となっている事情はあったにせよ，緊急保護対策といいながら，給餌など対策といえる事業はわずかであった．

(12) 教訓——継続的なモニタリングが必要である

保全対策においては増減傾向だけでもわかれば役立つ場合が多く，狩猟統計などは誤差要因が多くてもけっこう役に立つ．明治から大正にかけてカワウソがどのような状態であったかは，毛皮に関する統計からおおよその状況を知ることができる．しかし狩猟対象から外れた昭和初期から，カワウソへの関心が高まって捕獲記録が残り始める昭和30年くらいまでは，情報の暗黒時代である．1960年代はカワウソ保護への対応ができた最後の時代であったと思われるが，たとえばこのころに高知県にも愛媛県同様にカワウソが生き残っているのがわかっていれば，違う対応ができたかもしれない．

個体数を推定することは野生動物管理の基本であるが，これは予想以上に困難な作業であり，里山の動物でも個体数がそれなりにわかっているのはニホンザルくらいであろう．こうした課題への対応として，環境省は新・生物多様性国家戦略の一環として，モニタリングサイト1000という計画を推進中である．全国で1000カ所程度のモニタリングサイトを設定して，市民を

主体とした長期のモニタリング調査が計画されている．ラトビアにおけるハンター参加の狩猟獣モニタリングも市民参加の一形態だろう．

(13) 教訓――歴史的に見たカワウソ減少主因は環境問題ではなく乱獲であった

こうした長期的なトレンドは文献調査に頼らざるをえない．ニホンカワウソ，トキ，コウノトリなどは，江戸時代までは普遍的な種であったものが，いずれも明治時代の乱獲で数を激減させている．捕獲がピークに達してから数が激減するまでには10年くらいしか要していない．エゾオオカミはそのために絶滅にまでいたってしまった．しかも激減した後はどの種も数が回復していない．英国のユーラシアカワウソでは，そこそこの数が生き残っていた西部ではカワウソ狩りが禁止されたすぐ後から数が増え始めたが，数の激減していた地域では生息に適した河川があるにもかかわらず個体数は回復しなかった．密猟などの圧力がわずかでも続く限り，いったん激減した中大型動物の種の自然な個体数回復は困難なようだ．

6.8 現在の日本にカワウソ再導入は可能か

私が2007年の国際カワウソ会議でニホンカワウソが絶滅したことを紹介したところ，日本では再導入しないのかと多くの参加者から質問された．しかしオランダの再導入で指摘された問題のいくつかは，ニホンカワウソ保護をめぐってかつて四国で起こったことがらである．国内の他希少種保全においても似たような問題が多く起こっている．準備に10年以上を費やしたオランダでもうまくいっていないことに示されるように，再導入は簡単な仕事ではない．関係者の熱意，年数，予算などの条件が満たされてはじめて達成できる事業である．

ヨーロッパのカワウソのように自然個体群の回復という可能性がある場合は，まず再導入とそれ以外の方法との比較が必要である．英国鳥類保護連盟（RSPB）のクリス・ボーデン氏は2007年に開かれたトキ野生復帰日中国際ワークショップにおいて，モロッコの絶滅危惧種であるホオアカトキの保全活動を紹介した．この保全活動では，優先順位は生息環境の保全，とりわけ

保護関係者のトレーニングに置かれており，再導入に優先順位は与えられていない．ニホンカワウソの場合は，国内に復活させるとすれば再導入するしか方法はないわけだが，そのためにはまずニホンカワウソの分類学的な位置づけを明確にする必要がある．トキのように中国産と日本産の間に遺伝的な違いが無視できる程度であれば問題はないだろうが，別種ともなれば導入することに意味はあるのだろうか．

　国内で非公式にでもカワウソ再導入が話題にのぼった場所は，カワウソが最後に発見された高知県須崎市と，北海道で最後にカワウソが記録された斜里町につながる知床半島である．しかし両地ともに具体的な計画があるわけではない．これらの場所で再導入が可能かどうかを検討するためには，個体群と生息地の存続可能性に関する評価をきちんと行う必要がある．いずれの地もかつてはカワウソが生息していた場所である．須崎市周辺にはカワウソの好むリアス式の磯海岸が多い．知床半島の海岸はそれほど複雑ではないが，中小河川が多いことはカワウソに有利である．餌資源量はカワウソを定着させるためにもっとも大切な要素であるが，須崎市周辺の資源量が十分に回復しているかどうかは不明である．生け簀型の人工給餌施設を海岸から離れた小島や立ち入りを制限したダム湖内に設けたりすることは，緊急避難として有効な対策だろう．農薬や工場排水は，おそらく現在では大きな脅威ではないだろう．両地域ともに閉鎖性水域ではないので，富栄養化などによる餌資源の減少はそれほど深刻ではないだろう．海洋油汚染事故などが起こればたいへんであるが，かつての高知海岸で問題だった廃油ボールの漂着などは，船舶の対策が進んだために大きな問題ではなくなった．ゴミの漂着は相変わらず多いが，その量がどのようにカワウソに影響するかは不明である．巣穴，休息場あるいは水と陸とをつなぐ通路については護岸工事で失われた場所も多いが，カワウソは人工施設をも利用するので，保全対策として人工巣穴などを多く供給するような対応も考えられる．交通事故死は根絶困難と思われるので，ほかの動物に対すると同様に，できる限りの軽減策をとってゆくしかないだろう．漁網による溺死対策も，こうした漁業が行われている限り困難であり，このような点が再導入の成否を分けるのではないだろうか．人びとがカワウソに出会ったとき，以前は殴り殺すという対応が多かったわけだが，現在の日本人が同様な反応をするとは思われない．密猟についても決定

的な圧力にはならないだろう．こうして見ると，現在の日本で解決困難なのは漁業や交通事故への対応であろう．

　技術的には，どのような個体を，どの国から導入するか，資金をどうするのかなどに関する論議も必要である．導入に際して多くの個体を入手することは困難だろうから，トキやコウノトリのように飼育増殖の段階を経ることが必要だろう．そのためには長い準備期間が必要である．政治家が友好のあかしとしてどこかの国からペアをもらってくるような話ではない．野生動物の放鳥・放獣は，それらの個体が自然下で増殖するようになってはじめて成功といえる．これまでわが国に放鳥・放獣事業がなかったわけではなく，スポーツハンティングのためのキジやヤマドリの放鳥，イタチなど有益獣の放獣，そして救護された傷病鳥獣の放野などが行われてきた．こうした事業では，放逐後の追跡モニタリングまではなかなか手が回っていなかったが，コウノトリやトキの放野では徹底した体制がとられる予定である．

　オマーンにおいて1980-92年に行われたアラビアオリックスの野生復帰プロジェクトは，再導入の数少ない成功例として知られてきた．しかし2007年に国連教育科学文化機関（UNESCO）は世界遺産の制度ができて以来，35年間ではじめてアラビアオリックスのいる動物保護区の世界遺産登録を取り消すことを決めた．同保護区には1996年に450頭のアラビアオリックスが生息していたが，密猟と生息環境の悪化が原因で現在は65頭にまで激減しており，オマーン政府は保護区面積を90%削減した．こうした長期にわたるプロジェクトでは，対応を随時見直してゆく順応的な管理も不可欠であろう．

　ドイツのように再導入よりも自然個体群の回復を重視するならば，国内におけるカワウソ類保全の優先順位は自然個体群のいるラッコであるかもしれない．北海道は世界のラッコ分布におけるアジア側の南限にあたる．こうした場所は保護上きわめて重要であるが，北海道のラッコを復活させるためには生息適地が限られていることなど難しい問題が多い．とりわけ定置網などの沿岸漁業やウニ漁などとの競合が大きな壁となる．残念ながら，現時点ではラッコの保護と漁業活動の両立は困難といえる．私は再導入を否定するものではないが，最優先で行わねばならない課題とは考えていない．よく学び，よく考えてみたい．

参考文献

[英文]

Adamek, Z., D. Kortan, P. Lepic and J. Andreji. 2003. Impacts of otter (*Lutra lutra* L.) predation on fishponds. Aquaculture International. 11 : 389-396.

Aksel, B. M. and B. Søgaard. 2001. Development and implementation of the national otter action plan for Denmark. Habitat. (13) : 54-60.

Ando, M. 2004. Otter conservation and restoration in Japan. *In* Korea-Japan Workshop for Habitat Assessment Techniques for Wetland Animals in Dam Construction. Sustainable Water Resources Research, Seoul. pp. 9-20.

Anoop, K. R. and S. A. Hussain. 2005. Food and feeding habits of smooth-coated otters (*Lutrogale perspicillata*) and their significance to the fish population of Kerala, India. J. Zool., Lond. 266 : 15-23.

Ben-David, M., L. K. Duffy, G. M. Blundell and R. T. Bowyer. 2001. Natural exposure of coastal river otters to mercury : relation to age, diet, and survival. Environ. Toxicol. Chem. 20 : 1986-1992.

Blundell, G. M., J. A. K. Maier and E. M. Debevec. 2001. Linear home ranges : effects of smoothing, sample size, and autocorrelations on kernel estimates. Ecological Monograph. 71 : 469-489.

Blundell, G. M., M. Ben-David, P. Groves, R. T. Bowyer and E. Geffen. 2004. Kinship and sociality in coastal river otters : are they related? Behavioural Ecology. 15 : 705-714.

Bodkin, J. L., B. E. Ballachey, M. A. Cronin and K. T. Scribner. 1999. Population demographics and genetic diversity in remnant and translocated populations of sea otters. Conservation Biology. 13 : 1378-1385.

Bodner, M. 1998. Damage to fish ponds as a result of otter (*Lutra lutra*) predation. BOKU Report on Wildlife Reserves and Carne Management (Vienna). 14 : 106-117.

Bonesi, L. and D. W. Macdonald. 2004. Differential habitat use promotes sustainable coexistence between the specialist otter and the generalist mink. Oikos. 106 : 509-519.

Bowyer, R. I., G. M. Blundell, M. Ben-David, S. C. Jewett, T. A. Dean and L.K. Duffy. 2003. Effects of the Exxon Valdez oil spill on river otters : injury and recovery of a sentinel species. Wildlife Monographs. 153 : 1-53.

Breitenmoser, U., C. Breitenmoser-Wursten, L. N. Carbyn and S. M. Funk. 2001. Assessment of carnivore reintroductions. *In* Carnivore Conservation (J. L.

Gittleman, S. M. Funk, D. W. Macdonald and R. K. Wayne eds.). Cambridge University Press, Cambridge. pp. 241-281.

Chadwick, E. A., V. R. Simpson, F. M. Slater and A. E. Nicholls. 2005. Heavy metals in otters *Lutra lutra* : drastic decline in lead in the period 1992-2004. Abstracts of the 9th International Mammalogical Congress, Sapporo. p. 296.

Chanin, P. R. F. and D. J. Jeferies. 1978. The decline of the otter *Lutra lutra* L. in Britain : an analysis of hunting records and discussion of causes. Biological Journal of the Linnean Society. 10 : 305-328.

Council of Europe (ed.). 1996. Seminar on the conservation of the European otter (*Lutra lutra*). Council of Europe Publishing, Strasbourg. pp. 237.

Dean, T. *et al.* 2002. Food limitation and the recovery of sea otters following the 'Exxon Valdez' oil spill. Marine Ecology Progress Series. 241 : 255-270.

de Jongh, A. 1987. Otters and Watervervuiling. Stichting Otterstation, Groningen. pp. 102.

de Rijk. 1990. Roofdieren in Nederland in het midden van de 19de eeuw. Lutra. 33 : 145-169.

Doroff, A. M., J. A. Estes, T. Tinker, D. M. Burn and T. J. Evans. 2003. Sea otter population declines in the Aleutian Archipelago. Journal of Mammalogy. 84 : 55-64.

Dulfer, R. 1992. The decline of the European otter populations since 1900. Stichting Otterstation, Groningen. pp. 11.

Dunstone, N. and M. Gorman. 1998. Behaviour and Ecology of Riparian Mammals. Cambridge University Press, Cambridge. pp. 391.

Ebenhard, T. 2000. Population viability analysis in endangered species management : the wolf, otter and peregrine falcon in Sweden. Ecological Bulletins. 48 : 143-163.

Editorial Committee of Fauna Sinica, Academia Sinica (ed.). 1987. Fauna Sinica Mammalia Vol. 8 : Carnivora. Science Press, Beijing. pp. 228-244. (in Chinese)

Endo, H., Y. Xiaodi and H. Kogiku. 2000. Osteometrical study of the Japanese otter (*Lutra nippon*) from Ehime and Kochi Prefectures. Mem. Natn. Sci. Mus., Tokyo. (33) : 195-201.

Erlinge, S. 1967a. Home range of the otter *Lutra lutra* in Southern Sweden. Oikos. 18 : 186-209.

Erlinge, S. 1967b. Food habits of the fish-otter, *Lutra lutra* L., in south Swedish habitats. Viltrevy. 4 : 371-443.

Erlinge, S. 1968a. Food studies on captive otters *Lutra lutra* L. Oikos. 19 : 259-270.

Erlinge, S. 1968b. Territoriality of the otter *Lutra lutra* L. Oikos. 19 : 81-98.

Erlinge, S. 1972a. The situation of the otter population in Sweden. Viltrevy. 8 : 379-397.

Erlinge, S. 1972b. Interspecific relations between otter *Lutra lutra* and mink *Mustela vison* in Sweden. Oikos. 327-335.

Estes, J. A. 2002. From killer whales to kelp : food web complexity in kelp forest

ecosystems. Wild Earth. 12 : 24-28.
Fanshawe, S., G. R. VanBiaricom and A. A. Shelly. 2003. Restored top carnivores as detriments to the performance of marine protected areas intended for fishery sustainability : abalones and sea otters. Conservation Biology. 17 : 273-283.
Feeroz, M. M. 2004. Otters (*Lutra* spp.) of the Sundarbans : status, distribution and use of otters in fishing. Abstracts of the Ninth Otter Colloquium, University of Frostburg, MD, USA.
Fernandez-Moran, J., D. Saavedra and X. Manteca-Vilanova. 2002. Reintroduction of the Eurasian otter in north-eastern Spain : trapping, handling and medical management. Journal of Zoo and Wildlife Medicine. 33 : 222-227.
Foster-Turley, P., S. Macdonald and C. Mason (eds.). 1990. Otters : An Action Plan for Their Conservation. IUCN/SSC Otter Specialist Group, Gland. pp. 127.
Fox, A. 1999. The role of habitat enhancement in the return of the European otter (*Lutra lutra*) to Northumberland. Water and Environmental Management Journal. 13 : 79-83.
Groenendijk, J. *et al.* 2005. Surveying and monitoring distribution and population trends of the giant otter (*Pteronura brasiliensis*). Habitat. 16 : 6-60.
Hamilton, D. A. 2004. River otter restoration, research and population management in the spotlight of a hostile angling public in Missouri. Abstracts of the Ninth Otter Colloquium, University of Frostburg, MD, USA.
Han, S.-Y. 2001. Otter conservation reserve in Korea. *In* The Wetlands Ambassador (M. Ando and H. Sasaki eds.). Otter Research Group, Chikushino. p. 32.
Hansen, H. 2003. Food habits of the North American river otter (*Lontra canadensis*). River Otter Journal. 12 : 1-5.
Harris, C. J. 1968. Otters : A Study of Recent Lutrinae. Weidenfeld and Nicolson, London. pp. 397.
Hattori, K., I. Kawabe, A.W. Mizuno and N. Ohtaishi. 2005. History and status of sea otters, *Enhydra lutris* along the coast of Hokkaido, Japan. Mammal Study. 30 : 41-51.
Hauer, S., H. Ansorge and O. Zinke. 2002a. Mortality patterns of otters (*Lutra lutra*) from eastern Germany. J. Zool., Lond. 256 : 361-368.
Hauer, S., H. Ansorge and O. Zinke. 2002b. Reproductive performance of otters *Lutra lutra* (Linnaeus, 1758) in Eastern Germany : low reproduction in a long-term strategy. Biological Journal of the Linnaean Society. 77 : 329-340.
Huang, C.-C., Y.-C. Hsu, L.-L. Lee and S. H. Li. 2005. Isolation and characterization of tetramicrosatellite DNA markers in the Eurasian otter (*Lutra lutra*). Moleculat Ecology Notes. 5 : 314-316.
Hung, C.-M., S.-H. Li and L.-L. Lee. 2004. Faecal DNA typing to determine the abundance and spatial organisation of otters (*Lutra lutra*) along two stream systems in Kinmen. Animal Conservation. 7 : 301-311.
Hussain, S. A. and B. C. Choudhury. 1997. Distribution and status of the smooth-coated otter *Lutra perspicillata* in national Chambal Sanctuary, India. Biological

Conservation. 80 : 199-206.
Imaizumi, Y. and M. Yoshiyuki. 1989. Taxonomic status of the Japanese otter (Carnivora, Mustelidae), with a description of a new species. Bulletin of the National Science Museum Tokyo Series A. 15 : 177-188.
IUCN/SSC Reintroduction Specialist Group. 1998. IUCN Guidelines for Reintroductions. IUCN, Gland.
Jackson, J. B. *et al.* 2001. Historical overfishing and the recent collapse of coastal ecosystems. Science. 293 : 629-638.
Jessop, R. M. 1992. The re-introduction of the European otter *Lutra lutra* into lowland England carried out by the Otter Trust 1983-92 : a progress report. *In* Proceedings of the National Otter Conference (P. A. Morris ed.). The Mammal Society, Bristol. pp. 12-16.
Jewett, S. C. 2000. Effects of food resources on spacing behavior of river otters : does forage abundance control home-range size? *In* Proceedings of the Fifteenth International Symposium on Biotelemetry (J. H. Eiler, D. J. Alcorn and M. R. Neuman eds.). International Society of Biotelemetry, Wageningen. pp. 325-333.
Johnson, S. A. and K. A. Berkley. 1999. Restoring river otters in Indiana. Wildlife Society Bullelin. 27 : 419-427.
Kanchanasaka, B. 1997. Ecology of otters in the upper Khwae Yai River, Thung Yai Naresuan Wildlife Sanctuary, Thailand. Nat. Hist. Bull. Siam Soc. 45 : 79-92.
Kanchanasaka, B. 2001. Tracks and other signs of the hairy-nosed otter (*Lutra sumatrana*). IUCN Otter Specialist Group Bulletin. 18 : 57-62.
Kim, H.-H. 2002. Anatomical study on the skull of the Eurasian otter (*Lutra lutra*) in South Korea. M. Sc. Thesis. Kyungnam University. pp. 26.
Koepfli, K.-P. and R. K. Wayne. 1998. Phylogenetic relationships of otters (Carnivora : Mustelidae) based on mitochondrial cytochrome *b* sequences. J. Zool., Lond. 246 : 401-416.
Koepfli, K.-P. *et al.* 2008. Establishing the foundation for an applied molecular taxonomy of otters in Southeast Asia. Conserv. Genet. DOI 10.1007/s10592-007-9498-5.
Kranz, A. 2000. Otters (*Lutra lutra*) increasing in Central Europe : from the threat of extinction to locally perceived overpopulation? Mammalia. 64 : 357-368.
Kruuk, H. 1978. Spacing and foraging of otters (*Lutra lutra*) in a marine habitat. J. Zool., Lond. 185 : 205-212.
Kruuk, H. 2006. Otters : Ecology, Behaviour and Conservation. Oxford University Press, Oxford. pp. 265.
Kruuk, H. and D. Balharry. 1990. Effects of sea water on thermal insulation of the otter, *Lutra lutra*. J. Zool., Lond. 220 : 405-415.
Kruuk, H. and A. Moorhouse. 1990. Seasonal and spatial differences in food selection by otters (*Lutra lutra*) in Shetland. J. Zool., Lond. 221 : 621-637.
Kruuk, H., D. Wansink and A. Moorhouse. 1990. Feeding patches and diving success of otters, *Lutra lutra*, in Shetland. Oikos. 57 : 68-72.

Kruuk, H. and A. Moorhouse. 1991. The spatial organization of otters (*Lutra lutra* L.) in Scotland. J. Zool., Lond. 224 : 41-57.
Kruuk, H., D. N. Carss, J. W. H. Conroy and L. Durbin. 1993. Otter (*Lutra lutra* L.) numbers and fish productivity in rivers in north-east Scotland. Symp. Zool. Soc. Lond. (65) : 171-191.
Laidre, K. L., R. J. Jameson and D. P. DeMaster. 2001. An estimation of carrying capacity for sea otters along the California coast. Marine Mammal Science. 17 : 294-309.
Lanszki, J., S. Kormendi, C. Hancz and T. G. Martin. 2001. Examination of some factors affecting selection of fish prey by otters (*Lutra lutra*) living by eutrophic fish ponds. J. Zool. 255 : 97-103.
Larson, S., R. Jameson, M. Etnier, M. Fleming and P. Bentzen. 2002. Loss of genetic diversity in sea otters (*Enhydra lutris*) associated with the fur trade of the 18th and 19th centuries. Molecular Ecology. 11 : 1899-1903.
Leblanc, F. 2003. Protecting fish farms from predation by the Eurasian otter (*Lutra lutra*) in the Limousin region of Central France : first results. IUCN Otter Specialist Bulletin. 20 : 45-48.
Lee, C.-W. and B.-Y. Min. 1990. Pollution in Masan Bay, a matter of concern in south Korea. Marine Pollution Bulletin. 21 : 226-229.
Lubis, I. R., R. Melisch and S. Rosmalawati. 1998. Diet of Asian small-clawed otter (*Amblonyx cinereus*) and smooth coated otter from spraint analysis in the Pamanukan Mangrove fish ponds West Java, Indonesia. Proceedings of the Workshop of 'Otters and Fishfarms', Litschau. pp. 95-105.
Macdonald, C. and C. Mason. 1990. Action plan for European otters. *In* Otters : An Action Plan for Their Conservation (P. Foster-Turley, S. Macdonald and C. Mason eds.). IUCN/SSC Otter Specialist Group, Gland. pp. 29-40.
Mason, C. F. 1989. Water pollution and otter distribution : a review. Lutra. 2 : 97-131.
Melquist, W. E. and M. G. Hornocker. 1983. Ecology of river otters in West Central Idaho. Wildlife Monographs. (83) : 1-34.
Mitcheltree, D. H. 1999. Status and distribution of river otters in Pennsylvania following a reintroduction project. Journal of the Pennsylvania Academy of Science. 73 : 10-14.
Money, D. 2001a. The Homecoming : The Story of the New York River Otter Project. New York River Otter Project, Rochester. pp. 21.
Money, D. 2001b. The New York river otter project : building partnerships for the future of wildlife. *In* The Wetlands Ambassador (M. Ando and H. Sasaki eds.). Otter Research Group, Chikushino. pp. 42-43.
Morris, P. A. (ed.). 1993. Proceedings of the National Otter Conference. The Mammal Society, Bristol. pp. 48.
Nguyen, X. D. 2001. New information about the hairy-nosed otter (*Lutra sumatrana*) in Vietnam. IUCN Otter Specialist Group Bulletin. 18 : 64-70.
Ognev, S. I. 1931. Mammals of Eastern Europe and Northern Asia : 2. [trans. 1962]

Jerusalem. pp. 374-410.
Philcox, C. K., A. L. Grogan and D. W. Macdonald. 1999. Patterns of otter *Lutra lutra* road mortality in Britain. Journal of Applied Ecology. 36 : 748-762.
Pohle, H. 1919. Die Unterfamilie der Lutrinae. Arch. Naturgesch. 85 Ab. H. Heft. 9 : 1-247.
Polechla, P. 1990. Action plan for North American otters. *In* Otters : An Action Plan for Their Conservation (P. Foster-Turley, S. Macdonald and C. Mason eds.). IUCN/SSC Otter Specialist Group, Gland. pp. 74-79.
Reuther, C. 1993. Kann man Fischotter zählen? Natur und Landschaft. 68 : 160-164.
Reuther, C. 2001a. Popularity, education an public relations activities for otter conservation in the world. *In* The Wetlands Ambassador (M. Ando and H. Sasaki eds.). Otter Research Group, Chikushino. pp. 4-5.
Reuther, C. 2001b. Developing Win-Win-situations : return of the otter to Ise River (Germany). *In* The Wetlands Ambassador (M. Ando and H. Sasaki eds.). Otter Research Group, Chikushino. pp. 18-19.
Reuther, C. 2002. Otters as ambassadors for wetland conservation and in public awareness activities for nature conservation : some best practice examples. *In* Otters as the Ambassador of Wetlands (S.A. Hussain and M. Ando eds.). Otter Research Group, Chikushino. pp. 1-23.
Reuther, C. (ed.). 2002. Fischotterschutz in Deutschland : Grundlagen für einen nationalen Arttenschtzplan. Aktion Fischotterschutz, Hankensbüttel. pp. 160.
Reuther, C. and D. Rowe-Rowe (eds.). 1995. Proceedings VI. Onternational Otter Colloquium Pietermaritzburg 1993. Aktion Fischotterschutz, Hankensbuttel. pp. 146.
Reuther, C., O. Kölsch and W. Janßen (eds.). 2000. Surveying and Monitoring Distribution and Population Trends of the Eurasian Otter (*Lutra lutra*). Aktion Fischotterschutz, Hankensbüttel. pp. 146.
Reuther, C. and C. Santiapillai (eds.). 2001. How to Implement the Otter Action Plan? Aktion Fischotterschutz. Hankensbüttel. pp. 96.
Roche, K. and M. Kucerova. 2001. Public awareness and otter conservation in the Trebon Biosphere Reserve (Czech Republic). *In* Otters as the Ambassador of Wetlands (S. A. Hussain and M. Ando eds.). Otter Research Group Japan, Chikushino. pp. 10-11.
Roos, A., E. Greyerz, M. Olsson and F. Sanderren. 2001. The otter (*Lutra lutra*) in Sweden : population trends in relation to ΣDDT and total PCB concentrations during 1968-99. Environmental Pollution. 111 : 457-469.
Ruiz-Olmo, J., J. M. Lopez-Martin and S. Palazon. 2001. The influence of fish abundance on the otter (*Lutra lutra*) populations in Iberian Mediterranean habitats. J. Zool. 254 : 325-336.
Serfass, T. L., R. L. Peper, M. T. Whary and R. P. Brooks. 1993. River otter (*Lutra canadensis*) reintroduction in Pensysvania : prepelease care and clinical evaluation. Journal of Zoo and Wildlife Medicine. 24 : 28-40.

Sibasothi, N. and Md. Nor. Burhanuddin. 1994. A review of otters (Carnivora: Musteridae: Lutrinae) in Malaysia and Singapore. Hydrobiologia. 285: 151-170.
Staib, E. and C. Schnenck (eds.). 1994. Giant Otter. Zoologische Gesellschaft Frankfurt, Frankfurt. pp. 35
Steneck, R. S. *et al.* 2002. Kelp forest ecosystems: biodiversity, stability, resilience and future. Environinnetal Conservation. 29: 436-459.
Stratton, M. 2008. The rise of the otter. BBC Wildlife. 26(10): 58-59.
Suzuki, T., H. Yuasa and Y. Machida. 1996. Phylogenetic position of the Japanese river otter *Lutra nippon* inferred from the nucleotide sequence of 224bp of the mitochondrial cytochrome *b* gene. Zoological Science. 13: 621-626.
Taylor, C., M. Ben-David, R. T. Bowyer and L. K. Duffy. 2001. Response of river otters to experimental exposure of weathered crude oil: fecal porphrin profiles. Environ. Sci. Technol. 35: 747-752.
The Otter Trust. 2000. The Otter Trust: It's Organization, Aims and Achievements. The Otter Trust, Suffolk. pp. 28.
Tiedeman, R., F. Suchentrunk, I. Cassens and G. Hartle. 2000. Mitochondrial DNA variation in the European otter (*Lutra lutra*) and the use of spatial autocorrelation analysis in conservation. Journal of Heredity. 91: 31-35.
U Tin Than. 1999. Wildlife trade survey. WWF-Thailand News. 1(3): 3-6.
Vesey-Fitzgerald, B. 1946. British Game. Collins, London. pp. 207.
Weber, J.-M. 1990. Seasonal exploitation of amphibians by otters (*Lutra lutra*) in north-east Scotland. J. Zool., Lond. 220: 541-651.
Wilson, D.E. and D.-A. Reeder (eds.). 2005. Mammal Species of the World. The Johns Hopkins University Press, Baltimore. pp. 2142.

[和文]

安藤元一．1996．カワウソの衰退要因——日韓の比較．農山村地域の生物と生態系保全（滋賀県琵琶湖研究所編）．滋賀県琵琶湖研究所．pp. 119-128.
安藤元一．1998．カワウソ調査法の講義から．NUE.（5）：3-4.
安藤元一．2002．韓国におけるカワウソへの関心の高まり．ANIMATE.（3）：27-33.
安藤元一．2004a．カワウソ再導入をめぐる世界の動き．ANIMATE.（5）：4-10.
安藤元一．2004b．野生動物にとってダムはムダか——韓国でのカワウソ調査から．新・実学ジャーナル．（15）：5-6.
安藤元一．2004c．「ダムとカワウソに関する日韓ワークショップ」印象記．獺通信．（61）：2-4.
安藤元一．2004d．第9回国際カワウソ専門家会議速報．獺通信．（62）：9-8.
安藤元一．2006．カワウソの目で見る韓国の水辺環境．FRONT.（217）：30-33.
安藤元一．2007．カワウソ研究と保全の現状——第10回国際カワウソ会議（2007）から．哺乳類科学．47（2）：261-265.

安藤元一・孫成源・内田照章. 1985. 韓国南部におけるカワウソ *Lutra lutra* の生息状況. 九人農学芸誌. 40（1）：1-5.
青木豊. 2002. 獺と推定される動物形埴輪に関する一考察. 國學院大學考古学資料館紀要. 18：201-210.
朝日稔・古屋義男・呉要翰・加瀬信雄. 1986. 韓国のカワウソ. 哺乳動物学雑誌. 11（1/2）：65-70.
文化財庁. 2001. 天然記念物カワウソの生息実態および保護方案研究. 文化財庁. pp. 312.（韓国語）
千葉彬司. 1972. カモシカ日記. 毎日新聞社, 東京. pp. 199.
千葉昇. 2001. 愛媛県立博物館所蔵ニホンカワウソ標本目録. 愛媛県立博物館研究報告.（15）：1-12.
江原秀典. 2007. 鳥獣行政の変遷. ANIMATE 通信.（12）：12-14.
フィリップ・フランツ・フォン・シーボルト. 1978. 日本 第2巻. 雄松堂書店, 東京. pp. 400.
古屋義男・森川國康. 1984. 四国の哺乳類. 動物と自然. 14（4）：4-9.
古屋義男・吉村法子. 1988. 高知県におけるニホンカワウソ分布域の減少（1977-1987）. 高知女子大学紀要. 37：1-11.
後藤勝彦. 1985. 仙台湾沿岸の貝塚と動物. 考古学.（11）：23-30.
韓盛鏞. 1997. 韓国におけるユーラシアカワウソ（*Lutra lutra*）の生態学的研究. 慶南大学校大学院博士学位論文. pp. 112.（韓国語）
原田信男. 2000. 古代日本の動物供養と殺生禁断. 東北学 Vol. 3（赤坂憲雄編）. 作品社, 東京. pp. 150-177.
長谷川豊. 2000. 民族誌から縄文へ. 東北学 Vol. 3（赤坂憲雄編）. 作品社, 東京. pp. 280-291.
服部薫. 2004. 北海道の海生哺乳類の概要. 北海道の海生哺乳類管理（小林万里・磯野岳臣・服部薫編）. 北の海の動物センター, 札幌. pp. 41-45.
平沢正夫. 1975. カワウソ騒動記——特別天然記念物カワウソ保護の問題点. アニマ.（24）：41-50.
北海道保健環境部自然保護課. 1990. 旭川のカワウソ——北海道旭川市で発見された「カワウソ」の出自調査報告書. 北海道保健環境部自然保護課.
洞富雄・谷澤尚一（編注）. 1988. 東韃地方紀行. 間宮林蔵（述）, 村上貞助（編）, 平凡社, 東京. pp. 286.
今泉忠明. 1978. 写真調査記——狭まりつつあるカワウソ生息地. アニマ.（60）：45-47.
今泉吉晴. 1973. カワウソ最後の生息地を探る. アニマ.（2）：5-17.
今泉吉晴. 1997. 水辺を選んだ獣たち. FRONT. 9（11）：6-13.
今泉吉晴・高島幸男. 1974. ニホンカワウソの衰退を辿る——主に四国のカワウソについて. 生物科学. 26（1）：24-29.
今泉吉晴・織田聡・安藤元一・今泉忠明・笠原隆二・加藤裕子・九鬼伸二・山本雄一郎. 1977. 愛媛県におけるニホンカワウソの消滅の歴史とその原因. 野生生物保護（古賀忠道編）. 世界野生生物基金日本委員会, 東京. pp. 105-127.
今泉吉典. 1949. 分類と生態・日本哺乳動物図説. 洋々書房, 東京. pp. 181-185.

今泉吉典. 1960. 原色日本哺乳類図鑑. 保育社, 大阪. pp.176.
今泉吉典. 1975. *Lutronectes whiteleyi* Gray の分類学的考察. 哺乳動物学雑誌. 6 (3) : 127-136.
石川慎也. 2004. 北海道襟裳岬におけるラッコ (*Enhydra lutris*) の生息について. えりも研究. (1) : 15-19.
梶島孝雄. 2002. 資料日本動物史. 八坂書房, 東京. pp.533-535.
金子浩昌. 1984. 貝塚の獣骨の知識. 東京美術, 東京. pp.173.
環境部. 1997. 蟾津江カワウソ生息実態調査および生息環境復元に関する研究. 韓国環境部. pp.119. (韓国語)
環境部. 1998. 巨済島カワウソ生息実態調査. 韓国環境部. pp.64. (韓国語)
環境庁 (編). 1991. 日本の絶滅のおそれのある野生生物——レッドデータブック (脊椎動物編). 日本野生生物研究センター, 東京. pp.331.
環境省. 2007. トキ野生復帰日中国際ワークショップ配付資料. 2007年11月22日. 東京.
加藤峰夫. 2005. 絶滅種の人為的導入に関する法制度および社会的側面の課題——オオカミとカワウソを例として. 知床博物館研究報告. 26：47-54.
河井大輔. 1995a. カワウソの棲める河川環境を考える. ライズ. 5：157-167.
河井大輔. 1995b. 北海道のイヌワシとカワウソの文化史. 北方林業. 47 (10) : 237-238.
河井大輔. 1997. 毛皮を狙われた水獣たち. FRONT. 9 (11) : 26-27.
菊地直樹. 2006. 蘇るコウノトリ. 東京大学出版会, 東京. pp.278.
木村吉幸. 2004. オオカミとカワウソの剥製標本. ANIMATE. (5) : 17-18.
小林万里・磯野岳臣・服部薫 (編). 2004. 北海道の海生哺乳類管理. 北の海の動物センター, 札幌. pp.201.
高知県自然保護課. 1992. ニホンカワウソ緊急保護対策調査 (1991年度) 報告書. 高知県自然保護課, 高知. pp.51.
高知新聞企業出版部 (編). 1997. ニホンカワウソやーい！ 高知新聞社, 高知. pp.287.
國立公園管理公團五臺山管理事務所. 2001. 五臺山國立公園自然資源モニタリング報告書. pp.45. (韓国語)
久保清・橋浦泰雄. 1974. 五島民俗図誌. 国書刊行会, 東京. pp.548.
黒田長禮. 1940. 原色日本哺乳類図説. 三省堂, 東京. p.31.
桑原康彰. 2006. 北海道の野生動物. ソーゴー印刷, 帯広. pp.177.
京都府. 1984. 小椋池及びその周辺地域整備調査報告書. 京都府. pp.6-19.
町田吉彦. 1995. ニホンカワウソ. 日本の希少な野生水生生物に関する基礎資料——水生哺乳類 (希少水生生物検討委員会編). 日本水産資源保護協会, 東京. pp.483-490, 553.
町田吉彦. 1998. かわうそセンセの閑話帳. 南の風社, 高知. pp.310.
増山たづ子. 1993. まっ黒けの話. 影書房, 東京. pp.199.
松田裕之. ゼロからわかる生態学. 共立出版, 東京. pp.100-102.
御厨正. 1976. ニホンカワウソ雑記. 哺乳動物学雑誌. 6 (5,6) : 214-217.
三田村鳶魚. 1997. 江戸の食生活. 中央公論社, 東京. pp.386.

宮尾嶽雄・西沢寿晃．1985．中部山岳地帯の動物．考古学．(11)：35-38．
森川国康．1981．ニホンカワウソの衰退をたどる．動物と自然．11 (12)：18-23．
武者孝幸．1995．さようならニホンカワウソ．科学朝日．(655)：106-110．
中村禎里．1987a．日本動物民俗誌．海鳴社，東京．pp. 228．
中村禎里．1987b．カワウソの民族誌．FRONT. 9 (11)：24-26．
中村禎里．1996．河童の日本史．日本エディタースクール出版部，東京．pp. 414．
成末雅恵・内田博．1993．土地改良とサギ類の退行．Strix. 12：121-130．
西原悦男．1995．北東アジア陸生哺乳類誌．鳥海書房，東京．p. 35．
西中川駿・松本光春・大塚閏一・出口浩．1992．縄文後期の草野貝塚出土の哺乳類遺体．鹿大農学術報告．(42)：19-27．
小原秀雄．1972．日本野生動物記．中央公論社，東京．pp. 77-100．
小原秀雄．1973．カワウソ学入門．アニマ．(2)：18-19．
大西伝一郎．1994．カワウソは生きている．草土文化社，東京．pp. 31．
大西伝一郎．1995．ニホンカワウソの願い．文溪堂，東京．pp. 94．
大島建彦．1988．河童．岩崎美術社，東京．pp. 216．
太田雄治．1979．マタギ——消えゆく山人の記録．翠楊社，東京．pp. 314．
斎藤玲子．2002．毛皮と狩猟．狩る——北の地に獣を追え（北海道立北方民族博物館編）．北海道立北方民族博物館，網走．pp. 29-32．
佐々木浩．1995．日本のカワウソの辿ってきた道．日韓カワウソシンポジウム（カワウソ研究グループ編）．カワウソ研究グループ，筑紫野．pp. 14-15．
佐々木浩．1997．ヨーロッパのカワウソ復活作戦．FRONT. 9 (11)：33-35．
佐藤宏之．2000．罠猟とマタギ．東北学 Vol. 3（赤坂憲雄編）．作品社，東京．pp. 114-129．
沢田佳長．1972．四国西南域におけるニッポンカワウソの棲息（第1報）．高知県立中村高等学校研究紀要．(17)：3-22．
シーア・コルボーンほか．1997．奪われし未来．翔泳社，東京．p. 15．
清水栄盛．1961．愛媛の動物．松菊堂，松山．pp. 150．
清水栄盛．1970．カワウソの生息実態を調べる．自然．(9)：62-65．
清水栄盛．1975．ニッポンカワウソ物語．愛媛新聞社，松山．pp. 150．
周達生．1990．民族動物学ノート．福武書店，東京．pp. 384．
周達生．1995．民族動物学．東京大学出版会，東京．pp. 240．
鈴木知彦．1994．ニホンカワウソとその近縁種の遺伝子配列分析．自然環境研究センター平成五年度カワウソ遺伝子分析調査報告書．自然環境研究センター，東京．pp. 1-36．
田口洋美．2000．列島開拓と狩猟のあゆみ．東北学 Vol. 3（赤坂憲雄編）．作品社，東京．pp. 67-102．
高橋豊．1966．道後動物園におけるにっぽんかわうその観察．愛媛の文化．(3)：80-83．
武川秀男．1993．牛久むかしばなし 4．牛久市立中央図書館，牛久．p. 32．
竹越修．2001．カワウソの話——その一．秩父郡市医師会誌．(29)：141-158．
丁長青．2007．トキの研究．新樹社，東京．pp. 406．
徳島県教育委員会．1978．天然記念物緊急調査報告書——第1次カワウソの生息

調査．徳島県教育委員会，徳島．pp. 23.
鳥山石燕．1776．画図百鬼夜行．
富山県児童文学研究会．2005．読みがたり富山のむかし話．日本標準，東京．pp. 255.
富山市科学文化センター．2000．富山から消えた動物2——カワウソ．今月の話題．(267)：1-2.
辻康雄．1974．南国のニッポンカワウソ．誠文堂新光社，東京．pp. 220.
筒井嘉隆．1955．カワウソの棲息について．友が島の自然，和歌山．p. 12.
ウォン・ユスン．1999．コンダリに家をください．大教出版，ソウル．pp. 201.（韓国語）
浦野栄一郎・小林さやか・百瀬邦和．2005．学校が保有する鳥類標本の実態に関するアンケート調査．山階鳥学誌．37：56-68.
八木繁一．1964．にっぽんかわうそ．愛媛県教育委員会，松山．pp. 1-43.
山崎泰．1997．ニホンカワウソ飼育と記録調査．ニホンカワウソやーい！（高知新聞企業出版部編）．高知新聞社，高知．pp. 182-198.
ヨンサンガン流域環境庁．蟾津江カワウソ生息地生態系保存地域——管理基本計画樹立のための研究．ヨンサンガン流域環境庁．pp. 216.（韓国語）
吉川美代子．1992．ラッコのいる海．立風書房，東京．pp. 179.
尹明煕．2003．釜山新港開発事業によるカワウソの分布変化．慶星大学校基礎化学研究論文集．15：193-205.（韓国語）

おわりに

　ほんとうのことをいうと，私は生きたニホンカワウソをまともに見たことがない．私がはじめてカワウソの調査に参加したのは，学生時代の1971年である．当時，国際基督教大学に勤務しておられた今泉吉晴先生の調査に同行させてもらい，愛媛県や高知県ではじめて野生動物調査を経験した．そのころの高知県海岸では，カワウソ泊まり場の付近の岩に魚を載せておけば，数日に1回はカワウソが食べに来るという状況であった．夜間観察中にカワウソらしき水音を聞いたこともあるし，うっかりウトウトとして，気がついたら餌の魚がなくなって糞だけが残っていたこともあった．今から思うと人生最悪の居眠りだったかもしれない．その意味で，私にとってニホンカワウソは幻の動物である．カワウソが減少して，1980年ごろにはこうした現地調査はほとんど不可能になっていたが，聞き込み調査では「家裏の水路をピタピタと歩いている音を聞いた」といった新鮮な情報をまだ聞くことはできた．それから四半世紀以上が経過し，気がつけば私はニホンカワウソが海岸で暮らしていたころの様子を知っている最後の世代になろうとしている．残念ながら，その後における四国のカワウソ研究は現況調査にとどまり，研究成果が保護対策に反映されることはなかった．

　私はその後，筑紫女学園大学の佐々木浩氏らとともに韓国におけるカワウソ調査やアジアにおけるカワウソ保護の国際協力にかかわってきた．「なぜカワウソとかかわっているのですか」とよく聞かれるのだが，「上記のような経験を持つ者として，こうした国々では日本の失敗を繰り返したくないからです」とかっこよく答えることにしている．少なくとも韓国のカワウソは，人びとの関心程度と保護対策において日本とは異なる道をたどり始めたようである．私は本稿を2007年10月に韓国で開催された第10回国際カワウソ会議を待って脱稿しようと考えていた．最新の情報を反映させたかったためである．事実，この会議では韓国におけるカワウソ研究と保護努力の進展，南米における研究の進展，欧州におけるカワウソの回復とそれにともなう獣

害など，新たな動きが確認された．これらはいずれもカワウソが生息してこその動きである．ひとつの種を失うことの重大さを改めて実感させられた．

　本書は女子栄養大学名誉教授の小原秀雄先生のお勧めがなければ実現できなかった．また久木亮一様には出版に向けてさまざまな仲介の労をとっていただいた．東京大学出版会編集部の光明義文様には的確なアドバイスをいただいた．東京農業大学学生の山本佳代子さんには過去の資料収集に尽力いただいた．韓国の情報については韓国カワウソ研究センターの韓盛鏞所長に協力いただいた．深く感謝申し上げる．

2008年10月

安藤元一

索　引

ア　行

アイヌ　11
アイヌ語　70
IUCN/SSC　51
赤潮　144
アカシカ　167
諦め時間一定戦略　64
アクア・ルトラ　151
アゴヒゲアザラシ　47
アザラシ　42
アジア　50
アジアコツメカワウソ　48
足跡　99
アジアラッコ　73
足摺岬　69
飛鳥時代　5
亜成獣　174
アナグマ　85
アナゴ　66
アホウドリ　197
アマミノクロウサギ　197
アユ　65
アラスカ　55
アラスカラッコ　73
アラビアオリックス　210
アリューシャン群（列）島　38,74
アルゼンチン　177
イイズナ　40,155
壱岐島　54
生け簀　141
生捕り　94
イシテン　155
イセエビ　66
遺跡　8

磯海岸　90
磯タイプ　90
イタチ　15,79
イタチ科　40,42,155
イダ漁　34
イヌ　5,7,16
イノシシ　5,16
EU　165
EU生息環境指令　178
イリオモテヤマネコ　197
イルカ　42
岩穴　67
岩瀬万応膏　23
陰茎　35
インド　151
インドネシア　147
Win-Win-戦略　153,205
ウェブサイト　170
魚島　54
鵜飼　33
浮島　142
ウサギ　5
ウシ　5
ウナギ　65,101
ウニ　73
ウニ漁　210
ウマ　5,16
ウミタナゴ　66
埋め立て　110
ウルム氷期　58
宇和海　54
宇和島　54
エコ・ツーリズム　169
餌　110
餌資源量　64

餌条件　66
餌場　64
エサマン　29
餌量　64
エゾオオカミ　54,83
エゾシカ　55
エゾバフンウニ　76
餌付け　200
江戸時代　11,17
NGO　132
愛媛県　54
愛媛新聞　103
絵筆　32
エラブオオコウモリ　197
襟裳岬　75
塩基配列　48,51
えんこ　21
大型獣　79
オオカミ　5,167
オオカワウソ　48
オガサワラオオコウモリ　39,54,197
沖縄　23
オキナワオオコウモリ　54
オキナワトゲネズミ　197
オコジョ　40,155
オス　45
オーストラリア　181
獺郷　3
オッター・トラスト　151
オットセイ　72
オナガカワウソ　48
オマーン　210
オランダ　189

カ 行

絵画　29
海岸　47,86,89
海岸道路　106
開国要求　71
害獣　14
開発途上国　177
外部計測値　50

外部形態　47
解剖　37
海洋汚染　115
外来種　120
回廊　178
カエル　21,66
化学物質　111
攪乱　172
カゴ抜け　117
河川　47,86
河川改修　89
河川直線化　181
家族群　59
渇タイプ　90
ガータロー　58
がたろう　20
価値　164
活動時間　73
活動パターン　69
カッパ　16
河童　17
かっぱ川太郎　26
かっぱ天国　26
カナダ　147
カナダカワウソ　48
カニ　66
河畔林　183
カムチャツカ半島　54,74
カメ　21
カモ　7
カモシカ　5
カモシカ会議　200
樺太　54
カリフォルニアラッコ　73
カレイ　111
獺　3
カワウソ狩り　151
カワウソ漁法　173
カワウソ研究グループ　151,177
カワウソ専門家グループ　52,130
カワウソ騒動　95
カワウソ特別保護区　88,94

索引　227

カワウソの肝　34
カワウソの街づくり　154
カワウソ捕獲隊　95
カワウソ保護事業　91,99
カワウソ村　96
カワウソ猟　11
カワウソ漁　33
河太郎　20
川太郎　20
カワネズミ　43
川郎　20
ガン　77
江原道　135
感覚器官　44
環境エンリッチメント　159
環境回復　148,182
環境教育　155
環境庁　53
観光開発　115
韓国　55,121
韓国カワウソ研究センター　131
関税法　147
漢方薬　34
カンボジア　176
カンムリワシ　197
基亜種　50
キジ　7,210
希少動植物保護対策事業　100
キス　111
北太平洋　71
北朝鮮　142,178
キタナキウサギ　43
切手　97
キツネ　7,79
給餌　101,188
九州　54
教育　148
教訓　180
頬骨　51
頬骨弓幅　136
行政　204
共同モニタリング　101

魚介類　113
漁獲　113
漁業　76
魚種　143
魚臭　61
漁場　113
漁法　175
漁民　164
漁網　106
漁網規制　165
筋肉　47
空気層　73
空気断熱　46,73
くくりワナ　24,95
クジラ　14,42
クマ　6
グリーン・ピープル　132
クルマエビ　111
クロイオ　66
黒潮　55
クロテン　11,12
軍需　79
警戒心　75,188
経済　150
啓発　148
毛皮　8
毛皮交易　11
激減　151
穴居性　43
KBS　128
研究協力　176
研修　151
コアエリア　125
コイ　141
合意形成　193
公害　111
甲殻類　66
好奇心　188
虹彩括約筋　45
工事　125
工場排水　112
高知県　58,111

228　索　引

交通事故　135
交通事故死　106
行動圏　45,58
コウノトリ　77,197
コウノトリの郷公園　206
交尾　171
広報活動　184
港湾整備　106
小型獣　79
護岸　67
護岸工事　106
国際カワウソ会議　130
国際カワウソ保護財団（IOSF）　177
国際協力　176
国際自然保護連合（IUCN）　51
国内希少種　197
巨済島　126
古事記　1
小島　142
湖沼　59
子育て　66,171
個体識別　60,188
五島列島　54
誤認　118
古墳時代　15
コマンドル諸島　74
コミュニケーション　69
孤立個体群　57
コリドー　178
混獲　190
コンクリート護岸　143
コンサベーション・インターナショナル　177
痕跡　89
コンビナート　110
コンブ漁　75

　　サ　行

済州島　57
最小持続可能個体数　57
CITES　146
再導入　39,180

サインポスト　45,61
魚　66
サギ　7
サケ　65,80
刺し毛　46
サツマイモ　111
佐渡トキ保護センター　206
サハリン　12,54
皿　21
サラリーマン　163
サル　5,21
酸素　47
山丹人　12
詩歌　29
飼育下繁殖　174,198
飼育基準　191
飼育繁殖　94,180
COD　125
汐どめ　110
シカ　5,16
耳介　45
シギ　7
志岐八幡宮　23
資金協力　177
四国　54,86
四国西南部　116
四肢　42
自然環境改善　182
自然体験　159
自然保護　78,205
死体　93
湿地　1,175
シベリア　38,50
脂肪層　46
脂肪断熱　46,73
死亡率　194
シーボルト　38
四万十川　89
下ノ加江川　89
社会構造　59
社会行動　45
シャチ　74

索引 　229

シャーマン　29
砂利採取　110
獣害　13
宗教　150
十字格子　165
銃猟　77
ジュゴン　55
出産場所　125
出版　133
種の保存委員会　51
種の保存法　140
狩猟　8
狩猟圧　79,84
狩猟規則　78
狩猟採集　4
狩猟統計　84
縄文時代　1
食性　66
触毛　45
食物連鎖　155
諸国産物帳　56
知床半島　209
人工給餌施設　209
人工小島　142
人工巣穴　136
人工増殖　197
人工孵化　199
人工物　61
新荘川　89
新聞記事　102
巣穴　67
水圧　46
水源　139
水虎　17
水虎考略　18
水質汚濁　129
水生動物　40
衰退　96
水田　2
水路　25
スウェーデン　57,112
宿毛　89

須崎市　89
水獺　127
スッポン　21
ステークホルダー　165
ストレス　171
ズナガニゴイ　65
砂浜海岸　90,91
スポーツハンティング　14
スマトラカワウソ　176
スンダーバン　174
セイゴ　66
生息環境消失　186
生息環境破壊　181
生息数　58
生息適地　83,187
生息密度　58
成長　66
生物濃縮　113
世界遺産　210
セスジネズミ　197
絶滅　39,189
絶滅危惧 IA　53
絶滅危惧種　60
瀬戸内海　54
セーブル　32
センカクモグラ　197
全国紙　103
センザンコウ　39
潜水能力　47
専門家　152
造波抵抗　42
宗谷海峡　54
蟾津江　122

タ　行

タイ　147
第一次世界大戦　79
体型　40
ダイトウオオコウモリ　197
体熱　46
体毛　45
対話技術　158

ダウリナキウサギ 43
鷹狩り 15
獺肝 34
ダックスフント 42
獺祭 32
タヌキ 56, 79
WWF 177
多変量解析 51
ダム湖 137
タンチョウ 197
断熱効果 46
地域個体群 171
地域振興 153
地域内協力 178
チェコ 161
地球環境基金 151
千島 38
千島列島 54
チトクローム b 遺伝子 48
チヌ 111
中国 147
中小河川 89
長距離遊泳 55
調査 207
調査員制度 167
鳥獣保護区 100
朝鮮海峡 57
チョウセンコジネズミ 57
貯水池 126
智異山 121
ツアー・ガイド 170
ツグミ 6
対馬 54
ツシマジカ 57
ツシマテン 57
対馬野生生物保護センター 206
ツシマヤマネコ 39, 54, 57, 197
ツヌ 66
ツメナシカワウソ 48
ツル 77, 179
ツングース族 29
DNA 60

定置網 55, 76, 210
堤防 89
手遅れ 102
溺死 76, 106
鉄砲取締規則 77
テナガエビ 111
テン 8, 15, 40
電気柵 182
展示 157
天然記念物 93
デンマーク 165
ドイツ・カワウソセンター 154
頭骨 44, 51
道後動物園 64
頭胴長 42, 50
動物愛護 150
動物救護 196
動物福祉 159
登録湿地 179
道路建設 106
トキ 77, 197
特定鳥獣保護管理事業 100
特別天然記念物 93
独立種 53
土佐清水 69, 89
ドジョウ 111
ドブネズミ 56
泊まり場 63
富山県 80
トラ 8
トラバサミ 141
東江ダム 135
トンネル 137
トンレサップ湖 176

ナ　行

中筋川 89
中村市 99
ナキウサギ 43
ナチュラ（Natura）2000 178
なわばり 59
南北協力 178

索引　231

南北交流　179
肉食　5
ニホンアシカ　39,54,197
ニホンイタチ　40
ニホンオオカミ　54
ニホンカモシカ　197
日本カモシカセンター　201
ニホンカワウソ　1,40,197
ニホンカワウソ緊急保護対策事業　100
日本書紀　1,16
にわか漁師　78
ニワトリ　5,16
妊娠期間　187
ヌートリア　80,118
ネコ　37
熱損失　64
年齢査定　117
農業生産物　184
農耕地　182
ノウサギ　10,57
農薬　92,111
ノグチゲラ　197
ノドブチカワウソ　48
ノネズミ　14
ノルウェー　147

ハ　行

排糞　68
廃油ボール　115
剝製　39
ハクチョウ　77
ハクビシン　101
博物学教育　38
発情　61,171
発信器　61,192
埴輪　15
母親　67
歯舞諸島　75
ハマチ　144
パラチオン　111
ハンガリー　147
バングラデシュ　147

ハンケンスビュッテル　160
繁殖期　67
繁殖成功率　65
半水生動物　40
ハンター　166
ハンティングクラブ　167
PHVA　189
BOD　144
干潟　122
鼻鏡　39
ヒグマ　8
鼻孔　43
PCB　192
尾長　42,50
ビデオ　176
秘伝薬　23
人慣れ　98
ビーバー　78,167,190
非武装地帯　129
日振島　54
ヒョウ　8
氷河期　58,136
標準調査法　153
漂着ゴミ　115,144
尾率　42
肥料　182
フィンランド　147
袋網　144
釜山　55
付属書　146
普通種　146
北漢江　136
フナ　111
フランクフルト動物園協会　169
浮力　46
糞　45,60
糞内容物　65
文化　167
文化財法　147
分散個体　91
分布域　87
分布回復　181

分類　50
平安時代　8
米国　73, 147
ペット　151
ベトナム　176
ヘモグロビン量　47
ベラ　66
ベンガルヤマネコ　57
防寒　79, 118
放獣　187
放獣事業　185
報奨金　152
報奨金制度　84
法的な保護　146
報道　92
防波堤　106
捕獲　99
捕獲許可　94
捕獲記録　93
北夷分界餘話　12
撲殺　94
保護管理　172
保護基金　154
保護区　136, 178
保護努力　92
北海道　54
ホッキガイ　76
ホッキョクグマ　55
北方交易　11
哺乳類　47
ポリドール　111
本州　54
本草学　18

マ　行

マイクロサテライト　60
マイクロチップ　188
マーキング　61, 189
馬山　121
馬山湾　55
マス　65, 80
マスクラット　120

マタギ　9
マッコウクジラ　47
マツテン　155
松前藩　71
マレーシア　147
マングース　32
万葉集　29
三日月湖　170
ミカン　111
水かき　21, 43
水資源保全　140
水の抵抗　41
密猟　114
ミナミカワウソ　46, 47
ミナミゾウアザラシ　47
ミヤココキクガシラコウモリ　197
ミャンマー　35
ミンク　155
民俗文化　15
民話　23, 27
無関心　162
ムササビ　5, 16
村田銃　79, 200
室戸岬　116
明治維新　71
明治期　25
メグロ　197
メス　45
メディア　102, 206
メバル　66
メラルカ林　176
網膜　45
モクズガニ　101
モニタリング　166, 168
物忘れ　29
藻場　111

ヤ　行

薬剤耐性大腸菌　117
夜行性　69, 155
野生化　118
野生下絶滅　198

野生動物　71
野生動物保護　139
野生動物保全　140
野生復帰　210
ヤマドリ　7, 210
ヤマネコ　57
ヤンバルホオヒゲコウモリ　197
遊泳能力　68
有機農産物　183
UNESCO　210
ユーラシアカワウソ　46
妖怪　16
養魚池　14, 161
養殖　114
淀川水系　2
ヨーロッパ　49, 147, 181
ヨーロッパケナガイタチ　155
ヨーロッパヤマネコ　167
延草湖　136

ラ 行

ライチョウ　197
ラオス　176
ラッコ　40
ラッコ・オットセイ保護条約　71, 73
ラトビア　166

ラムサール条約　174
乱獲　64, 78, 144
リアス式海岸　57
利害関係者　165
リス　32
離島　91
猟犬　151
猟友会　80
リンネ　50
Lutra nippon　51
Lutra lutra　50
Lutra lutra whiteleyi　51
Lutra lutra chinensis　51
Lutra lutra nippon　53
Lutra lutra lutra　51
レクリエーション　167
レッドリスト　53
レンジャー　169, 170
ロシア　73, 147
ロードキル　106

ワ 行

ワシ　11
ワシントン条約　146
ワナ　191
ヲソ　3

著者略歴
1950 年　大阪府に生まれる．
1973 年　国際基督教大学教養学部卒業．
1985 年　九州大学大学院農学研究科博士課程修了．
現　在　東京農業大学農学部准教授，農学博士．
専　門　動物生態学・湿地保全学．

主要著書
"Directory of Water Related International Cooperation"
　（編著，1995 年，国際湖沼環境委員会）
『日本動物大百科 I　哺乳類』（分担，1996 年，平凡社）
『世界の湖』（分担，2001 年，人文書院）
"The Wetlands Ambassador"（共編著，2001 年，カワウソ研究グループ）ほか

ニホンカワウソ──絶滅に学ぶ保全生物学

2008 年 11 月 20 日　初　版

［検印廃止］

著　者　安藤元一
　　　　（あんどうもとかず）

発行所　財団法人　東京大学出版会

代表者　岡本和夫

113-8654　東京都文京区本郷 7-3-1　東大構内
電話 03-3811-8814・振替 00160-6-59964

印刷所　三美印刷株式会社
製本所　矢嶋製本株式会社

Ⓒ 2008 Motokazu Ando
ISBN 978-4-13-060189-4　Printed in Japan

Ⓡ〈日本複写権センター委託出版物〉
本書の全部または一部を無断で複写複製（コピー）することは，著作権法上での例外を除き，禁じられています．本書からの複写を希望される場合は，日本複写権センター（03-3401-2382）にご連絡ください．

Natural History Series（継続刊行中）

日本の自然史博物館　糸魚川淳二著　A5判・240頁/4000円
●理論と実際とを対比させながら自然史博物館の将来像をさぐる．

樹木社会学　渡邊定元著　A5判・464頁/5200円
●永年にわたり森林をみつめてきた著者が描き上げた森林と樹木の壮大な自然史．

動物分類学の論理　馬渡峻輔著　A5判・248頁/3300円
多様性を認識する方法
●誰もが知りたがっていた「分類することの論理」について気鋭の分類学者が明快に語る．

花の性　その進化を探る　矢原徹一著　A5判・328頁/4200円
●魅力あふれる野生植物の世界を鮮やかに読み解く．発見と興奮に満ちた科学の物語．

民族動物学　周達生著　A5判・240頁/3600円
アジアのフィールドから
●ヒトと動物たちをめぐるナチュラルヒストリー．

海洋民族学　秋道智彌著　A5判・272頁/3800円
海のナチュラリストたち
●太平洋の島じまに海人と生きものたちの織りなす世界をさぐる．

両生類の進化　松井正文著　A5判・312頁/4800円
●はじめて陸に上がった動物たちの自然史をダイナミックに描く．

シダ植物の自然史　岩槻邦男著　A5判・272頁/3400円
●「生きているとはどういうことか」を解く鍵を求め続けてきたあるナチュラリストの軌跡．

太古の海の記憶　池谷仙之・阿部勝巳著　A5判・248頁/3700円
オストラコーダの自然史
●新しい自然史科学へ向けて地球科学と生物科学の統合が始まる．

哺乳類の生態学　土肥昭夫・岩本俊孝・三浦慎悟・池田啓著　A5判・272頁/3800円
●気鋭の生態学者たちが描く〈魅惑的〉な野生動物の世界．

高山植物の生態学　増沢武弘著　A5判・232頁/3800円
●極限に生きる植物たちのたくみな生きざまをみる．

サメの自然史　谷内透著　——A5判・280頁/4200円
● 「海の狩人たち」を追い続けた海洋生物学者がとらえたかれらの多様な世界.

生物系統学　三中信宏著　——A5判・480頁/5600円
● より精度の高い系統樹を求めて展開される現代の系統学.

テントウムシの自然史　佐々治寛之著　——A5判・264頁/4000円
● 身近な生きものたちに自然史科学の広がりと深まりをみる.

鰭脚類[ききゃくるい]　和田一雄著　——A5判・296頁/4800円
　　　　　　　　　　　　伊藤徹魯著
アシカ・アザラシの自然史
● 水生生活に適応した哺乳類の進化・生態・ヒトとのかかわりをみる.

植物の進化形態学　加藤雅啓著　——A5判・256頁/4000円
● 植物のかたちはどのように進化したのか. 形態の多様性から種の多様性にせまる.

新しい自然史博物館　糸魚川淳二著　——A5判・240頁/3800円
● これからの自然史博物館に求められる新しいパラダイムとはなにか.

地形植生誌　菊池多賀夫著　——A5判・240頁/4400円
● 精力的なフィールドワークと丹念な植生図の読解をもとに描く地形と植生の自然史.

日本コウモリ研究誌　前田喜四雄著　——A5判・216頁/3700円
翼手類の自然史
● 北海道から南西諸島まで, 精力的にコウモリを訪ね歩いた研究者の記録.

爬虫類の進化　疋田努著　——A5判・248頁/4000円
● トカゲ, ヘビ, カメ, ワニ……多様な爬虫類の自然史を気鋭のトカゲ学者が描写する.

生物体系学　直海俊一郎著　——A5判・360頁/5200円
● 生物体系学の構造・論理・歴史を分類学はじめ5つの視座から丹念に読み解く.

生物学名概論　平嶋義宏著　——A5判・272頁/4600円
● 身近な生物の学名をとおして基礎を学び, 命名規約により理解を深める.

哺乳類の進化　遠藤秀紀著　——A5判・400頁/5000円
● 地球史を飾る動物たちの〈歴史性〉にナチュラルヒストリーが挑む.

動物進化形態学　倉谷滋著　──A5判・632頁/7200円
●進化発生学の視点から脊椎動物のかたちの進化にせまる．

日本の植物園　岩槻邦男著　──A5判・264頁/3800円
●植物園の歴史や現代的な意義を論じ，長期的な将来構想を提示する．

民族昆虫学　野中健一著　──A5判・224頁/4200円
昆虫食の自然誌
●人間はなぜ昆虫を食べるのか──人類学や生物学などの枠組を越えた人間と自然の関係学

シカの生態誌　高槻成紀著　──A5判・496頁/7800円
●動物生態学と植物生態学の2つの座標軸から，シカの生態を鮮やかに描く．

ネズミの分類学　金子之史著　──A5判・320頁/5000円
生物地理学の視点
●分類学的研究の集大成として，さらに自然史研究のモデルとして注目のモノグラフ．

化石の記憶　矢島道子著　──A5判・240頁/3200円
古生物学の歴史をさかのぼる
●時代をさかのぼりながら，化石をめぐる物語を読み解こう．

ここに表記された価格は本体価格です．ご購入の際には消費税が加算されますのでご了承下さい．